소방전기시설의 구조 및 원리

윤 석 호 저

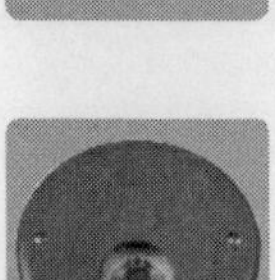
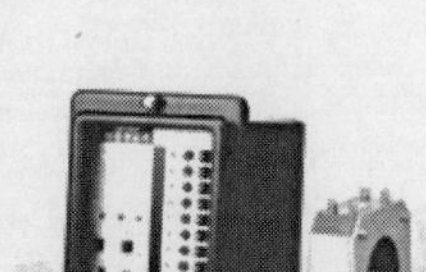

도서출판 상 학 당

본 연구는 김천대학교 교원 연구년제에
의하여 연구된 실적물임

머리말

건축물의 대형화, 초고층화, 지하심층화 등으로 소방관리 대상물 규모가 변화하고 있어 이를 관리하는 소방관계자 입장에서는 이에 대응하는 학문과 기술에 더욱 관심을 가져야 할 것으로 생각된다. 화재로 인한 사고나 재난에 대하여 안전사회의 중추적인 역할을 하는 소방전문가들의 책무 또한 매우 크다고 할 수 있다.

이 책은 대학 및 산업현장에서 소방전기설비를 공부하는 학생들에게 도움이 될 수 있도록 최신 소방법을 근거로 소방전기설비의 시공과 설계에 필요한 설치기준, 구조 및 원리 등을 상세히 설명하였다. 또한 최근에 개정되어지는 소방전기시설 화재안전기준에 맞도록 전기설비의 구성방법에 대하여 기술함으로서 학습내용을 산업현장에서 적용할 수 있도록 노력하였다.

각 장의 구성은 아래와 같이 총 Ⅳ편 14장으로 구성되었다.

제Ⅰ편 화재경보설비
제Ⅱ편 피난유도설비
제Ⅲ편 소화활동설비
제Ⅳ편 방재전원설비

이 책을 통하여 소방학을 전공하는 학생들과 소방관련 현장에 종사하는 기술자들에게 도움이 되길 바라며, 특히 소방설비기사를 준비하는 학생들에게 시험대비에 용이 하도록 구성하였다. 가능하면 실무분야에 충실을 기하려 노력하였으나 미흡한 점이 많을 것으로 생각되며 추후 계속 보완할 것을 약속드리며, 소방분야 전문가 제현들의 아낌없는 충고와 지도를 바라는 바이다.

끝으로 출판을 위해 많은 도움을 주신 도서출판 상학당의 남승우 사장님에게 진심으로 감사드린다.

저 자 씀

차 례

제 I 편 화재경보설비

제 II 편 피난유도설비

제 III 편 소화활동설비

제 I 편

화재경보설비

자동화재경보설비는 화재 초기단계에서 발생되는 열 · 연기 등을 감지하여 화재신호를 벨 · 사이렌으로 경보함과 동시에 초기 소화활동 및 거주자에게 조기 피난을 유도하는 설비로서 감지기 · 경보설비 · 비상방송설비로 구성되어 있으며, 그 이외에도 화재속보설비 · 누전경보기 등으로 구성되어 있다.

제1장 자동화재탐지설비

자동화재탐지설비는 화재발생을 자동으로 감지하여 위험상황을 주변에 경보하는 설비이다. 화재 초기단계에서 발생되는 열·연기를 자동으로 감지하는 감지기, 화재신호를 받아 벨·사이렌으로 음향을 발하는 음향설비, 발신기, 중계기, 전체 연동동작을 총괄하는 수신기 등으로 구성되어 있다.

수신기는 감지기나 발신기와 직접 연결되거나 또는 중계기를 사이에 두고 연결되어 있고 감지기, 중계기, 발신기가 작동했을 때 그 장소를 표시할 수 있으며, 그 외에도 여러 가지 기능시험을 할 수 있는 장치를 갖추고 있다.

1. 자동화재탐지설비 설치대상

① 공동주택 중 아파트등 · 기숙사 및 숙박시설의 경우에는 모든 층

② 층수가 6층 이상인 건축물의 경우에는 모든 층

③ 근린생활시설(목욕장은 제외한다), 의료시설(정신의료기관 및 요양병원은 제외한다), 위락시설, 장례시설 및 복합건축물로서 연면적 600㎡ 이상인 경우에는 모든 층

④ 근린생활시설 중 목욕장, 문화 및 집회시설, 종교시설, 판매시설, 운수시설, 운동시설, 업무시설, 공장, 창고시설, 위험물 저장 및 처리 시설, 항공기 및 자동차 관련 시설, 교정 및 군사시설 중 국방 · 군사시설, 방송통신시설, 발전시설, 관광 휴게시설, 지하가(터널은 제외한다)로서 연면적 1천㎡ 이상인 경우에는 모든 층

⑤ 교육연구시설(교육시설 내에 있는 기숙사 및 합숙소를 포함한다), 수련시설(수련시설 내에 있는 기숙사 및 합숙소를 포함하며, 숙박시설이 있는 수련시설은 제외한다), 동물 및 식물 관련 시설(기둥과 지붕만으로 구성되어 외부와 기류가 통하는 장소는 제외한다), 자원순환 관련 시설, 교정 및 군사시설(국방 · 군사시설은 제외한다) 또는 묘지 관련 시설로서 연면적 2천㎡ 이상인 경우에는 모든 층

⑥ 노유자 생활시설의 경우에는 모든 층

⑦ ⑥에 해당하지 않는 노유자 시설로서 연면적 400㎡ 이상인 노유자 시설 및 숙박시설이 있는 수련시설로서 수용인원 100명 이상인 경우에는 모든 층

⑧ 의료시설 중 정신의료기관 또는 요양병원으로서 다음의 어느 하나에 해당하는 시설

㉮ 요양병원(의료재활시설은 제외한다)

㉯ 정신의료기관 또는 의료재활시설로 사용되는 바닥면적의 합계가 300㎡ 이상인 시설
㉰ 정신의료기관 또는 의료재활시설로 사용되는 바닥면적의 합계가 300㎡ 미만이고, 창살(철재 · 플라스틱 또는 목재 등으로 사람의 탈출 등을 막기 위하여 설치한 것을 말하며, 화재 시 자동으로 열리는 구조로 되어 있는 창살은 제외한다)이 설치된 시설

⑨ 판매시설 중 전통시장
⑩ 지하가 중 터널로서 길이가 1천 미터[m] 이상인 것
⑪ 지하구
⑫ ③에 해당하지 않는 근린생활시설 중 조산원 및 산후조리원
⑬ ④에 해당하지 않는 공장 및 창고시설로서 「화재의 예방 및 안전관리에 관한 법률 시행령」 별표 2에서 정하는 수량의 500배 이상의 특수가연물을 저장 · 취급하는 것
⑭ ④에 해당하지 않는 발전시설 중 전기저장시설

〈표 1-1〉 자동화재탐지설비 설치대상

<table>
<tr><th colspan="2">설 치 대 상</th><th>연면적/저장량/
수용인원</th></tr>
<tr><td colspan="2">근린생활시설(목욕장 제외) · 위락시설 · 숙박시설 의료시설(정신의료기관 또는 요양병원 제외) · 복합건축물 장례시설</td><td>600[㎡] 이상</td></tr>
<tr><td colspan="2">공동주택 · 근린생활시설 중 목욕장 · 문화 및 집회시설 · 종교시설 · 판매시설 · 운수시설 · 운동시설 업무시설 공장 · 창고시설 · 위험물 저장 및 처리시설 · 항공기 및 자동차 관련시설 · 교정 및 군사시설 중 국방 · 군사시설 · 방송통신시설 · 발전시설 · 관광휴게시설 지하가(터널제외)</td><td>1,000[㎡] 이상</td></tr>
<tr><td colspan="2">교육연구시설(교육시설 내에 있는 기숙사 및 합숙소를 포함한다) · 수련시설 · 동식물관련시설 · 분류 및 쓰레기 처리시설 · 교정 및 군사시설 · 묘지관련시설</td><td>2,000[㎡] 이상</td></tr>
<tr><td colspan="2">제2호에 해당하지 않는 공장 및 창고시설로서 〈표 1-2〉에서 정하는 수량의 500배 이상의 특수가연물을 저장 · 취급하는 것</td><td>500배 이상</td></tr>
<tr><td>지 하 구</td><td colspan="2">폭 1.8[m] 이상, 높이 2[m] 이상, 길이 50[m] 이상인 지하공작물로서 급 · 배수관용을 제외한 것을 말한다. 단, 전력 또는 통신용인 것은 500[m]</td></tr>
<tr><td rowspan="2">의료시설</td><td>요양병원</td><td>정신병원과 의료재활시설 제외</td></tr>
<tr><td>정신의료기관 또는 의료재활시설</td><td>바닥면적 300[㎡] 이상 시설 이거나 미만인 경우 창살이 설치된 시설</td></tr>
</table>

〈표 1-2〉 특수가연물 수량 기준

품 명	수 량
제1종 가연물	200[kg]
목모 및 대패밥	400[kg]
제2종 가연물	600[kg]

또한 시각경보기는 자동화재탐지설비를 설치하여야 하는 특정소방대상물 중 다음 장소에 설치한다.

① 근린생활시설 · 위락시설 · 문화집회 및 운동시설 · 판매시설 및 영업시설
② 숙박시설 · 노유자시설 · 의료시설 및 업무시설 · 발전시설 및 장례식장
③ 통신촬영시설 중 방송국 · 교육연구시설 중 도서관 · 종교시설 · 창고시설물 중 물류터미널
④ 지하상가

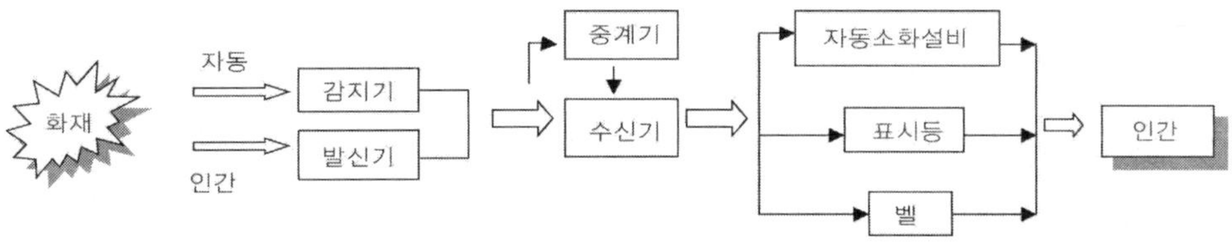

[그림 1-1] 자동화재탐지설비 동작개념도

【면제대상】

① 자동화재탐지설비를 설치해야 할 소방대상물에 스프링클러설비, 물분무소화설비 또는 포소화설비(경보장치의 기능을 하기 위해서는 초기에 작동해야 하므로 헤드의 표시온도가 섭씨 75[℃] 이하이고 작동시간이 60초 이내인 폐쇄형 헤드를 설치한 것에 한한다)를 설치한 경우에는 자동화재탐지설비를 설치하지 아니할 수 있다.
② 스프링클러설비, 물분무소화설비, 포소화설비는 소화설비의 역할과 동시에 헤드가 개방되면 경보기능이 포함되어 있어 일정부분에 한해 면제가 가능하다.
단, 연기감지기 설치장소[제2장 〈표 2-4〉 참조]에는 위의 면제대상에 포함된다 하더라도 자동화재탐지설비를 설치하여야 한다.

2. 경계구역

(1) 경계구역의 설정

공통 신호방식(P형)에서는 감지기와 발신기에 의해 감지선로에 전류가 흐르는 경우와 전류가 흐르지 않는 경우의 오직 2가지의 신호만을 수신기에 보낼 수 있다.

이러한 방식은 화재 발생 여부를 전송할 수 있지만 화재 위치에 관한 정보는 전송할 수 없다. 그러므로 화재 위치에 대한 정보를 전송하기 위해서는 각 경계구역마다 별도의 회로 구성이 필요한데 자동화재탐지설비의 1회로가 화재의 발생을 유효하게 탐지할

수 있는 1개의 경계구역을 의미한다.

그러므로 화재 발생시 수신기에서 지구표시등 점등이나 LCD 표시창에 화재 위치를 문자로 표시하는데 지구표시등 또는 문자 하나하나가 1개의 경계구역이라 할 수 있다.

(2) 경계구역 구분

경계구역이 세분화되면 그만큼 화재 발생 구역을 정확하게 알 수 있다는 장점이 있지만 많은 회선과 지구표시등이 필요하다. 그러므로 화재 발생 위치를 쉽게 확인할 수 있고 경제적으로도 부담이 되지 않도록 설정하여야 한다.

건물 내의 공간은 일반적으로 거실과 같은 수평적 공간과 계단 및 파이프 닥트 등과 같은 수직적인 공간이 있다. 그러므로 경계구역을 수평적 공간과 수직적 공간으로 구분해서 설정하고 경계구역의 경계선은 복도·통로·방화벽 등으로 하며, 경계구역 번호는 아래층에서 위층으로 수신기 가까운 장소에서 먼 장소의 순서로 붙인다.

1) 수평적 경계구역

① 하나의 경계구역이 2개 이상의 건축물에 미치지 아니하도록 할 것

② 하나의 경계구역이 2개 이상의 층에 미치지 아니하도록 할 것. 다만, 500[㎡] 이하의 범위 안에서는 2개의 층을 하나의 경계구역으로 할 수 있다.

③ 하나의 경계구역의 면적은 600[㎡] 이하로 하고 한 변의 길이는 50[m] 이하로 할 것. 다만, 당해 소방대상물의 주된 출입구에서 그 내부 전체가 보이는 것에 있어서는 한 변의 길이가 50[m]의 범위 내에서 1,000[㎡] 이하로 할 수 있다.

〈표 1-3〉 수평적 경계구역

구 분	구 역	예 외
층 별	층마다	2개의 층이 500[㎡] 이하일 때는 하나의 경계구역
면 적	600[㎡] 이하	주된 출입구에서 건물 내부 전체가 보일 때는 1,000[㎡] 이하로 할 수 있다(강당·옥내경기장·체육관·극장·관람장)
한 변의 길이	50[m] 이하	지하구의 경우에는 700[m] 이하

④ 지하구에 있어서 하나의 경계구역의 길이는 700[m](도로터널 : 100[m] 이하) 이하로 한다.

⑤ 특수감지기에 있어서 하나의 경계구역은 감지기별 성능 인정범위로 한다.

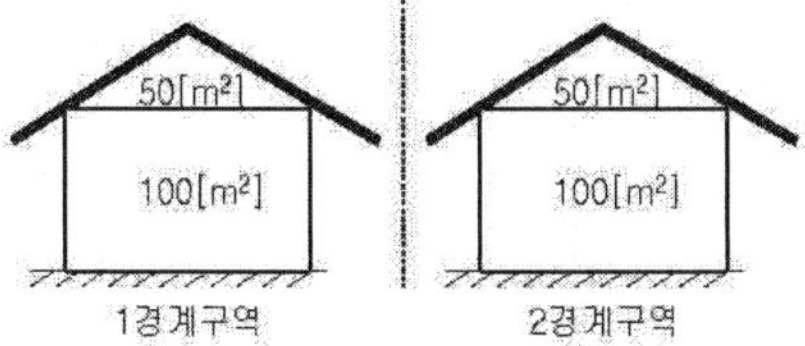

[그림 1-2] 건축물별 경계구역

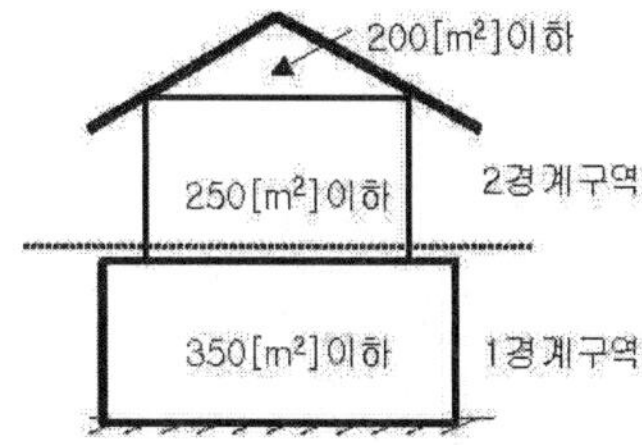

[그림 1-3] 층별 경계구역

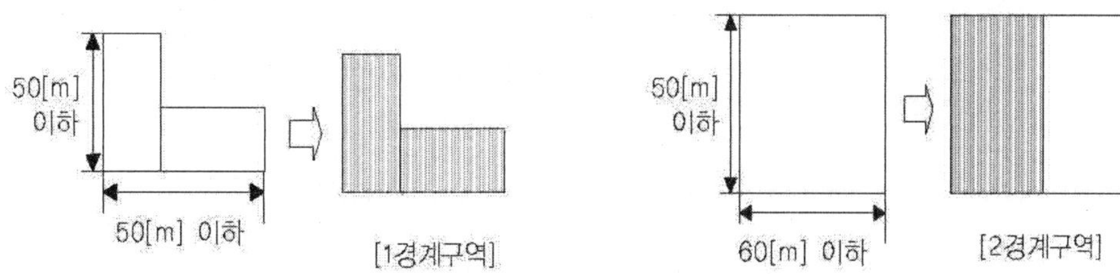

[그림 1-4] 길이별 경계구역 설정

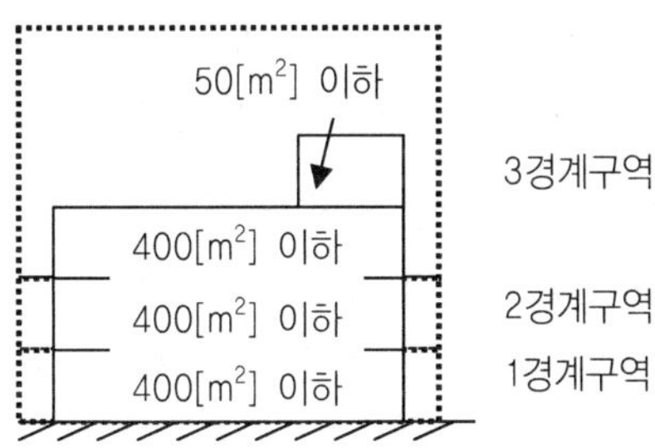

[그림 1-5] 층별 경계구역 설정

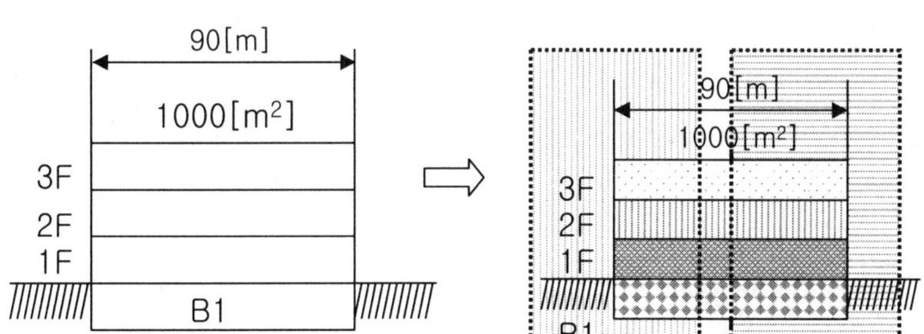

[그림 1-6] 층별, 면적별 경계구역설정

[그림 1-5]에서 각 층마다 하나의 경계구역으로 하여야 하며, 3층과 옥탑층은 1개 경계구역으로 할 수 있다. 그러나 지하층이 있는 경우에는 원칙적으로 면적에 관계없이

하나의 경계구역으로 설정하는 것이 운용상 효과적이다.

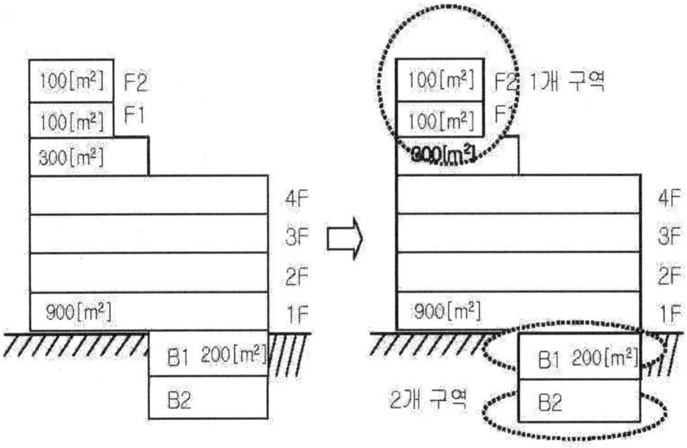

[그림 1-7] 옥탑층, 지하층 경계구역 설정

승강기탑, 전망탑, 옥탑등 이와 유사한 건축물의 옥상부분으로서 그 수평 투영면적의 합계가 당해 건축물의 건축면적 1/8 이하인 것과 지하층은 건축물의 층수에 산정하지 않는다. 따라서 옥탑층의 경우 건축물의 1/8 면적 이하인 경우와 지하층의 경우에는 층수와 관계없이 하나의 경계구역으로 할 수 있다.

[그림 1-7]의 경우 F1, F2는 건축면적의 층수에 포함되지 않으므로 하나의 경계구역으로 설정하여도 되지만 효과적인 화재감지를 위해서는 5층과 옥탑과는 별도의 경계구역으로 설정한다. 지하층의 경우에도 B1, B2의 경우 별도의 층으로 인정되고 500[m²] 미만이지만 각각 2개의 경계구역으로 설정하는 것이 효과적이다.

층수가 2층 이하인 경우 2층 계단부분에 설치하는 연기감지기의 경계구역은 2층 거실을 포함하여 600[m²] 이하인 경우에는 하나의 경계구역으로 설정하고, 1~2층의 합계가 500[m²] 이하이면 계단부분을 포함하여 1~2층 전체를 1개의 경계구역으로 설정한다.

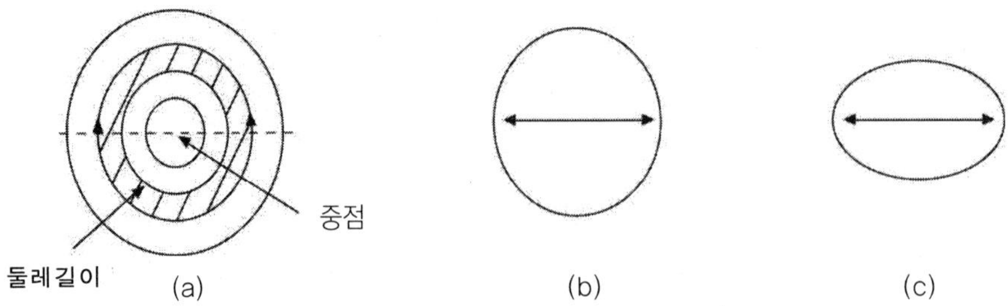

[그림 1-8] 경계구역이 원형일 경우

[그림 1-8] (a)와 같이 원형의 안쪽 또는 바깥쪽에 방이 있는 경우 원형의 통로를 기준으로 하여 통로의 바깥쪽 반 둘레의 길이를 한 변의 길이로 하여 경계구역을 산정한다. 그리고 [그림 1-8] (b)와 같이 벽이 없는 원형 공간에 대한 경계구역을 산정할 때는 지름의 길이를 한 변으로 하여 경계구역을 정하며, 타원형의 공간인 경우는 긴 변의 지름을 한 변으로 한다. 또한 다각형의 공간인 경우는 가장 긴 대각선의 길이를 기준으로 하여 경계구역을 산정한다.

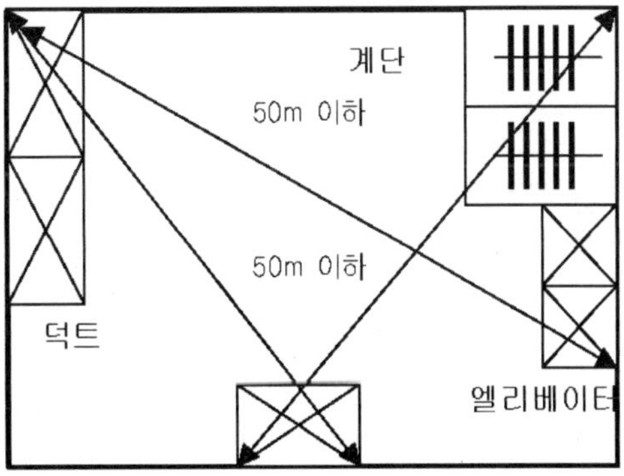

[그림 1-9] 수평거리 50[m] 경계구역

[그림 1-9]와 같이 옥상의 옥탑, 장식탑, 망루 등으로 그 건축물의 외벽으로부터 수평거리가 50[m] 이하인 경우 동일한 경계구역으로 설정한다.

2) 수직적 경계구역

① 계단・경사로・엘리베이터・권상기실・린넨슈트・파이프 덕트 부분에 대하여는 별도의 경계구역을 설정한다.

② 층수가 높은 경우 하나의 경계구역을 높이 45[m] 이하(계단 및 경사로에 한한다)로 한다.

③ 지하층의 계단 및 경사로(지하층의 층수가 1일 경우는 제외한다)는 별도로 경계구역으로 하여야 한다.

〈표 1-4〉 수직적 경계구역

구분＼구역	계단, 경사로	엘리베이터 권상기실 린넨슈트, 파이프 덕트
높 이	45[m] 이하	1개 구역
지하층 구분	지상층과 지하층을 구분(단, 지하 1층만 있을 경우에는 제외)	1개 구역

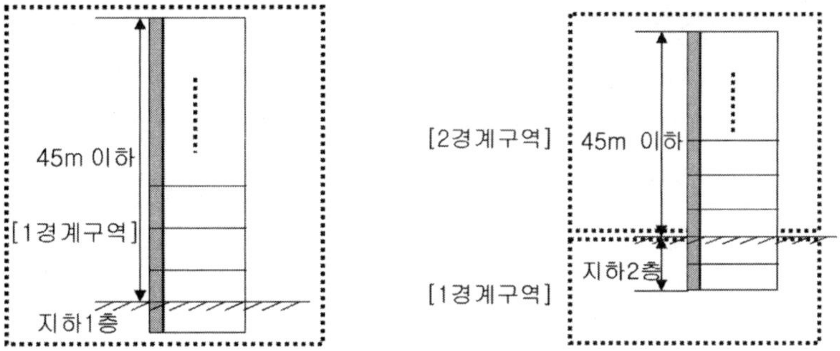

[그림 1-10] 수직경계 구역선정

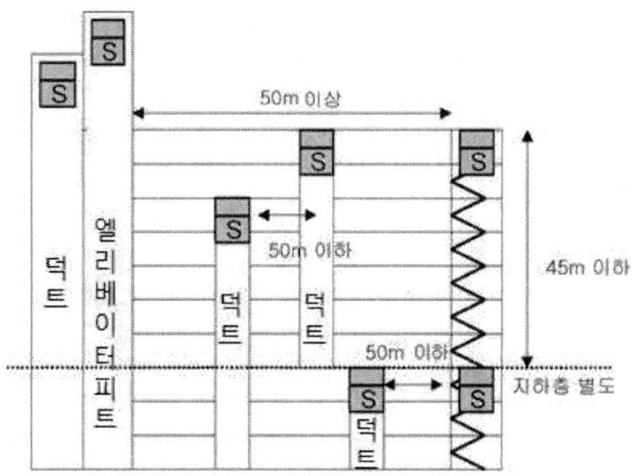

[그림 1-11] 계단실, 피트, 엘리베이터실 경계구역

[그림 1-10]에서 수직거리 45[m]이고 지하 2층인 건물은 2개 경계구역으로, 지하 1층인 경우에는 1개 경계구역으로 설정한다.

또한 [그림 1-11]에서와 같이 수평거리 50[m] 이하인 범위내의 별개의 계단, 경사로 등이 설치되어 있는 경우에는 동일 경계구역으로 한다. 별개의 덕트, 엘리베이터 피트 등이 설치되어 있는 경우에는 덕트, 피트 등에 설치한 감지기를 기점으로 각기 그 수평거리 50[m] 이내를 하나의 경계구역으로 할 수 있다. 그러나 덕트 등의 감지기 설치층이 지하인 것은 지상층과는 별개의 경계구역으로 한다.

3) 경계구역 면적산정

① 외기에 면하여 상시 개방된 부분이 있는 차고 · 주차장 · 창고 등에 있어서는 외기에 면하는 각 부분으로부터 5[m] 미만의 범위 안에 있는 부분은 경계구역의 면적

에 포함하지 않는다.

② 감지기는 자동화재탐지설비뿐만 아니라 자동소화설비 등이 작동하기 위한 화재감지용으로도 사용된다. 스프링클러설비, 물분무 등 소화설비 또는 제연설비의 화재감지장치로서 화재감지기를 설치한 경우의 경계구역은 당해 소화설비의 방사구역 또는 제연구역과 동일하게 설정할 수 있다.

③ 감지기 설치가 면제된 장소도 경계구역 면적에 포함한다. 예를 들어 화장실·목욕탕 등은 실제로 경계를 할 필요는 없으나 경계구역 면적에는 포함시킨다.

〈표 1-5〉 다른 소화설비의 경계구역 면적

소화설비	방호구역	설정기준
스프링클러설비	바닥면적에 의한 구획	3,000[㎡] 이하 설정
	1개 층에 폐쇄형 헤드가 10개 이하인 경우	3개 층 이내 설정
	개방형 헤드 설치시	50개 이하 설정
	계단실형 아파트(층당 2세대 이하인 경우)	전층을 하나의 구역으로 설정
	복도형 아파트	2개 층마다 하나의 구역으로 설정
물분무 등 소화설비	방호대상 구역	방사구역마다 설정

예제 1

소방대상물이 지상 10층, 지하 3층, 층별 바닥면적 500[㎡], 층간 높이 3[m], 계단 1개, 엘리베이터 1개인 경우 최소 경계구역 수는? 단, 계단과 엘리베이터를 별개로 한다.

【풀이】 수평적 경계구역 : 각 층마다 1개씩, 총 13개
수직적 경계구역 : 엘리베이터 권상기실 1개, 계단(지하 3층이므로) 2개
총 = 16개

예제 2

아파트(계단실형 아파트로서 하나의 계단으로부터 출입할 수 있는 세대수가 층당 2세대 이하임)로서 지상 22층(바닥면적이 500[m^2]), 지하 1층 주차장 2,000[m^2], 층별 높이 3[m], 엘리베이터 1개, 계단 1개, 준비작동식 스프링클러 설치시 최소 경계구역 수는? 단, 계단과 엘리베이터는 별개로 한다.

【풀이】 수평적 경계구역 : S・P가 설치되지 않은 층 1~15층까지=15개
S・P가 설치된 층 16~22층 1개, 지하 1층 1개
수직적 경계구역 : 계단높이 69[m](계단탑 3[m])로 2개, 엘리베이터실 1개
총=20개

3. 자동화재탐지설비의 구성

(1) 수신기의 종류

수신기는 자동화재탐지설비 중 인간의 두뇌와 같은 역할을 하는 것으로 감지기나 발신기에서 발하는 화재신호를 수신하여 소방대상물 관계자에게 경보해주거나 소방관서에 통보하는 장치이다.

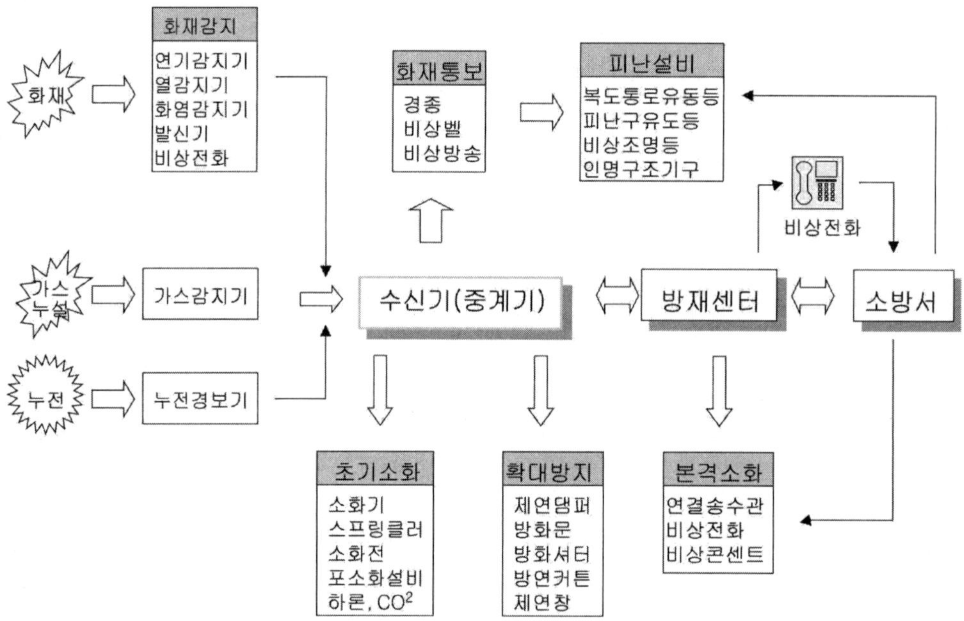

[그림 1-12] 자동화재탐지설비 연계동작

수신기의 종류로는 P(1급, 2급)형, M형, R형, GP형, GR형이 있으며, 필요에 따라 소화펌프 기동장치와 부수신기, 비상경보장치, 방화댐퍼, 화재통보 수신장치 등의 소방에 필요한 각종 감시기능과도 연결하여 사용할 수 있다.

- P(1급, 2급)형(Proprietary Type : 소유자형)
- R형(Record Type : 기록형)
- M형(Municipal Type : 공유형)
- GP형(가스누설경보기+P형 수신기)
- GR형(가스누설경보기+R형 수신기)

(2) 수신기의 구성

1) 작동원리

자동화재탐지설비는 감지기나 발신기로부터 발하여지는 신호를 공통신호로 수신하느냐 고유신호로 수신하느냐에 따라 P형과 R형으로 구분할 수 있다.

P형 시스템은 각 경계구역마다 수신기와 감지기 및 발신기간에 [그림 1-13]처럼 회로가 구성되어 있다. 평상시에는 회로의 종단에 저항이 설치되어 있어 적은 전류만 흐르는 상태에 있다.

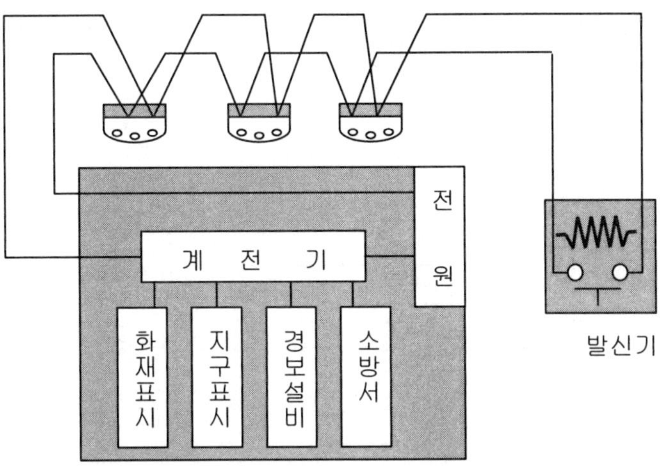

[그림 1-13] 자동화재탐지설비 동작원리

그러나 회로에 일정치 이상의 전류가 흐르게 되면 계전기가 작동하여 화재표시등, 지구표시등, 경보장치, 연동되는 소화시설을 작동시킨다. [그림 1-13]에서 화재가 발생하면 감지기가 동작하여 감지회로에 일정치 이상의 전류가 흘러 계전기가 동작된다. 또한 수동으로 발신기 누름스위치를 누르면 스위치가 닫혀 일정치 이상의 전류가 흘러 계전기가 동작된다.

P형 방식은 하나의 회로에 오직 1개의 화재신호만 보낼 수 있지만 R형 방식은 통신신호방식으로 한 쌍의 통신배선으로 여러 개의 감지기나 경계구역마다 각기 다른 신호를 전송할 수 있다.

그러므로 고유신호 방식은 경계구역 수의 증가에 따라 회로를 증설할 필요가 없다. 단 수신기와 감지기 혹은 중계기가 통신신호를 송·수신할 수 있는 기능이 있어야 한다.

2) P형 수신기

P형 수신기는 화재신호를 접점신호로 수신하기 때문에 각 경계구역마다 별도의 배선이 필요하다. 그러므로 경계구역 수가 증가할수록 회선수가 필요하며, 화재신호는 DC 24[V] 접점으로 이루어진다. P형 수신기는 1급과 2급으로 구분되며, P형 1급 수신기는 그 회로 수에 제한이 없는데 P형 2급 수신기는 회로수가 5회로 이하이다.

또한 P형 2급 1회선용 수신기는 예비전원이 필요하지 않으나 연면적 350[㎡] 이하 소방대상물만 설치가 가능하다.

(a) P형 수신기의 구성

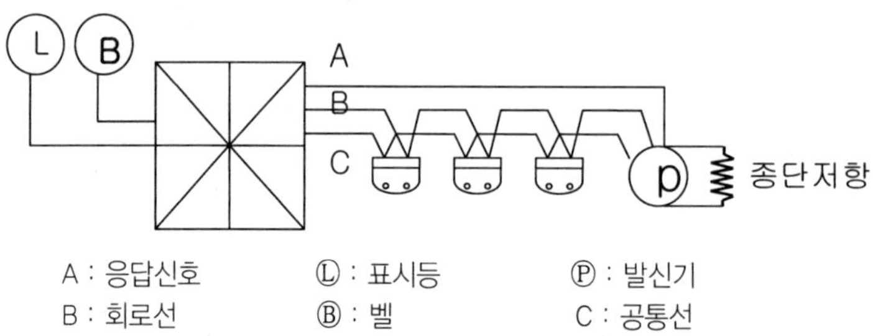

(b) P형 수신기의 결선

[그림 1-14] P형 수신기

① P형 1급 수신기 구조

- 화재표시, 경종등의 작동시험장치
- 수신기와 감지기등과의 외부배선 도통시험장치
- 주전원에 교류전원을 사용하는 경우 정전시에는 자동적으로 예비전원으로 절환되

며, 정전 복구시에는 역시 자동으로 예비전원에서 주전원으로 복구되는 장치

- 예비전원 양부를 시험하는 장치
- 발신기등과 연락하는 전화연락장치

② P형 2급 수신기 구조

- 화재표시 기능시험장치
- 주전원에 교류전원을 사용하는 경우 정전시에는 자동적으로 예비전원으로 절환되며, 정전 복구시에는 역시 자동으로 예비전원에서 주전원으로 복구되는 장치
- 예비전원 양부를 시험하는 장치

3) R형 수신기

R형 수신기는 감지기, 발신기에서 보내는 접점신호를 반드시 중계기를 사용하여 고유신호로 전환하여 수신기에 전달하는 방식과 통신신호를 발신할 수 있는 주소형 감지기를 사용하여 직접 고유신호로 수신기에 전달하는 방식이 있다.

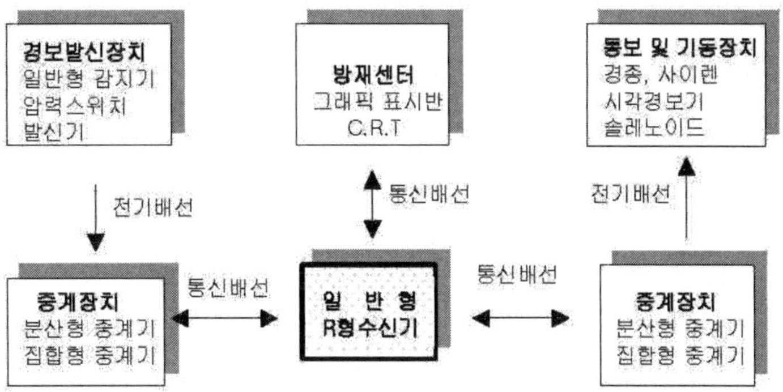

(a) R형 수신기의 구성

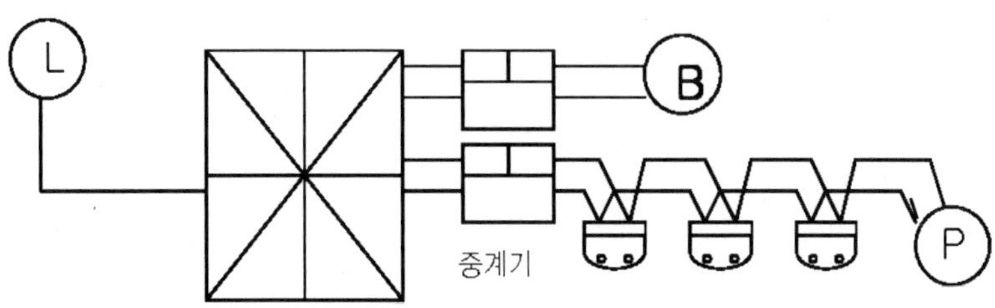

Ⓛ : 표시등　　Ⓑ : 벨　　Ⓟ : 발신기

(b) R형 수신기의 결선

[그림 1-15] R형 수신기

R형 수신기 통신신호 방식으로 신호를 주고받기 때문에 하나의 선로를 통하여 많은 신호를 주고받을 수 있어 배선 수를 획기적으로 감소시킬 수 있어 경계구역 수가 많은 대형건물에 많이 사용된다.

〈표 1-6〉 P형 1급 수신기와 P형 2급 수신기 비교

항 목 \ 등 급		P형 1급	P형 2급	
접속회로 수		회로제한 없음	2~5회로	1회로
기능 및 장치	화재표시 작동 시험 기능	O	O	O
	도통시험 기능	O	×	×
	주전원과 예비전원간의 자동 절환 기능	O	O	×
	예비전원 양부 시험 기능	O	O	×
	전화 연락 기능	O	×	×
	발신기 응답표시	O	×	×

① R형 수신기 구조

- 화재표시 동작시험 장치가 있어야 한다.
- 수신기와 중계기 사이 배선의 단락 및 도통시험 장치가 있어야 하며 시험중에 다른 회선에서 화재신호를 받으면 화재표시가 되는 기능이 있어야 한다.
- 상용전원을 주전원으로 사용하는 경우에는 정전시 자동으로 주전원에서 예비전원으로 절환되어야 하며, 정전 복구시에는 자동으로 상용전원으로 복구되어야 한다.
- 예비전원 양부를 시험할 수 있는 장치를 가지고 있어야 한다.
- 광전식 감지기의 광원이 차단되거나 중계기로부터 외부부하로 전력을 공급하는 회로에 설치된 퓨즈의 용단이나 브레이커의 차단 등의 신호를 받는 경우에 자동적으로 음향신호 및 표시등으로 지시하는 고장신호 장치가 있어야 한다.
- 경계구역을 자동적으로 용이하게 판별할 수 있는 기록장치, 지구등 또는 표시장치가 있어야 한다.

② R형 수신기의 특징

- 선로 수가 적어 경제적이다. 2본의 신호선에 중계기 100개분의 신호를 선택 수신한다.
- 선로길이를 길게 만들 수 있다.
- 화재 발생지구를 선명하게 문자와 숫자 또는 그림으로 나타낼 수 있다.
- 증설 또는 이설이 용이하다.
- 신호전달이 정확하다.

그러나 단점으로는 구조·원리가 복잡하고 수리·보수가 용이하지 못하며 가격이 고가이다.

〈표 1-7〉 P형과 R형 비교

구 분	P형 수신기	R형 수신기
신뢰성	외부선로의 단락 등으로 수신반에 고장이 발생되는 경우 전체 시스템에 영향	외부선로의 단락 등으로 특정 중계기에 고장이 발생되어도 기타 중계기는 정상적으로 동작되므로 전체 시스템에는 영향이 없음
유지관리	배선 수가 많아 유지관리가 어렵고, 수신반 내부결선이 복잡하여 수리가 어렵다.	배선 수가 적어 유지관리가 용이하고, 내부부품이 모듈화되어 있다.
회로변경	건축물의 증축이나 회로변경시 수신반까지 배선을 추가하여야 하며, 자탐설비의 회로가 증가되는 경우 수신반을 별도로 설치(수신기 1개당 100~200회로 공급)	회로 증설시 별도의 중계기를 신규로 설치하고 기설치된 중계기에서 신호선만 분기하면 되므로 건축물을 손상시키지 않고 회로증설을 시행할 수 있음(수신기 1개당 1,000회로 공급)
배선작업	배선 수가 많으므로 공사비가 많이 소요(500회로당 600~800가닥)	배선 수가 적으므로 공사비가 적게 소요(500회로당 8~25가닥)
경제성	수신반 자체 가격은 저렴하다.	수신반 자체 가격은 고가이다.
신호방식	접점신호(전기배선), 공통신호	통신신호(통신배선), 고유신호
중계기기능	전압확보	접점신호를 통신신호로 변환
설치건물	10층 이하 소규모 건물	대형건물, 대단위 아파트, 공장
자기진단	없다	있다

4) M형 수신기

M형 발신기로부터 발하는 신호를 수신하여 화재의 발생을 수신하는 기기로 이 수신기는 소방관서에 설치되며 소방관서에서 신호발신 위치를 파악할 수 있다. M형 발신기와 연동하여 사용되며, 자동화재탐지설비 및 자동화재속보설비 겸용이다.

(3) 수신기의 기능

① 전력공급기능

수신기에 공급되는 AC 220[V] 전원을 DC 24[V] 전원으로 전환시켜 수신기 내부의 전원으로 사용할 뿐만 아니라 감지기·발신기·음향장치에 전원을 공급한다.

② 수신기능

감지기와 발신기로부터 화재신호를 수신한다.

③ 기동기능

감지기와 발신기로부터 화재신호를 수신하면 화재표시등을 점등시켜 화재발생과 화재발생 위치를 표시등 또는 문자로서 표시하고 경보장치를 기동하여 화재발생을 건물 내의 사람들에게 알린다. 또한 자동화재탐지설비와 연동으로 구성된 소화설비를 가동시킨다.

④ 시험기능

자동화재탐지설비의 작동상태를 점검하기 위한 예비전원시험 · 도통시험 · 동작시험 등을 할 수 있다.

⑤ 복구기능

화재신호를 발신하는 원인이 제거된 후에 정상상태로 복구시키는 기능이 있다.

(4) 수신기의 표시등과 스위치 기능

[그림 1-16]의 P형 1급 수신기는 제조회사에 따라 표시등 및 스위치의 형태가 다양할 수 있으나 일반적으로 표시등과 스위치들의 기능은 다음과 같다. 그리고 각 수신기마다 사용설명서가 부착되어 있어 이를 참조하면 표시등과 스위치들의 기능을 알 수 있다.

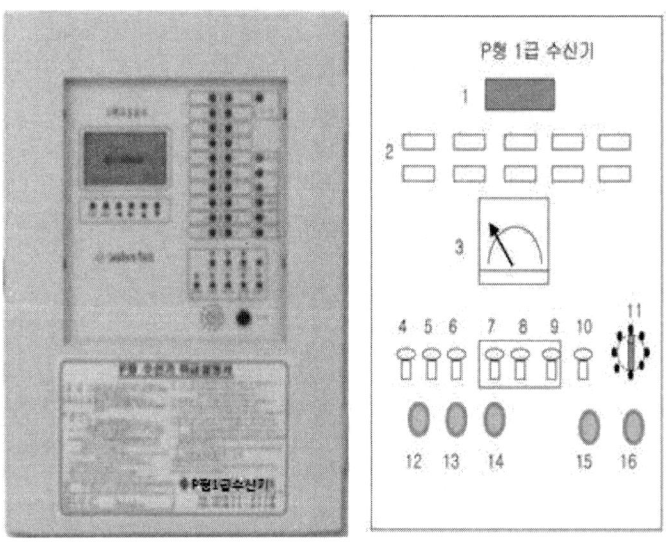

1. 화재표시등
2. 지구표시등
3. 전압계
4. 시험복구 스위치
5. 예비전원시험 스위치
6. 도통시험 스위치
7. 주음향정지 스위치
8. 지구음향정지 스위치
9. 화재복구 스위치
10. 화재작동시험
11. 회로선택 스위치
12. 전화연락장치
13. 전화등
14. 교류전원등
15. 스위치 주의등
16. 발신기등

[그림 1-16] P형 1급 수신기

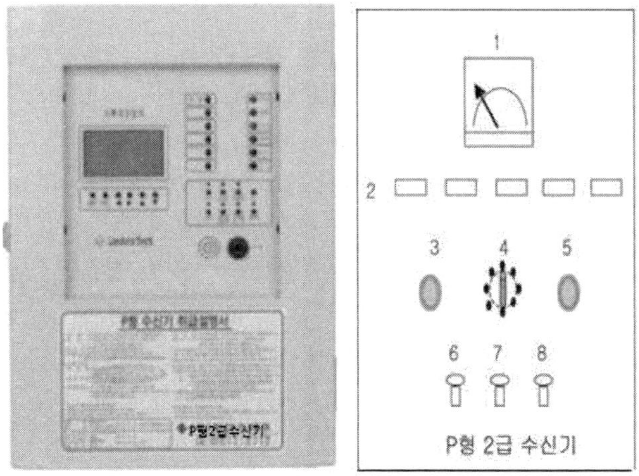

1. 전압계
2. 지구표시등
3. 교류전원등
4. 회로선택 스위치
5. 스위치 주의등
6. 주음향정지 스위치
7. 지구음향정지 스위치
8. 화재복구 스위치

[그림 1-17] P형 2급 수신기

① 화재표시등

화재가 발생되었음을 표시하는 적색등이며 경계구역의 구별없이 지구등과 함께 점등된다.

② 지구표시등

화재신호가 발생된 각 경계구역을 나타내는 표시장치로서 감시하고자 하는 경계구역의 회로 수만큼 필요하다.

③ 전압상태 표시등

상용전원 및 예비전원의 전압을 표시하는 것으로 평상시에는 상용전원의 상태를 표시하며, 예비전원으로 전환시에는 예비전원의 상태를 표시한다.

④ 예비전원 표시등

예비전원 사용시 점등된다.

⑤ 예비전원 감시등

축전지 감시등으로 예비전원의 접속상태와 충전상태를 나타내는 표시장치로서 이 표시등이 점등되어 있으면 예비전원의 충전이 완료되지 않았거나 예비전원을 연결하는 전선의 일부분이 단선된 상태, 또는 예비전원의 불량으로 충전이 되지 않고 있음을 나타낸다.

⑥ 발신기등

수신기에 수신된 화재신호가 발신기의 조작에 의한 신호인지 감지기의 작동에 의한 신호인지의 여부를 식별해주는 표시장치로서 이 표시등이 점등되면 화재등과 지구등에 표시된 화재표시가 발신기의 조작에 의한 신호임을 나타낸다.

⑦ 스위치 주의등

각종 스위치의 정상위치 여부를 나타내는 표시장치로서 스위치가 정상위치에 있지 아니할 때 점등되며, 점등과 소등을 반복하는 점멸등으로 되어 있다.

⑧ 지구경보등

지구경종의 작동상태를 나타내는 표시장치로서 지구경종이 명동되면 점등된다.

⑨ 부저

발신기의 전화잭에 휴대용 수화기를 꽂으면 작동한다.

⑩ 비상경보 스위치

지구경종을 모두 명동시킬때 사용하는 스위치로서 이 스위치를 조작하면 직상층 명동구조로 된 경우에도 전층이 동시에 명동된다.

⑪ 예비전원 시험스위치

예비전원 양부를 시험할 때 사용하는 스위치로서 조작한 후에 자동으로 복귀되는 스위치이다.

⑫ 주경종 스위치

주경종의 명동을 제어하기 위한 스위치로서 이 스위치를 시험위치로 하면 주경종의 명동이 정지된다.

⑬ 지구경종 스위치

지구경종의 명동을 제어하기 위한 스위치로서 시험위치로 조작하면 지구경종의 명동이 정지된다.

⑭ 도통시험 스위치

감지기 회로의 도통시험을 위한 스위치로서 본 스위치를 누르고 회로선택 스위치를 순차적으로 돌려가며 도통상태 표시등을 보면서 점검한다. 각 회로 시험시 전압계의 눈금이 2～6[V] 정도를 지시하면 해당 경계구역의 감지기의 선로 접속상태는 정상임을 나타낸다. 만일 전압계의 지시값이 0[V]를 지시하면 감지기 선로의 단선을 의미하며, 2[V] 이하를 지시할 경우에는 종단저항값이 과대한 것을 의미한다.

⑮ 작동시험 스위치

작동시험 스위치를 시험위치로 조작한 상태에서 회로선택 스위치를 돌려가면서 시험을 실시하였을 경우에 화재표시등・해당지구표시등・주경종・지구경종이 동작되고 그 동작상태가 복구 스위치를 조작할 때까지 지속적으로 유지되면 정상임을 의미한다.

⑯ 자동복구 스위치

신호가 수신될 때만 표시등 및 경보장치가 작동하도록 하는 스위치로서 신호가 들어오지 않으면 자동적으로 복구된다. 자동복구 스위치를 누른 상태에서 동작시험을 하면 회로가 선택될 때만 표시등 및 음향장치가 작동되고, 다음 회로로 돌리면 그 전 회로의 상태는 복구된다. 그리고 본 스위치를 눌러놓고 감지기의 본체를 열고 베이스의 (+)와 (−)의 회로를 닫아 전류가 통하도록 하면 회로가 닫힐 때만 표시등 및 음향장치가 작동되고, 다시 회로를 열면 표시등 및 음향장치가 멈추기 때문에 각 감지기의 도통상태를 점검하는 데 용이하게 쓰인다.

⑰ 복구 스위치

감지기와 발신기에서 들어오는 신호를 처음부터 다시 인식하게 하는 스위치로서 수신기에 표시등과 음향장치가 작동상태에 있을 때 복구 스위치를 누르면 처음부터 다시 인식하게 되므로 신호가 계속 들어오면 다시 표시등과 음향장치가 작동되며, 신호가 들어오지 않으면 작동을 멈추게 된다.

⑱ 회로선택 스위치

스위치의 주위에 회로번호가 기재되어 있으며, 작동시험이나 회로도통시험을 실시할 때 필요한 회로를 선택하기 위하여 사용하는 스위치이다.

⑲ 전압계

수신기 내부의 DC 전압을 나타내는 기기로 정상상태에서는 24[V]를 지시한다. 도통시험 스위치와 회로선택 스위치의 조작에 의하여 선로의 단선유무를 시험할 경우 예비전원시험 스위치의 조작에 의한 예비전원 양부시험을 할 경우 전압의 지시값으로 이상유무를 알 수 있다.

⑳ 전화잭

전화잭은 발신기와 통화하기 위하여 휴대용 전화기 잭을 삽입하기 위한 것으로 P형 1급에만 있다.

㉑ 주경종 정지 스위치

주경종의 작동을 멈추게 하거나 감지기나 발신기에서 신호가 들어오더라도 주경종이 울리지 않도록 하는 스위치이다.

㉒ 지구경종 정지 스위치

지구경종의 작동을 멈추게 하거나 감지기나 발신기에서 신호가 들어오더라도 지구경종이 울리지 않도록 하는 스위치이다.

(5) P형 수신기의 점검방법

평상시에는 교류전원등만 점등되어 있고 스위치 주의등은 다른 스위치가 정상의 위치에 있지 않은 경우 점멸한다. 또한 주경종, 지구경종 스위치가 정지에 있으면 화재가 발생해도 경종이 울리지 않게 되므로 동작위치에 놓는다.

수신기를 시험하기 전에 아래와 같이 수신기 상태를 점검한다.

① 전압의 상태가 정상인지 확인하고 교류전원등이 점등되어 있는지 확인한다.
② 전압상태의 표시는 수신기에 따라서 전압계로 나타내는 것과 표시등으로 나타내는 것이 있다.
③ 전압계는 바늘이 24[V]를 지시하고 있으면 정상이다. 표시등은 정상에 있으면 정상이다.

1) 화재표시 작동시험

① 시험방법

시험용 스위치를 화재시험측으로 조작하여 스위치 주의등의 점등을 확인한 후 회로 선택 스위치를 차례로 회전시켜 각각의 회로마다 작동시험을 한다. 또한 감지기 또는 발신기를 차례로 작동시켜 경계구역과 지구표시등과의 연동동작을 확인한다.

② 양부판정 기준

화재표시등 · 지구표시등 · 음향장치 연동 · 감지기회로와 경계구역간의 접속상태를 확인한다.

2) 회로도통시험

① 시험방법

도통시험은 수신기 단자와 감지기 회로선의 접속상태, 감지기 회로의 단선유무를 점검하기 위한 시험이다. 도통시험은 수동으로 점검하는 수신기가 있고, 자동 단선 감시기능이 있는 수신기가 있다. 수동으로 점검하는 경우 다음 순서로 진행한다.

㉮ 도통시험 스위치를 누른다.

㉯ 회로선택 스위치를 순차적으로 회전시키며 회로를 하나씩 선택하며 아래의 사항을 점검한다.

㉰ 전압계의 눈금을 확인하여 지시값이 0[V]는 단선, 2~6[V]는 정상, 24[V]는 단락(감지기나 발신기 작동 혹은 단락)인지를 확인한다.

㉱ 전압계가 없는 것은 정상을 표시하는 표시등이 점등되어야 한다.

㉲ 예비회로인 경우에는 단선으로 표시된다. 여기서 예비회로란 감지기회로와 연결되지 않은 회로를 말한다.

㉳ 종단저항값을 측정한다.

자동단선 감시기능이 있는 수신기는 회로가 단선이 되거나 접속이 안 된 경우에는 해당 회로의 지구표시등이 점멸한다. 그러므로 별도의 도통시험이 필요없다.

3) 공통선시험

① 시험방법

공통선이 담당하는 경계구역별로 다음 순서에 따라 시험한다.

㉮ 수신기 내의 접속단자의 공통선을 1선만 제거한다.

㉯ 회로선택 스위치를 차례로 회전시킨다.

㉰ 시험용계기의 지시등이 '단선'을 가리킨 경계구역의 회선수를 파악한다.

② 양부판정 기준

공통선이 담당하고 있는 경계구역의 수가 7 이하이어야 한다.

4) 예비전원시험

① 시험방법

상용전원이 정전될 경우 자동적으로 비상전원으로 절환되고 정전 복구시에는 자동적으로 상용전원으로 절환되는 것을 다음과 같은 방법으로 확인한다.

㉮ 예비전원 시험스위치를 넣는다.

㉯ 전압계의 지시값이 지정값을 유지하는가를 확인한다.

㉰ 교류전원을 개방하여 자동절환 릴레이가 예비전원으로 투입되었는가를 확인한다.

㉣ 예비전원 상태표시등(축전지 이상 표시등)이 있는 수신기는 이 표시등이 점등되어 있으면 축전지에 이상이 있으므로 점검해야 한다.

㉤ 예비전원 스위치를 눌렀을 때 처음에는 24[V] 혹은 정상을 가르키다가 전압이 저하하면 예비전원의 용량이 부족한 것이다. 그러므로 노후된 수신기는 축전지의 용량의 예비전원 상태에서 동작시험을 해볼 필요가 있다.

㉥ 교류전원 차단기를 ON시켜서 교류전원 등이 점등되면 교류전원으로 복구되는지 확인한다.

② 양부판정 기준

예비전원의 전압・용량・자동절환 및 복구가 정상적으로 동작하는가를 확인한다.

5) 동시동작시험

① 시험방법

몇 개의 경계회로가 동작되어도 수신기의 기능에 이상이 없는가를 다음 순서를 통하여 확인한다.

㉮ 각 회선의 화재동작을 복구시키지 않고 동시에 5회선을 동작시킨다.

㉯ 이때 주음향장치 및 지구 음향장치가 모두 작동되도록 한다.

㉰ 단, 수신기의 전원용량에 의해 5회선 동시 작동시 부하전류가 수신기 최대전류를 초과하는 경우에는 최대 부하전류를 넘지 않도록 주의한다.

② 양부판정 기준

각 회선을 동시 작동시켰을 때 수신기・부수신기・표시기・음향장치 등에 화재작동을 표시할 수 있는 기능을 유지하여야 한다.

6) 저전압시험

① 시험방법

자동화재탐지설비용 전원전압이 저하한 경우 성능이 유지되는가를 다음 순서로 시험한다.

㉮ 자동화재탐지설비용 전압시험기 또는 가변저항기 등을 사용하여 전원전압(축전지 포함)을 조정한다.

㉯ 정격전압의 80[%] 이하로 한다.

㉰ 화재표시 작동시험에 준하여 시험한다.

② 양부판정 기준
화재신호를 정상적으로 수신할 수 있어야 한다.

7) 회로저항시험

① 시험방법
㉮ 감지기 회로의 배선 저항값이 수신기의 기능에 어떤 영향이 있는가를 시험하는 항목이다.
㉯ 저항계를 사용하여 감지기 회로의 공통선과 표시선 사이의 선로저항값을 측정한다.
㉰ 회로 끝단은 도통상태를 유지하여 측정한다.

② 양부판정 기준
1개 회로의 합성저항값은 50[Ω] 이하로 한다.

8) 지구음향장치 작동시험

① 시험방법
감지기 동작과 연동하여 지구음향장치가 정상적으로 동작하는지 임의의 감지기나 발신기를 작동시킨다.

② 양부판정 기준
감지기를 작동시켰을 때 수신기에 연결된 당해 지구음향장치가 작동하고 음량이 음향장치의 중심에서 1[m] 떨어진 위치에서 90[폰] 이상이어야 한다.

9) 비상전원시험

① 시험방법
상용전원이 정전되었을 때 자동적으로 비상전원(축전지)으로 절환되며 정전복구시에는 자동적으로 상용전원으로 절환되는가를 확인한다.
축전지를 개로상태로 하고 전압계의 지시값이 80[%]를 유지하는가를 확인한다.

② 양부판정 기준
비상전원의 전압, 용량, 절환, 복구작동이 정상인가를 확인한다.

(6) 비화재보 방지기가 내장된 수신기

비화재보를 방지하기 위하여 수신기에 비화재보 방지기가 내장된다. [그림 1-18]의 비화재보 방지기는 열식 또는 연기식 감지기의 순간적인 작동으로 발생되는 비화재보에는 경보를 발하지 않고 자동으로 원상 복구되며, 지속적인 화재신호를 수신하였을 경우에만 화재경보를 발하게 된다.

그러나 수신기에 비화재보 방지기능이 있는 경우에는 축적형 감지기를 설치할 수 없다. 이는 이중으로 경보시간을 지연시키는 결과가 되기 때문이다.

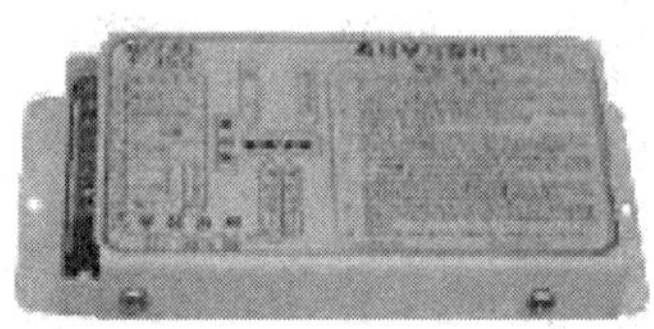

[그림 1-18] 비화재보 방지기

1) 비화재보 방지기의 기능

① 비화재보 방지기의 공칭 축적시간은 5초 이상 60초 이내로 하여야 하며, 10초 간격으로 정하여야 한다.

② 화재신호 수신 후 발신개시까지의 소요시간은 공칭 축적시간의 ±5초이어야 한다.

③ 화재신호로서 확정할 때까지는 지구음향장치를 울리지 아니하도록 하여야 한다.

④ 발신기로부터 화재신호를 검출한 경우에는 비화재보 방지기능을 자동적으로 해제하고 화재신호를 즉시 발신하여야 한다.

⑤ 수신기로부터 화재신호를 검출한 경우에는 당해 신호의 검출(비화재보 방지기 작동중이라는 표시)을 자동적으로 표시하여야 하며, 수신기 내부에 설치하는 구조인 것은 당해 신호를 검출한 표시를 수신기 외부에서 확인할 수 있는 조치를 할 수 있어야 한다.

⑥ 해제위치에 스위치를 설정하고 수신기 동작시험시 수신기의 화재등 및 지구등이 점등되어야 한다.

2) 비화재보 방지기가 내장된 수신기의 작동

① 감지기 작동시

지구경종은 정해진 시간 동안 작동되지 않으나 화재표시등, 지구표시등, 주경종은 작동할 수 있다.

② 발신기가 작동시

발신기가 작동하는 경우에는 사람이 작동한 것이기 때문에 장난을 제외하고는 화재일 가능성이 매우 높다. 그러므로 비화재보 방지기가 작동하지 않고 정상으로 작동하여 화재표시등과 지구표시등이 점등되고, 주경종・지구경종이 작동한다.

(7) R형 수신기

1) R형 수신기의 신호전송

R형 수신기는 고유신호인 통신신호로 교신한다. 통신신호를 발신하는 주소형(address) 감지기와 발신기의 경우에는 다음과 같이 R형 수신기와 직접 연결된다.

그러나 신호변환 장치가 내장되지 않은 감지기를 사용하는 경우는 공통신호(접점신호)를 고유신호(통신신호)로 변환시켜줄 수 있는 신호변환 장치인 중계기를 사용한다. 중계기는 접점신호를 통신신호로, 통신신호를 접점신호로 변환시켜주는 신호변환 장치의 역할을 한다.

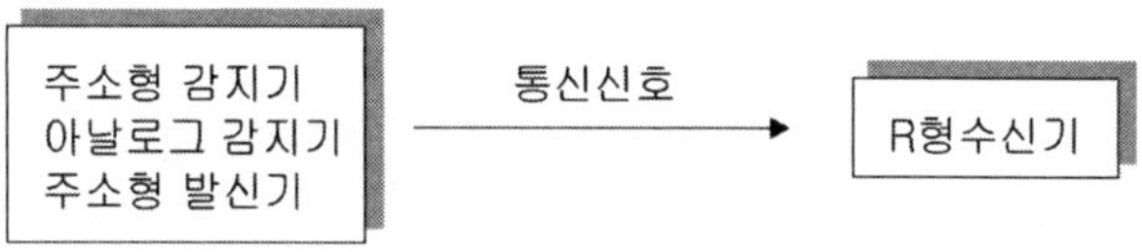

[그림 1-19] R형 수신기의 신호전송

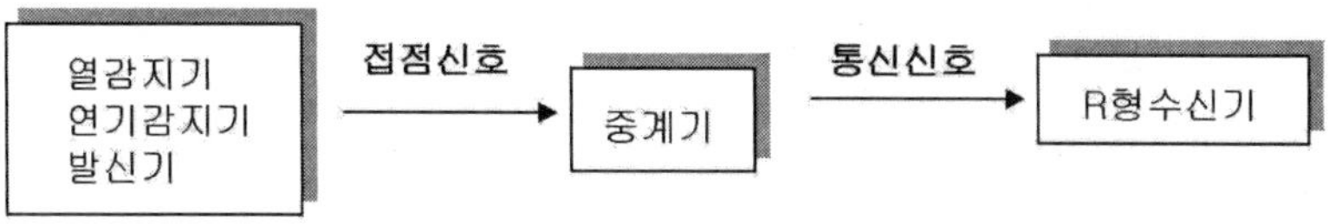

[그림 1-20] R형 중계기 신호전송

(8) 중계기

중계기란 감지기 또는 발신기(M형 발신기 제외) 작동에 의한 신호 또는 가스누설경보기의 탐지부에서 발신된 가스누설 신호를 받아 이를 수신기(M형 수신기 제외), 가스누설경보기, 자동소화설비의 제어반에 발신하며, 소화설비・제연설비 그밖의 이와 유사한 방재설비에 제어신호를 발생하는 설비를 말한다.

중계기 종류로는 P형 또는 R형 수신기에 사용하는 R형 중계기와 연기감지기 및 가스누설경보기의 탐지부 등의 특수 감지기에 사용하는 P형 중계기가 있다. 중계기를 거치는 신호는 입력신호와 출력신호로 구분할 수 있는데 입력신호는 자동화재탐지설비의 감지기와 발신기의 작동신호, 소화전 펌프의 작동확인, 압력스위치의 작동, 저수위신호, 스프링클러의 습식 및 준비작동식 밸브 개방확인, 방화셔터의 작동신호 등과 같이 수신기에 전달되어야 할 신호이다.

출력신호는 경보장치의 기동, 소화전 펌프의 작동, 스프링클러의 습식 및 준비작동식 밸브의 개방 등과 같이 수신기에 의해 작동되는 신호이다.

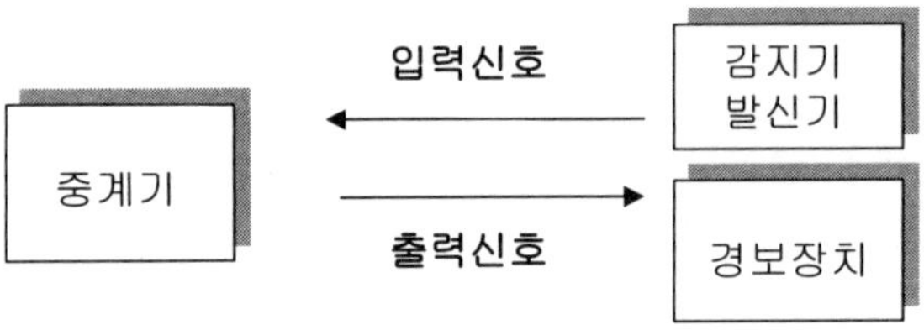

[그림 1-21] 중계기 신호전송

입력신호와 출력신호의 수에 따라 분산형 중계기와 집합형 중계기로 분류된다.

[그림 1-22] 분산형 중계기

[그림 1-23] 집합형 중계기

1) 분산형 중계기

분산형 중계기를 사용하는 시스템은 다음과 같이 자동화재탐지설비, 전실댐퍼, 알람밸브, 방화셔터 등의 각 계열별로 연결된다.

필요한 중계기의 숫자는 경계구역, 전실댐퍼, 알람밸브, 방화셔터의 수만큼 필요하다. 입력/출력 포인트(point)에 따라 입력1/출력1, 입력2/출력2가 일반적으로 사용되고 있으며, 어떠한 중계기를 사용하느냐는 입력과 출력 신호가 몇 개인지에 따라 결정된다. 이러한 분산형 중계기의 전원은 수신기로부터 공급되며 소화전함 내부에 설치하거나 별도의 중계기 격납함에 내장된다.

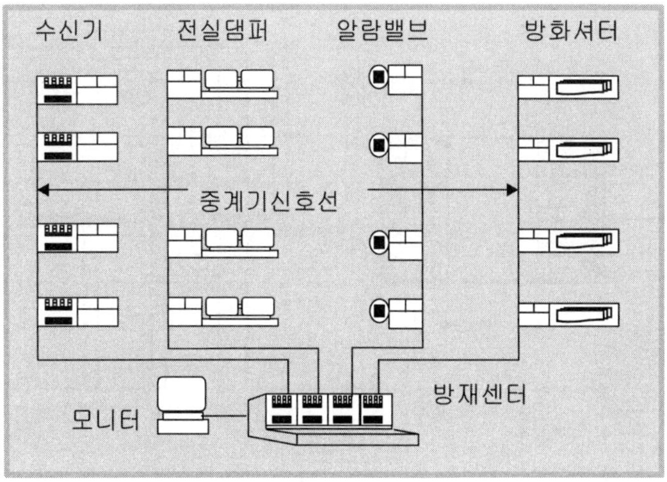

[그림 1-24] 분산형 중계기의 계통배선

2) 집합형 중계기

집합형 중계기는 하나의 함에 많은 입력/출력 포인트를 구성한 것으로 우리나라에서는 입력32/출력32 중계기를 많이 사용하고 있다. 집합형 중계기의 전원은 수신기로부터 공급받는 것이 아니라 별도의 전원(AC 220[V])을 사용하며, 내부에 정류기 및 비상축전지를 내장하고 있어 전원공급 계통사고시에도 정상적인 동작을 수행한다.

수신기와 중계기간의 선로에 문제가 있어도 중계기가 독립제어 기능에 의해 자동 절환되어 정상적인 방재업무를 수행한다. 집합형 중계기는 전기피트 내부에 설치하여 인근의 방재설비와 연결한다.

3) 축적형 중계기

기존 중계기는 화재신호를 수신한 후 발신까지의 소요시간이 5초 이내로 비화재보의 문제점이 발생되는데 이를 개선한 것이 축적형 중계기이다. 이는 축적시간을 10초~60초 이내로 그 기간동안 신호가 계속되는가를 확인한 후 수신을 개시하는 방식이다.

그러므로 축적형 감지기를 접속하는 경우 감지기의 공칭 축적시간, 중계기, 수신기에 설정된 축적시간 합계가 60초를 초과해서는 안 된다.

또한 비축적형 감지기와 접속시에는 중계기·수신기에 설정된 축적시간의 합계는 20초를 넘지 않아야 한다. 또한 어느 경우건 발신기로부터 화재신호를 받을 때에는 축적기능을 자동으로 해제할 수 있어야 한다. [그림 1-25]는 중계기와 수신기·발신기·감지기간의 결선을 나타낸다.

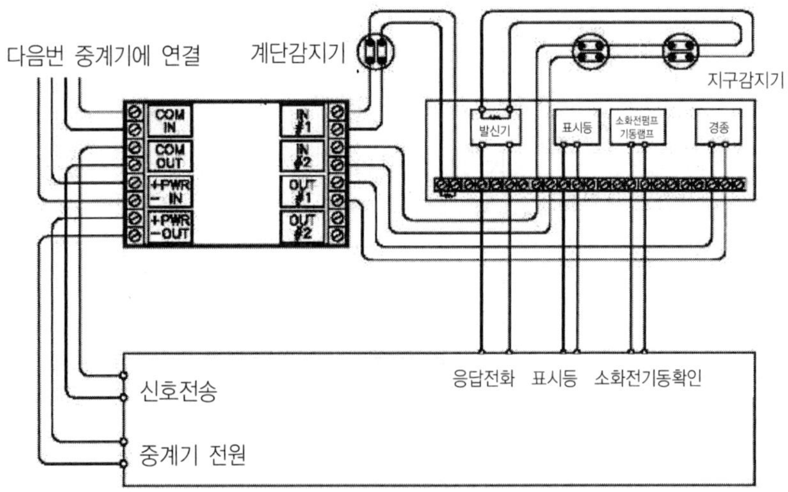

[그림 1-25] 중계기 결선회로

4. 발신기

발신기란 화재발생시 수신기 또는 중계기에 수동으로 신호를 보내는 것을 말하며 수동조작이므로 신뢰성이 높다. 발신기는 경종·표시등과 함께 벽에 취부되며 발신기의 색은 적색으로 표시한다.

(1) 발신기 설치기준

발신기는 다음 기준에 의해 설치하여야 하며 지하구의 경우에는 발신기를 설치하지 아니할 수 있다.

① 조작이 쉬운 장소에 설치하고 스위치는 바닥으로부터 0.8[m]∼1.5[m] 이하의 높이에 설치해야 한다.

② 소방대상물의 층마다 설치하되 당해 소방대상물의 각 부분으로부터 하나의 발신기까지의 수평거리가 25[m] 이하가 되도록 해야한다(지하가중 터널의 경우에는

주행방향의 측벽길이 50[m] 이내가 되도록 할 것). 다만, 복도 또는 별도로 구획된 실로서 보행거리가 40[m] 이상일 경우에는 추가로 설치하여야 한다.

③ 발신기의 위치를 표시하는 표시등은 함의 상부에 설치하되 그 불빛은 부착면으로부터 15° 이상의 범위 안에서 부착지점으로부터 10[m] 이내의 어느 곳에서도 쉽게 식별할 수 있는 적색등으로 하여야 한다.

④ 지하구의 경우에는 발신기를 설치하지 아니할 수 있다.

⑤ 발신기를 설치하는 경우 감지기 회로의 끝부분에 설치한다.

⑥ 사용전압의 130[%]인 전압을 24시간 연속하여 인가하는 경우 단선・광속변화 등이 발생되지 않아야 한다.

⑦ 발신기는 정격전압에서 정격전류를 흘려 1,000회 작동을 반복하는 경우 그 구조・기능에 이상이 생기지 않아야 한다.

⑧ 발신기의 절연된 단자간의 절연저항 및 단자와 외함간의 절연저항은 직류 500[V]의 절연계로 측정하는 경우 20[MΩ] 이상이어야 한다.

⑨ 발신기의 단자와 외함간의 절연내력은 60[Hz]의 정현파에 가까운 실효전압 500[V](정격전압이 60[V]를 초과하고 150[V] 이하인 것은 1,000[V], 정격전압이 150[V]를 초과하는 것은 그 정격전압에 2를 곱하여 얻은 값에 1,000[V]를 더한 값)의 교류전압을 가하는 시험에서 1분간 견디어야 한다.

표시등은 항상 점등되어 있어야 하므로 비상전원을 확보하고 어느 위치에서도 알아볼 수 있도록 [그림 1-27]과 같이 설치한다. 전구 캡 속에는 전구 1개가 단선되는 경우 다른 전구 1개만이라도 점등되도록 전구 2개를 병렬로 접속한다. 최근에는 전구대신 고휘도 LED가 개발되어 사용하고 있으며 정격전압은 DC 24[V]용을 사용한다.

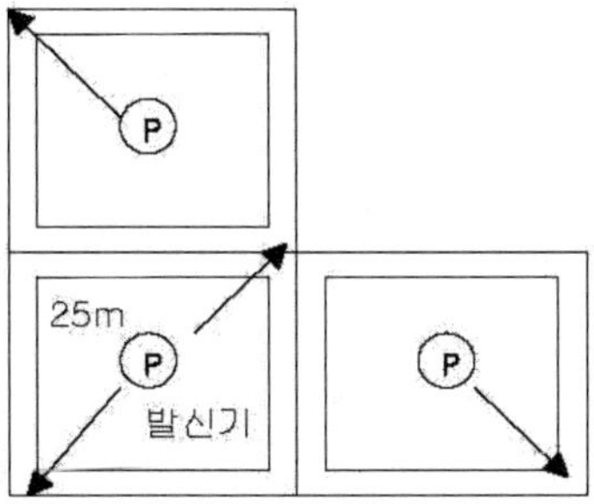

[그림 1-26] 발신기의 설치거리

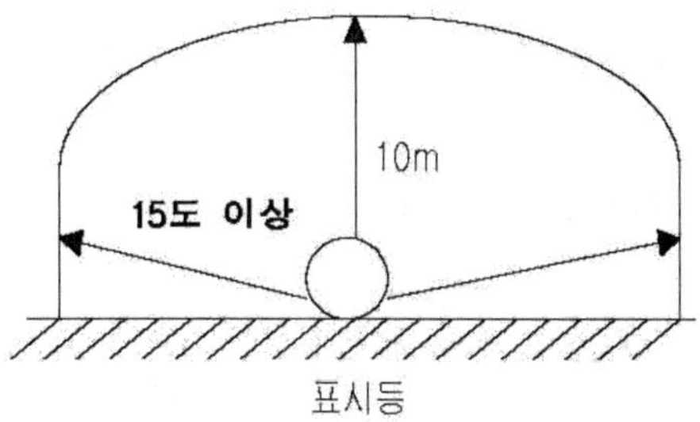

[그림 1-27] 표시등 위치

(2) 발신기의 종류

일반적으로 경보장치와 발신기가 같이 설치되며 옥내소화전이 설치되는 경우 소화전함 내에 같이 설치된다.

발신기는 누름식의 P형 발신기와 전화식의 T형 발신기, 그리고 M형 수신기와 연결하여 사용하는 M형 발신기가 있다. P형 발신기는 수신기와 전화연락을 할 수 있는 전화잭이 있는 P형 1급 발신기와 전화잭이 없는 P형 2급 발신기가 있다. 동작방식은 화재감지에 의한 신호와 발신기에 의한 신호를 구분하여 처리하는 방식과 발신기를 동작시켰을 경우 소화전 펌프 등의 소화활동 기기를 동시에 기동시키는 방법이 있다. 그 외에도 설치장소별 다음과 같은 발신기가 있다.

(a) 발신기 (b) 발신기+경종 (c) 발신기+경종+소화전

[그림 1-28] 발신기 설치

- 기능별 : P형(1급, 2급), T형, M형
- 설치장소별 : 옥외형, 옥내형
- 방폭구조 : 방폭형, 비방폭형
- 방수구조 : 방수형, 비방수형

(3) 발신기 구성요소

1) 발신기 위치표시등

발신기의 위치를 표시하는 적색등으로 발신기가 소화전함 상단에 설치되는 경우 소화전의 위치표시등과 발신기의 위치표시등을 겸한다.

2) 누름스위치

수신기에 화재신호를 발신할 때 사용하는 것으로 안쪽으로 밀어넣으면 지속적으로 화재신호를 발신하여 지구음향장치나 주경종을 울리도록 하여 화재발생을 알리는 역할을 한다. 복구방법은 스위치를 누른 후 다시 잡아당기면 원래 위치로 복구되는 것과 스위치를 누른 후 다시 한번 누르면 원래상태로 복구되는 형태가 있다.

3) 보호판

보호판은 스위치를 보호하기 위한 것으로 손끝으로 눌러 깨지거나 밀려 들어가는 지름 20[mm] 유기질의 유리로 미미한 외부충격이나 장난으로 인한 오동작을 방지하기 위하여 설치된다. 누름스위치는 가하는 압력이 2[kg]을 초과하고 8[kg] 이하인 범위에서 동작되어야 하며, 2[kg]의 힘에는 밀려들어가지 않아야 한다.

4) 전화잭

수신기가 설치된 수신기와 상호연락을 위하여 휴대용 수화기를 전화잭에 삽입하면 수신부와 통화가 가능하다. 또한 동시에 부저나 경보 사이렌이 발할 수 있게 된다. 전화잭은 소방시설 점검시 각 감지기별 작동상태를 감지기 설치장소와 수신부에서 동작여부를 확인하기 위한 장치이다.

5) 응답등

발신기의 조작에 의하여 발신된 신호가 수신기에 전달되었는지를 조작자가 확인할 수 있도록 점등되는 등으로 주로 발광 다이오드가 사용되며 화재신호가 수신기에 전달되면 다이오드가 점등된다.

동작순서는 발신기 누름스위치를 누르면 수신기가 작동(화재표시등, 지구표시등, 발신기표시등, 경보장치기등)한 후 응답등이 점등된다.

(4) 발신기별의 동작방법

1) P형 1급 발신기

화재발생을 수동으로 수신기 또는 중계기에 발신하는 것으로 P형 1급 수신기 또는 R형 수신기에 접속하여 사용한다. 발신기 구성은 누름버튼 스위치, 발신자가 발신한 신호를 확인할 수 있는 응답표시등, 수신기와 발신기간 전화장치로 구성된다.

누름버튼 스위치는 접점이 2극 또는 3극으로 구성된 동시접점이며 수신기가 동작하면 다른 신호선을 통해 발신기의 응답표시등이 켜진다. 이때 수신기로 발신하는 신호는 누름버튼 스위치가 눌러진 상태로 동작되므로 회로 단락상태는 계속 유지된다. 전화회로는 잭에 휴대용 전화기를 끼우면 동시에 수신기에 호출음이 울리게 되고, 수신기에 설치된 송수화기를 들면 호출음이 끊어지며 상호통화가 가능하다. 그러나 수신기에서 발신기 쪽으로 통화자를 호출할 수는 없다.

2) P형 2급 발신기

P형 2급 수신기에만 연결이 가능하며 전화회로 및 응답회로가 없으며, 단순히 누름버튼 스위치만 가지고 있다.

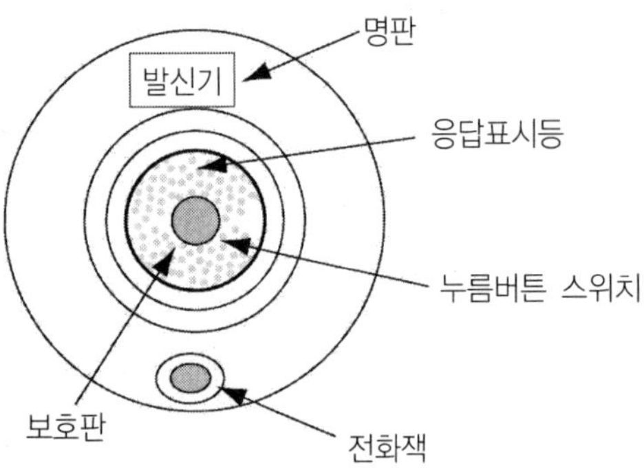

(a) P형 1급 발신기

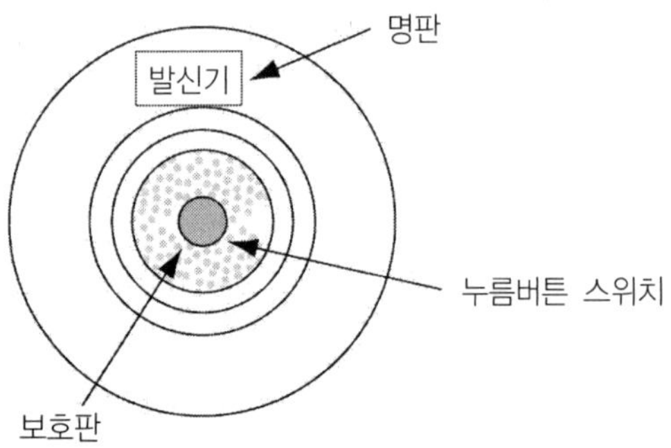

(b) P형 2급 발신기

[그림 1-29] P형 발신기의 구조

3) T형 발신기

T형 발신기는 발신과 동시에 통화가 가능한 것을 말하는 것으로 누름버튼식이 아니고 전화기형의 송·수화기가 설치되어 있어 이것을 들면 신호가 송출되어 동시통화가 가능하다. T형 발신기는 화재신호를 정확히 전달할 수 있어 대규모의 소방대상물에 사용한다.

4) M형 발신기

누름버튼 스위치 작동시 발신기 고유의 신호가 소방관서에 설치된 M형 수신기에 전달되는 발신기이다. 모든 발신기는 하나의 배선에 접속되고 접속할 수 있는 발신기 수는 100개 이하이며 발신기에서 발신하여 수신완료까지의 소요시간은 약 10초~20초 정도이다.

(5) 발신기와 수신기 결선

[그림 1-30]은 발신기세트(경종, 표시등, 발신기응답등, 누름버튼 스위치, 전화용 잭 내장)와 수신기 구성회로를 나타낸다. 발신기와 감지기는 병렬로 연결되어 있어서 두 개 중 하나만 동작하여도 화재신호를 수신기에 전달할 수 있다.

[그림 1-31]은 발신기의 층별 간선계통도를 나타낸다. 1개의 발신기 세트는 7가닥의 신호선이 필요하며, 한 개 층(1개 경계구역)이 추가될수록 2가닥의 전선이 필요하게 된다.

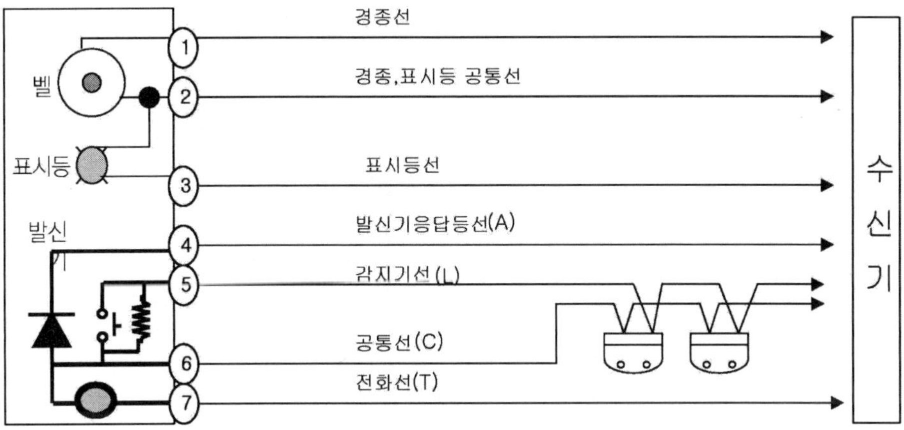

[그림 1-30] 발신기와 수신기 접속회로

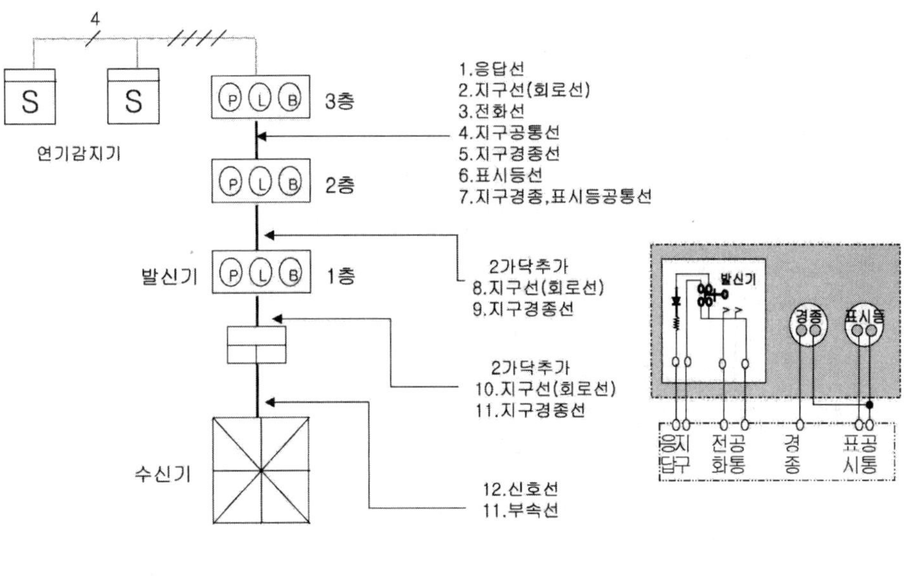

[그림 1-31] 발신기 간선계통도

(6) 지구 경종의 경보방식

[그림 1-32]는 화재시 경보기의 층별 명동방식으로 일제경보방식은 1, 2, 3이 동시에 경보를 발하는 방식이고, 직상발화 우선경보방식은 화재시 각 층을 구분하여 명동할 수 있는 방식이다.

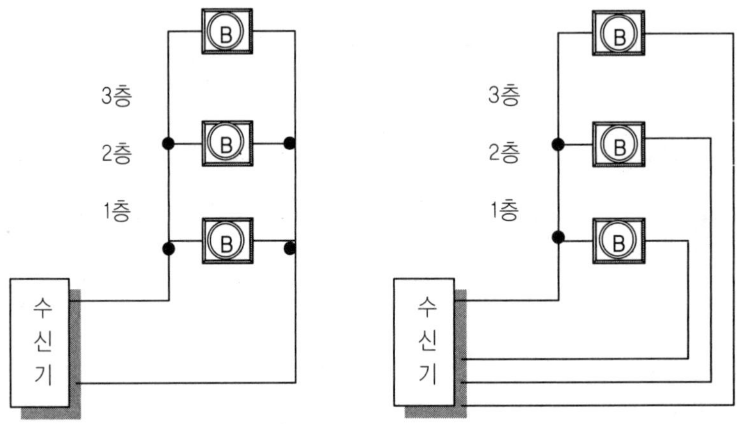

(a) 일제경보방식　　　　(b) 구분명동방식

[그림 1-32] 경보기 명동방식

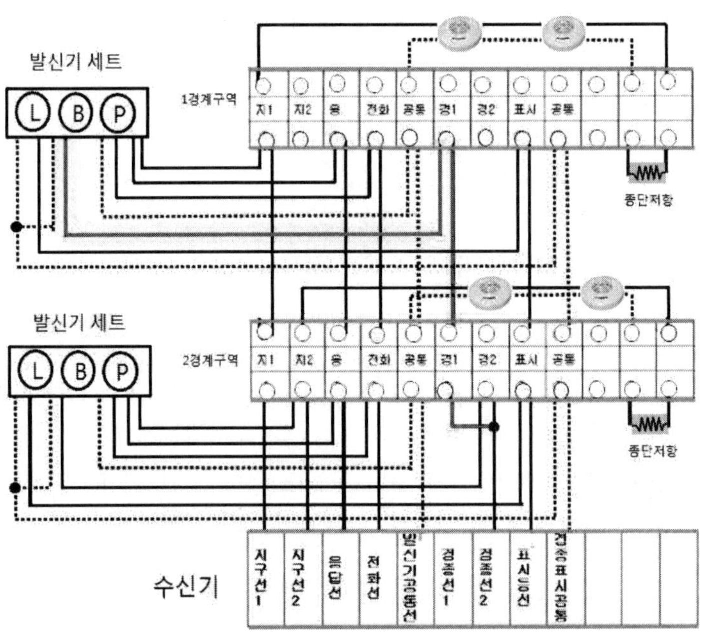

(a) 일제경보방식

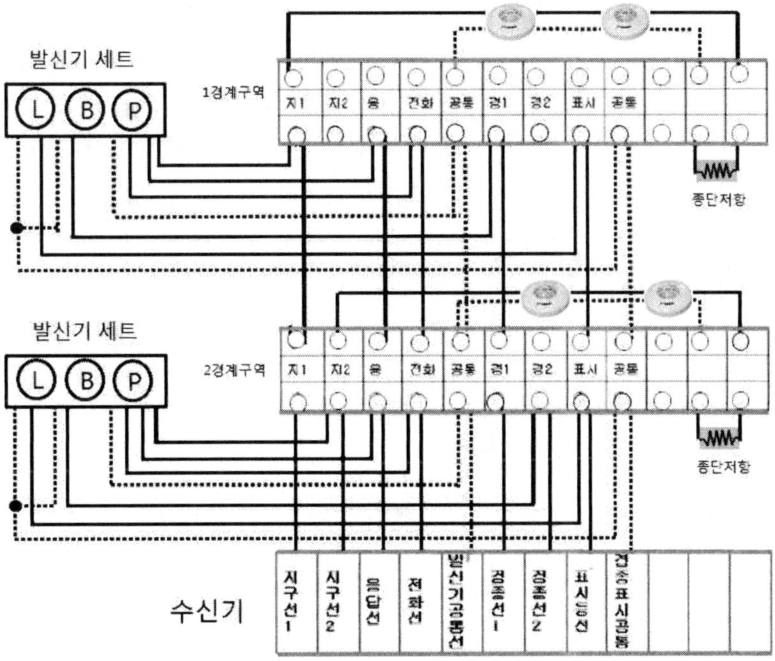

(b) 직상발화우선경보방식

[그림 1-33] 경보기 명동방식 상세도

일제경보방식은 수신기가 화재를 수신하였을 때 소방대상물의 전층을 동시에 경보하는 방식으로 이때 전선의 가닥수는 6+n(n : 지구신호)이다. 또한 직상발화 우선경보방식은 화재신호를 수신했을 때 소방대상물의 경보층을 구별하여 경보하는 방식으로 전선 가닥수는 5+2n(n : 지구신호)이다. [그림 1-33]은 경보기 명동방식의 상세결선도를 나타낸다.

(7) 음향장치 설치기준

음향장치는 화재발생을 알리기 위한 장치로 발신기를 누르거나 감지기가 작동됨에 따라 연동되어 음향을 발생하는 기기이며 설치기준은 다음과 같다.

① 주음향장치는 수신기의 내부 또는 그 근처에 설치할 것

② 5층(지하층을 제외한다) 이상으로서 연면적이 3,000[㎡]를 초과하는 소방대상물 또는 그 부분에 있어서는 2층 이상의 층에서 발화한 때에는 발화층 및 그 직상층에 한하여, 1층에서 발화한 때에는 발화층, 그 직상층 및 지하층에 한하며, 지하

층에서 발화한 때에는 발화층, 그 직상층 및 기타의 지하층에 한하여 경보를 발할 수 있도록 할 것

③ 지구음향장치는 소방대상물의 층마다 설치하되 당해 소방대상물의 각 부분으로부터 하나의 음향장치까지의 수평거리가 25[m] 이하가 되도록 하고 당해 층의 각 부분에 유효하게 경보를 발할 수 있도록 설치할 것. 다만, 방송설비를 자동화재탐지설비의 감지기와 연동하여 작동하도록 설치한 경우에는 지구음향장치를 설치하지 아니할 수 있다.

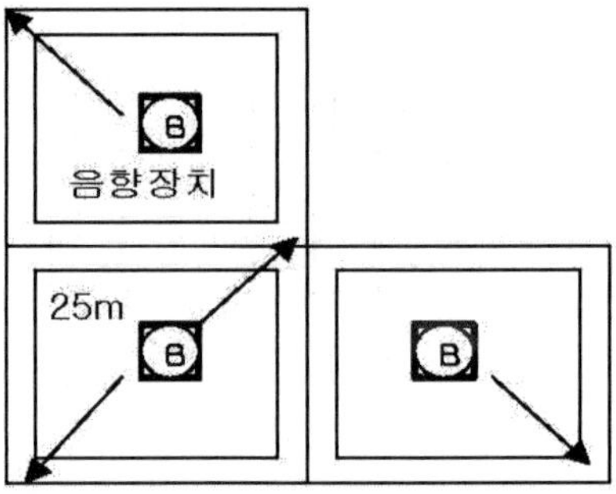

[그림 1-34] 음향장치 설치

④ 음향장치는 다음 기준에 따른 구조 및 성능의 것으로 하여야 한다.

- 정격전압의 80[%] 전압에서 음향을 발할 수 있을 것
- 음량은 부착된 음향장치의 중심으로부터 1[m] 떨어진 위치에서 90[dB] 이상이 될 것
- 감지기 및 발신기의 작동과 연동하여 작동할 수 있는 것으로 할 것

⑤ 청각장애인용 시각경보장치는 다음 기준에 따라 설치하여야 한다.

- 복도, 통로, 청각장애인용 객실 및 공용으로 사용하는 거실(로비 · 회의실 · 강의실 · 식당 등을 말한다)에 설치하며 각 부분으로부터 유효하게 경보를 발할 수 있는 위치에 설치할 것
- 공연장 · 집회장 · 관람장 또는 이와 유사한 장소에 설치하는 경우에는 시선이 집중되는 무대 부분 등에 설치할 것
- 설치높이는 바닥으로부터 2[m]~2.5[m] 이하의 장소에 설치할 것. 다만, 천장의 높이가 2[m] 이하인 경우에는 천장으로부터 0.15[m] 이내의 장소에 설치한다.
- 시각경보장치의 광원은 전용의 축전지설비 또는 전기저장장치에 의하여 점등되도록 할 것

• 불꽃의 밝기는 6[m] 거리에서 측정하였을 경우 15[cd] 이상이 되어야 한다.
• 도로 터널의 경우 주행차로 한쪽 측벽에 50[m] 이내의 간격으로 비상경보설비 상부 직근에 설치하고, 전체 시각경보는 동기방식에 의해 작동될 수 있도록 할 것

⑥ 하나의 소방대상물에 2 이상의 수신기가 설치된 경우 어느 수신기에서도 지구음향장치 및 시각경보장치를 작동할 수 있도록 할 것

〈표 1-8〉 직상발화우선 경보방식(5층 이상이고 연면적 3,000[m^2] 초과대상물)

발화층	경보층
2층 이상	발화층 · 직상층
1층	발화층 · 직상층 · 지하층
지하층	발화층 · 직상층 · 기타 지하층

〈표 1-9〉 직상발화우선 경보방식(30층 이상이거나 120[m] 이상인 건축물)

발화층	경보층
2층 이상	발화층 · 직상 4개층
1층	발화층 · 직상 4개층 · 지하층
지하층	발화층 · 직상층 · 기타 지하층

5. 자동화재탐지설비 설치기준

(1) 수신기 설치방법

① 소방대상물의 경계구역을 각각 표시할 수 있는 회선 수 이상의 수신기를 설치하여야 한다.

② 4층 이상의 소방대상물에는 발신기와 전화통화가 가능한 P형 1급 수신기 또는 R형 수신기를 설치하여야 한다.

③ 소방대상물로서 연면적 350[㎡]를 초과하는 것에 있어서는 P형 1급 수신기, R형 수신기, 또는 회선 수 2 이상인 P형 2급 수신기를 설치한다.

④ 가스누설 탐지설비가 설치된 경우에는 가스누설 신호를 수신하여 가스누설 경보를 발할 수 있는 수신기를 설치해야 한다(가스누설 탐지설비의 수신부를 별도로 설치한 경우에는 제외한다).

⑤ 자동화재탐지설비의 수신기는 소방대상물 또는 그 부분이 지하층 · 무창층 등으로

서 환기가 잘되지 아니하거나 실내면적이 40[㎡] 미만인 장소, 감지기의 부착면과 실내바닥과의 거리가 2.3[m] 이하인 장소로서 일시적으로 발생한 열・연기 또는 먼지 등으로 인하여 감지기가 화재신호를 발신할 우려가 있는 때에는 축적기능 등이 있는 것으로 설치하여야 한다.

⑥ M형 수신기는 화재수신 완료까지의 소요시간이 20초 이내이어야 하고 3개의 M형 발신기가 동시에 작동하는 경우에는 무간섭이며, 순차적으로 화재표시가 되어야 한다.

⑦ 수신기는 2회선이 동시에 작동하여도 화재표시가 되어야 하며 감지기의 감지 또는 P형(T형) 발신기 개시부터 수신기 수신완료까지의 소요시간은 5초(축적형은 60초) 이내이어야 한다.

(2) 수신기 설치기준

① 수위실 등 상시 사람이 근무하는 장소에 설치할 것

② 수신기가 설치된 장소에는 경계구역 일람도를 비치하여야 한다.

③ 수신기의 음향기구는 그 음량 및 음색이 다른 기기의 소음 등과 명확히 구별될 수 있는 것으로 할 것

④ 수신기는 감지기・중계기 또는 발신기가 작동하는 경계구역을 표시할 수 있는 것으로 할 것

⑤ 화재・가스・전기 등에 대한 종합방재반을 설치한 경우에는 당해 조작반에 수신기의 작동과 연동하여 감지기, 중계기 또는 발신기가 작동하는 경계구역을 표시할 수 있는 것으로 할 것

⑥ 하나의 경계구역은 하나의 표시등 또는 하나의 문자로 표시한다.

⑦ 수신기의 조작 스위치는 0.8[m]～1.5[m] 이하인 장소에 설치할 것

⑧ 하나의 소방대상물에 2 이상의 수신기를 설치하는 경우에는 수신기를 상호간 연동하여 화재발생 상황을 각 수신기마다 확인할 수 있도록 할 것

⑨ 전압계의 최대눈금은 회로정격전압의 140～200[%] 이하이어야 한다.

⑩ 표시등 전구는 사용전압 130[%]인 교류전압을 20시간 연속 가하는 경우 광속변화, 흑화현상이 없어야 한다.

⑪ 스위치는 각 접점의 작동을 10,000회 반복하는 경우 구조, 기능에 이상이 생기지 않아야 한다.

(3) 중계기 설치기준

① 수신기에서 직접 감지기회로의 도통시험을 행하지 아니하는 것에 있어서는 수신

기와 감지기 사이에 설치할 것

② 조작 및 점검에 편리하고 화재 및 침수 등의 재해로 인한 피해를 받을 우려가 없는 장소에 설치할 것

③ 수신기에 감시되지 않는 배선을 통하여 전력을 공급받는 것에 있어서는 전원입력측의 배선에 과전류 차단기를 설치하고, 당해 전원의 정전 즉시 수신기에 표시되는 것으로 하며 상용전원 및 예비전원의 시험을 할 수 있도록 할 것

④ 중계기는 정격전압에서 2,000회 동작을 반복하는 경우 그 구조 및 기능에 이상이 없어야 한다.

⑤ 절연저항은 20[MΩ] 이상이어야 한다.

⑥ 수신개시로부터 발신개시까지 소요시간은 5초 이내이어야 한다.

(4) 전원 설치기준

① 상용전원은 전기가 정상적으로 공급되는 축전지, 전기저장장치 또는 교류전압의 옥내간선으로 하고, 전원까지의 배선은 전용으로 할 것

② 개폐기에는 '자동화재탐지설비용'이라고 표시한 표지를 할 것

③ 자동화재탐지설비에는 그 설비에 대한 감시상태를 60분 간 지속한 후 유효하게 10분 이상(고층건축물 30분) 경보할 수 있는 축전지설비(수신기에 내장하는 경우를 포함한다) 또는 전기저장장치를 설치하여야 한다. 다만, 상용전원이 축전지 설비인 경우에는 그러하지 아니한다.

(5) 배선 설치기준

① 전원회로의 배선은 내화배선으로 하고, 그밖의 배선(감지기 상호간 또는 감지기로부터 수신기에 이르는 감지기회로의 배선은 제외한다)은 내화배선 또는 내열배선에 따라 설치할 것

② 감지기 상호간 또는 감지기로부터 수신기에 이르는 감지기 회로의 배선은 다음 각목의 기준에 따라 설치할 것

㉮ 아날로그식, 다신호식 감지기나 R형 수신기용으로 사용되는 것은 전자파 방해를 방지하기 위하여 쉴드선 등을 사용할 것. 다만 전자파 방해를 받지 아니하는 방식의 경우에는 그러하지 아니한다.

㉯ ㉮목 외의 일반배선을 사용할 때는 내화배선 또는 내열배선으로 사용할 것

③ 감지기 사이의 회로의 배선은 송배전식으로 한다.

④ 전원회로의 전로와 대지 사이 및 배선 상호간의 절연저항은 감지기회로 및 부속회로의 전로와 대지 사이 및 배선 상호간의 절연저항은 1경계구역마다 직류 250[V]의 절연저항 측정기를 사용하여 측정한 절연저항이 0.1[MΩ] 이상이 되도록 할 것

⑤ 자동화재탐지설비의 배선은 다른 전선과 별도의 관·덕트·몰드 또는 풀박스 등에 설치할 것. 다만, 60[V] 미만의 약전류회로에 사용하는 전선으로서 각각의 전압이 같을 때에는 그러하지 아니한다.

⑥ P형 수신기 및 GP형 수신기의 감지기 회로의 배선에 있어서 하나의 공통선에 접속할 수 있는 경계구역은 7개 이하로 할 것

⑦ 자동화재탐지설비의 감지기회로의 선로저항은 50[Ω] 이하가 되도록 하여야 하며 수신기의 각 회로별 종단에 설치되는 감지기에 접속되는 배선의 전압은 감지기 정격전압의 80[%] 이상이어야 할 것

⑧ 감지기회로의 도통시험을 위한 종단저항 기준은 다음과 같다.

㉮ 점검 및 관리가 쉬운 장소에 설치할 것

㉯ 전용함을 설치하는 경우 그 설치 높이는 바닥으로부터 1.5[m] 이내로 할 것

㉰ 감지기 회로의 끝부분에 설치하며 종단감지기에 설치할 경우에는 구별이 쉽도록 해당감지기의 기판 및 감지기 외부 등에 별도의 표시를 할 것

⑨ 감지기 사이의 송배전식은 다음과 같다. 송배전 방식이란 수신기에서 감지기회로의 배선에 사용되며 다음과 같은 특징이 있다.

㉮ 감지기 (+), (-)단자에 2개씩의 접촉선을 사용하는 배선이다.

㉯ 수신기에서 2차측 외부배선(감지기·발신기)을 도중에 분기하지 않아야 배선 시작점에서 종점까지 도통시험 용이하게 할 수 있다.

⑩ 감지기 배선은 1.8[km]까지는 전압강하와 관계없이 2.5[mm^2] 전선을 사용할 수 있다. 배선저항에 따른 전압강하 때문에 기기 최저인가전압(약 17～18[V]) 이하로 되지 않도록 설계하여야 한다.

⑪ 50층 이상의 건축물에 설치하는 통신·신호배선은 이중배선을 설치하도록 하고, 단선시에도 고장표시가 되며 정상 작동할 수 있는 성능을 갖도록 하여야 한다.

- 수신기와 수신기 사이의 통신배선
- 수신기와 중계기 사이의 신호배선
- 수신기와 감지기 사이의 신호배선

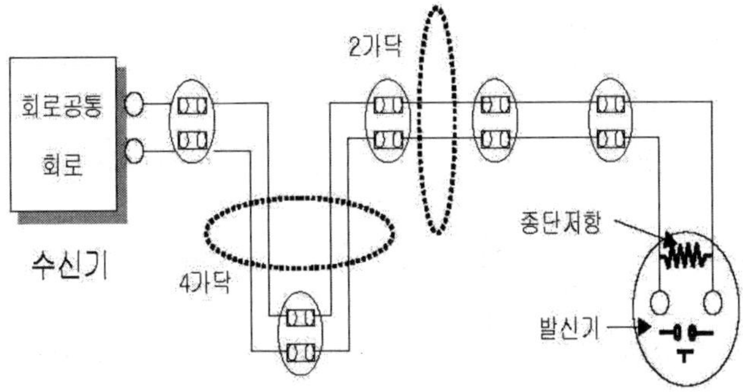

(a) 종단저항을 말단에 설치하는 경우

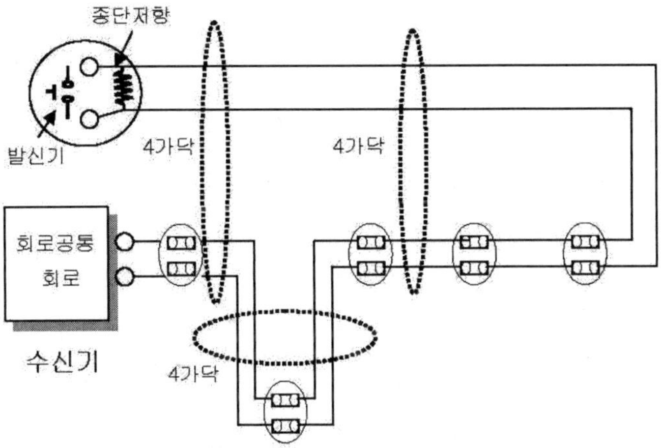

(b) 종단저항을 수신기에 설치하는 경우

[그림 1-35] 송배선식 배선

(6) 감지기회로 해석

정상상태에서 감지기 회로에 흐르는 전류와 감지기가 동작되었을 때의 동작전류는 다르다. [그림 1-36]은 수신기와 감지기간의 등가회로로서 P형 수신기와 릴레이, 배선, 감지기, 종단저항이 연결되어 있다. 릴레이 저항을 Rr[Ω], 배선회로 저항을 R_L[Ω], 종단저항을 R_t[Ω], 공급전압이 E[V]라 할 때 정상상태의 회로전류와 감지기 동작시 회로전류를 구할 수 있다.

1) 정상상태 동작전류

$$I = \frac{\text{회로전압}}{\text{릴레이 저항} + \text{배선회로 저항} + \text{종단저항}} \quad \text{[A]}$$

$$= \frac{E[\mathrm{V}]}{(R_r[\Omega] + R_L[\Omega] + R_t[\Omega])} \ [\mathrm{A}]$$

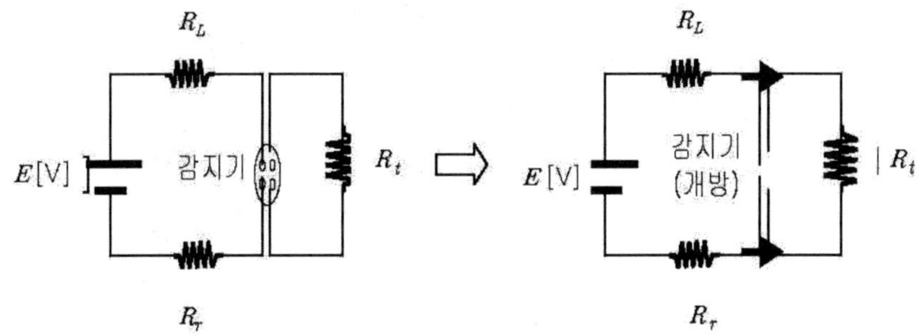

[그림 1-36] 정상상태 감지기 배선 등가회로

2) 감지기 동작시 회로저항

I= 회로전압/(릴레이저항 + 배선회로저항) [A]

$= E[\mathrm{V}]/(R_r[\Omega] + R_L[\Omega])[\mathrm{A}]$

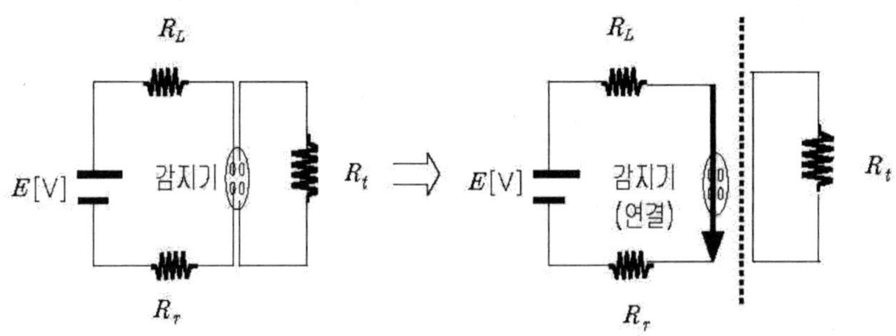

[그림 1-37] 화재시 감지기 동작 등가회로

6. 용어의 정의

① '경계구역'이라 함은 소방대상물 중 화재신호를 발신하고 그 신호를 수신 및 유효하게 제어할 수 있는 구역을 말한다.

② '수신기'라 함은 감지기나 발신기에서 발하는 화재신호를 직접 수신하거나 중계기를 통하여 수신하여 화재의 발생을 표시 및 경보하여 주는 장치를 말한다.

③ '중계기'라 함은 감지기 · 발신기 또는 전기적 접점 등의 작동에 따른 신호를 받아 이를 수신기의 제어반에 전송하는 장치를 말한다.

④ '감지기'라 함은 화재시 발생하는 열 · 연기 · 불꽃 또는 연소생성물을 자동적으로 감지하여 수신기에 발신하는 장치를 말한다.

⑤ '발신기'라 함은 화재발생 신호를 수신기에 수동으로 발신하는 장치를 말한다.

⑥ '시각경보장치'라 함은 자동화재탐지설비에서 발하는 화재신호를 시각경보기에 전달하여 청각장애인에게 점멸형태의 시각경보를 하는 것을 말한다.

⑦ '거실'이라 함은 거주 · 집무 · 작업 · 집회 · 오락, 그밖에 이와 유사한 목적을 위하여 사용하는 방을 말한다.

⑧ '고층건축물'이란 층수가 30층 이상이거나, 높이가 120[m] 이상인 건축물을 말한다.

⑨ '초고층 건축물'이란 층수가 50층 이상이거나, 높이가 200[m] 이상인 건축물을 말한다.

제2장 감지기

감지기는 화재로 발생되는 열·연기를 이용하여 자동적으로 화재발생을 감지한 후 수신기에 전달하는 기기로 열을 이용하는 열감지기와 연기를 이용하는 연기감지기가 있다. 이러한 감지기는 화재 초기단계에서 발생되는 열·연기를 자동적으로 감지하여 건물 내의 관리자에게 벨·사이렌 등의 음향으로 화재발생을 알리는 동시에 수신기에 화재 발생장소를 명확히 알림으로써 소화활동을 효율적으로 행할 수 있도록 하는 설비이다.

1. 감지기의 종류

감지기는 소방대상물의 종류·구조·주위환경 등에 따라 적절히 설치하여야 그 기능이 발휘할 수 있다. 그러므로 감지기의 종류(열·연기 등)와 감지위치 등을 고려하여 감지기를 선정하여야 한다.

또한 지하층·무창층 등으로서 환기가 잘되지 아니하거나, 실내면적이 40[㎡] 미만인 장소, 감지기의 부착면과 실내바닥과의 거리가 2.3[m] 이하인 곳으로서 일시적으로 발생한 열·연기 또는 먼지 등으로 인하여 화재신호를 발생할 우려가 있는 장소에는 다음 각 호에서 정한 감지기 중 적응성 있는 감지기를 설치하여야 한다.

- 불꽃감지기
- 정온식 감지선형 감지기
- 분포형 감지기
- 복합형 감지기
- 광전식 분리형 감지기
- 아날로그 방식의 감지기
- 다신호방식의 감지기
- 축적방식의 감지기

교차회로 방식에 사용되는 감지기, 급수권 연소확대가 우려되는 장소에 사용되는 감지기 및 축적기능이 있는 수신기에 연결하여 사용하는 감지기는 축적기능이 없는 감지기를 설치하여야 한다.

〈표 2-1〉은 화재발생의 메커니즘과 화재발생시 발생하는 물리·화학적인 변화에 따른 사용환경에 적합한 감지기의 분류이다.

〈표 2-1〉 감지기의 분류

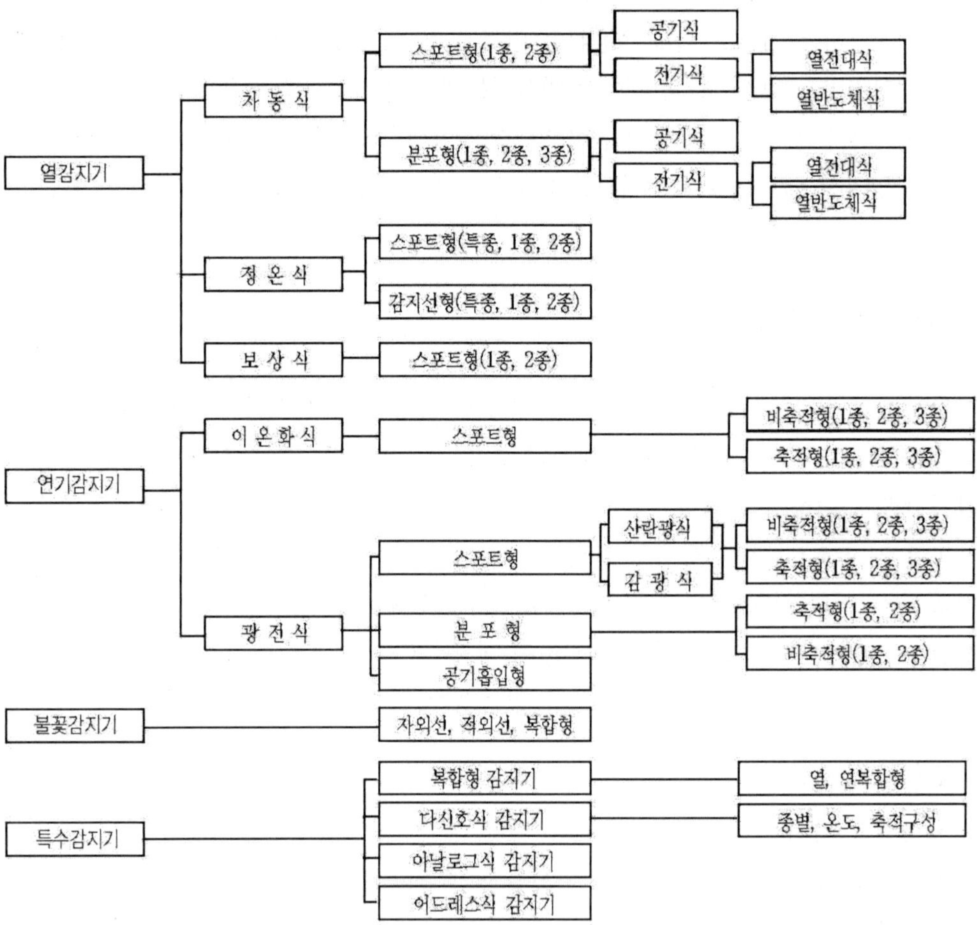

2. 감지기의 동작기능

감지기가 화재감지 기능을 수행하기 위해서는 화재시 발생되는 물리・화학적 변화량을 검출하는 센서기능, 화재여부를 판단하는 판단기능, 화재신호를 수신기로 송출하는 발신기능을 구비하여야 한다.

(1) 센서기능

화재시 온도・연기・일산화탄소・자외선・적외선・열복사선 등의 물리・화학적 변화량을 감지기에서 탐지하는 기능이다.

(2) 판단기능

감지기는 화재로 인한 물리・화학적 변화량이 정해진 양 이상으로 정해진 시간 이상 지속되면 이것을 화재라고 판단하게 된다. 감지기가 화재라고 판단하는 기준이 되는 물리・화학적 변화량를 감도라 하는데 감도는 특종, 1종, 2종, 3종으로 구분되며 특종으로 갈수록 감도가 예민해진다.

(3) 발신기능

감지기가 수신기에 보내는 신호방식에는 접점신호 방식과 통신신호 방식이 있다.

접점신호 방식은 수신기로부터 감지기에 연결된 전선에 회로를 구성하여 전류가 흐르면 화재이고, 전류가 흐르지 않으면 정상임을 표시하는 방식이다. 통신신호 방식은 감지기와 수신기에 통신장치를 내장하여 통신신호를 주고받는 방식을 말한다.

3. 감지기의 접점구성

감지기 내 접점을 닫히게 하는 방법은 열에 의한 공기팽창력을 이용하는 공기팽창식과 화재시 물리・화학적 변화에 의해 발생된 기전력을 이용하는 전기식이 있다.

(1) 공기팽창식

공기팽창식은 평상시에는 주접점(+)과 보조접점(−)이 떨어져 있으나 화재발생시 온도가 상승하면 공기실의 온도가 팽창하여 다이아프램을 위로 밀어올려 (+), (−) 접점에 연결되면서 접점이 구성된다.

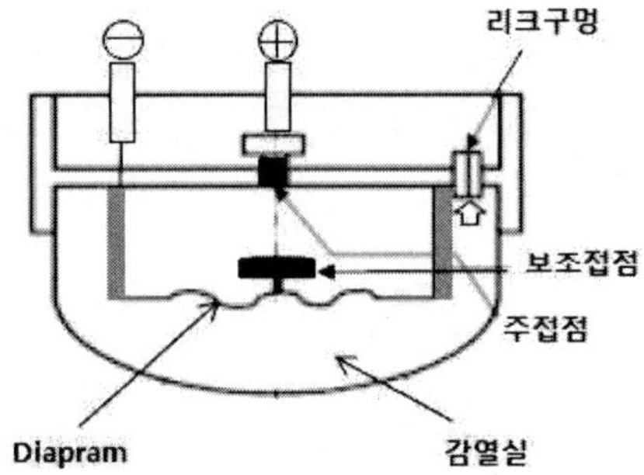

[그림 2-1] 공기팽창식 감지기

(2) 전기식

화재발생시 발생되는 열·연기·불꽃 등 물리·화학적 변화량에 의해 발생되는 기전력을 이용하여 전자 릴레이를 동작시키는 방식이다. 전자 릴레이는 철심에 전선을 감아놓고 전기를 흐르게 하면 전자력이 발생되어 릴레이 내부접점이 닫혀 신호를 전달할 수 있는 기기이다.

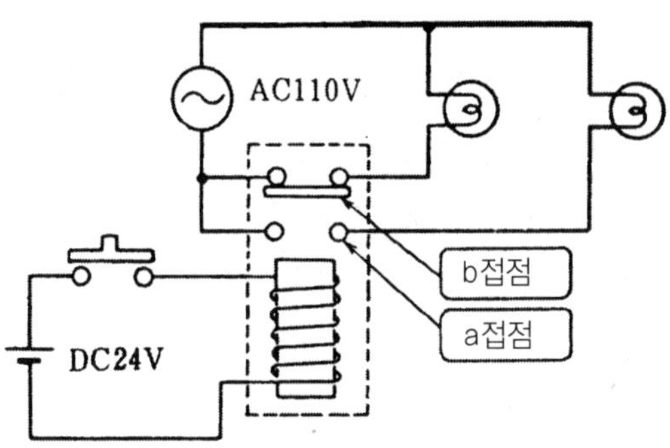

[그림 2-2] 전자 릴레이

4. 감지기 구성회로

감지기는 감지동작을 수행하는 본체와 감지기와 감지기, 또는 감지기와 수신기를 연결하는 베이스 그리고 작동표시부로 구성되어 있다.

(1) 감지기 본체

감지장치 센서부가 내장된 부분으로 베이스를 연결할 수 있는 구조로 되어 있다.

(a) 전면

(b) 후면

[그림 2-3] 감지기 본체

(2) 베이스

베이스는 감지기를 고정부에 지지하는 구조이고, 감지기와 수신기 또는 감지기를 전선으로 연결시킬 수 있는 단자가 있다.

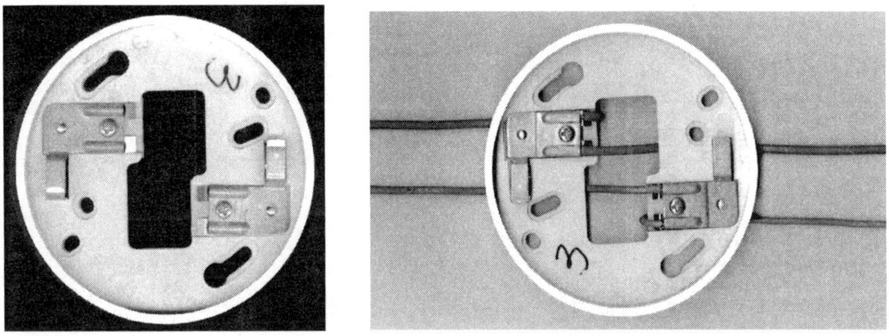

[그림 2-4] 감지기 베이스

(3) 작동표시장치

감지기가 작동되었을 때 표시하는 작동표시등이나. 작동표시등은 감지기가 작동하면 점등되고 수신기에서 복구스위치를 누르면 소등된다. 그러나 방폭구조의 감지기, 차동식 분포형 감지기 및 정온식 감지선형 감지기, 감지기가 작동한 경우 수신기에 그 감지기가 작동한 내용이 표시되는 감지기는 작동표시 장치를 설치하지 아니할 수 있다.

5. 부착높이별, 장소별 감지기 종류

감지기는 설치장소뿐만 부착높이에 따라 감지성능이 발휘될 수 있는 감지기를 설치하여야 한다. 〈표 2-2〉는 부착높이에 따른 감지기의 종류를 나타내고 있다.

〈표 2-2〉 부착높이별 감지기 종류

부착높이	감지기의 종류	기 타
4[m] 미만	차동식 (스포트형, 분포형), 보상식 스포트형, 정온식(스포트형, 감지선형), 이온화식 또는 광전식(스포트형, 분리형, 공기흡입형), 열복합형, 연기복합형, 열연기복합형, 불꽃감지기	모든 감지기
4[m] 이상 ~ 8[m] 미만	차동식(스포트형, 분포형), 보상식 스포트형, 정온식(스포트형, 감지선형) 특종 또는 1종, 이온화식 1종 또는 2종, 광전식(스포트형, 분리형, 공기흡입형) 1종 또는 2종, 열복합형, 연기복합형, 열연기복합형, 불꽃감지기	열감지기(특종, 1종) 연기감지기(1종, 2종)
8[m] 이상 ~15[m] 미만	차동식 분포형, 이온화식 1종 또는 2종, 광전식(스포트형, 분리형, 공기흡입형) 1종 또는 2종, 연기복합형, 불꽃감지기	차동식 분포형 연기감지기(이온화식, 광전식, 연기복합식) 1, 2종
15[m] 이상 ~20[m] 미만	이온화식 1종, 광전식(스포트형, 분리형, 공기흡입형) 1종, 연기복합형, 불꽃감지기	연기감지기(이온화식, 광전식, 연기복합식) 1종
20[m] 이상	불꽃감지기, 광전식(분리형, 공기흡입형) 중 아날로그 방식	

※비고) 1) 감지기별 부착높이 등에 대하여 별도로 형식승인받은 경우에는 그 성능 인정범위 내에서 사용할 수 있다.
2) 부착높이 20[m] 이상에 설치되는 광전식 중 아날로그방식의 감지기는 공칭감지농도 하한값이 감광률 5%/m 미만인 것으로 한다.

감지기 설치기준

① 감지기(차동식 분포형의 것을 제외한다)는 실내로의 공기유입구로부터 1.5[m] 이상 떨어진 위치에 설치할 것

② 감지기는 천장 또는 반자의 옥내에 면하는 부분에 설치할 것

③ 보상식 스포트형 감지기는 정온점이 감지기 주위의 평상시 최고 온도보다 20[℃] 이상 높은 것으로 설치할 것

④ 정온식 감지기는 주방·보일러실 등으로서 다량의 화기를 취급하는 장소에 설치하되 공칭 작동온도가 최고 주위온도보다 20[℃] 이상 높은 것으로 설치할 것

⑤ 차동식 스포트형, 보상식 스포트형 및 정온식 스포트형 감지기는 그 부착높이 및 소방대상물에 따라 감지기별 인정되는 바닥면적마다 1개 이상을 설치할 것

⑥ 스포트형 감지기는 45° 이상 경사되지 아니하도록 부착할 것
⑦ 감지기의 하단과 부착면과의 거리는 0.3[m] 이하로 한다.
⑧ 감지기 접점은 PGS합금으로 하고 접점 및 조정부는 노출되지 않는 구조이어야 한다.
⑨ 감지기는 감지기가 작동하는 경우에 단자접점에 저항부하를 연결하고 정격전압 전류를 가한 상태에서 반복조작을 1,000회 반복할 경우 구조 · 기능에 이상이 없어야 한다.
⑩ 감지기의 절연된 단자간의 절연저항 및 단자와 외함간의 절연저항은 직류 500[V]의 절연계로 측정하는 경우 50[MΩ](정온식 감지선형 감지기는 1[m]당 1,000[MΩ]) 이상이어야 한다.
⑪ 감지기의 단자와 외함간의 절연내력은 60[Hz]의 정현파에 가까운 실효전압 500[V](정격전압이 60[V]를 초과하고 150[V] 이하인 것은 1,000[V], 정격전압이 150[V]를 초과하는 것은 그 정격전압에 2를 곱하여 얻은 값에 1,000[V]를 더한 값)의 교류전압을 가하는 시험에서 1분간 견디어야 한다.
⑫ 차동식 감지기는 감도에 따라 1종과 2종으로 구분된다. 1종이란 실온보다 20[℃] 높은 온도에서 70[cm/sec]의 풍속에서 30초 이내에 동작하거나 실온보다 10[℃]의 비율로 상승하는 기류 중에서 4~5[분] 이내에 동작하는 것을 말한다. 2종이란 실온보다 30[℃] 높은 온도에서 80[cm/sec]의 풍속에서 30초 이내에 동작하거나 실온보다 15[℃]의 비율로 상승하는 기류 중에서 4~5[분] 이내에 동작하는 것을 말한다.
⑬ 정온식 감지기는 감도에 따라 특종, 1종, 2종으로 구분된다. 특종은 규제조건에서 40[초] 이하에서 작동되고 1종은 120[초], 2종은 300[초] 이내에 동작하여야 한다. 감지기가 작동하는 온도를 공칭 작동온도라 하며, 공칭 작동온도는 60[℃]~150[℃]까지 있으며, 60[℃]~80[℃]에서는 5[℃] 간격으로 80[℃]~150[℃]에는 10[℃] 간격으로 되어 있다.

〈표 2-3〉 정온식 감지선형 감지기 온도표시

공칭 작동온도	80[℃] 이하	80[℃]~120[℃]	120[℃] 이상
색상	백색	청색	적색

감지기 설치 제외장소

① 천장 또는 반자의 높이가 20[m] 이상인 장소
② 헛간 등 외부와 기류가 통하는 장소로서 감지기에 따라 화재발생을 유효하게 감지할 수 없는 장소
③ 부식성가스가 체류하고 있는 장소

④ 고온도 및 저온도로서 감지기의 기능이 정지되기 쉽거나 감지기의 유지관리가 어려운 장소

〈표 2-4〉 설치장소별 감지기 종류

<table>
<tr><th colspan="3">장 소</th><th>감 지 기</th></tr>
<tr><td rowspan="4">강제
규정</td><td colspan="2">• 지하층 · 무창층 등으로서 환기가 잘되지 않는 장소
• 실내면적이 40[m2] 미만인 장소
• 감지기의 부착면과 실내바닥과의 거리가 2.3[m] 이하인 장소</td><td>복합형 감지기
축적형 감지기
불꽃감지기
아날로그형 감지기
다신호식 감지기
정온식감지선형감지기
분포형감지기
광전식분리형감지기</td></tr>
<tr><td colspan="2">• 계단 · 경사로 및 에스컬레이터 경사로
• 복도(30[m] 미만의 것을 제외한다)
• 엘리베이터 권상기실 · 린넨슈트 · 파이프 덕트 · 기타 이와 유사한 장소
• 천장 또는 반자의 높이가 15[m] 이상 20[m] 미만의 장소
• 아래 특정소방대상물의 취침 · 숙박 · 입원 등 이와 유사한 용도로 사용 거실
- 공동주택 · 오피스텔 · 숙박시설 · 노유자시설 · 수련시설
- 교육연구시설 중 합숙소
- 의료시설 · 근린생활시설 중 입원실이 있는 의원 · 조산원
- 교정 및 군사시설
- 근린생활시설 중 고시원</td><td>연기 감지기</td></tr>
<tr><td colspan="2">• 주방 · 보일러실 등으로서 다량의 화기를 단속적으로 취급하는 장소</td><td>정온식감지기</td></tr>
<tr><td colspan="2">• 터널</td><td>차동식분포형감지기
정온식감지선형감지기</td></tr>
<tr><td rowspan="2">권장
규정</td><td colspan="2">• 화학공장 · 격납고 · 제련소</td><td>광전식분리형감지기
불꽃감지기</td></tr>
<tr><td colspan="2">• 전산실 · 반도체공장</td><td>광전식공기
흡입형감지기</td></tr>
<tr><td>강제
규정</td><td>• 지하구</td><td colspan="2">지하구에 설치하는 감지기는 먼지 · 습기 등의 영향을 받지 않고 발화지점을 확인할 수 있는 감지기를 설치하여야 한다. 그럼에도 불구하고 일시적으로 발생한 열 · 연기 또는 먼지 등으로 인하여 화재신호를 발신할 우려가 있는 장소에는 NFSC 203 별표1 및 별표2에 따른 적응성 있는 감지기를 설치할 수 있다.</td></tr>
</table>

⑤ 목욕실 · 욕조나 샤워시설이 있는 화장실

⑥ 파이프 덕트 등 이와 비슷한 것으로서 2개층마다 방화구획된 것이나 수평단면적이 5[㎡] 이하인 것

⑦ 먼지 · 가루 또는 수증기가 다량으로 체류하는 장소 또는 주방 등 평시에 연기가 발생하는 장소(연기감지기에 한한다)

⑧ 프레스 공장 · 주조공장 등 화재발생의 위험이 적은 장소로서 감지기의 유지관리가 어려운 장소

⑨ 지하구 또는 터널에는 먼지 · 습기 등의 영향을 받지 아니하고 발화지점을 확인할 수 있는 감지기를 설치하여야 한다.

⑩ 도로터널에는 차동식 분포형 감지기, 정온식 감지선형 감지기(아날로그식에 한한다)를 설치하여야 한다.

⑪ 고층건축물 감지기는 아날로그식의 감지기로써 감지기의 작동 및 설치지점을 수신기에서 확인할 수 있는 것으로 설치하여야 한다. 다만, 공동주택의 경우에는 감지기별로 작동 및 설치지점을 수신기에서 확인할 수 있는 아날로그 방식 외의 감지기로 설치할 수 있다.

각 장소별 적응성 있는 감지기를 설치하여 비화재보를 줄일 수 있도록 〈표 2-4〉와 같이 설치장소별 감지기 종류를 정하고 있다.

6. 감지기별 동작

감지기의 경계면적은 건축물의 높이와 건축구조물 종류에 따라 다르다.
〈표 2-5〉는 소방대상물의 종류에 따라 감지기별 경계면적을 나타낸다.

〈표 2-5〉 감지기별 경계면적

<table>
<tr><th colspan="4">부착높이 / 감지기의 종류</th><th>4[m] 미만</th><th>4[m] 이상 ~ 8[m] 미만</th><th>8[m] 이상 ~ 15[m] 미만</th><th>15[m] 이상 ~ 20[m] 미만</th></tr>
<tr><td rowspan="2">열</td><td rowspan="2">차동식</td><td rowspan="2">분포형</td><td>공기관식</td><td colspan="4">1. 공기관은 감지구역마다 20[m] 이상 설치
2. 공기관 상호길이 : 6[m](내화 9[m])
3. 검출부 하나에 접속하는 공기관의 길이 100[m] 이하</td></tr>
<tr><td>열전대식</td><td colspan="4">1. 열전대부는 감지구역 18[㎡](내화 22[㎡])마다 설치
2. 검출부는 하나에 접속하는 열전대부 20개 이하</td></tr>
</table>

식			열반도체식		내화구조	기타구조	내화구조	기타구조	내화구조	기타구조	
				1종	65	40	65	40	50	30	
				2종	36	23	36	23	36	23	
		스포트형	1종		90	50	45	30			
			2종		70	40	35	25			
	보상식	스포트형	1종		90	50	45	30			
			2종		70	40	35	25			
	정온식	스포트형	특종		70	40	35	25			
			1종		60	30	30	15			
			2종		20	15					
		감지선형	1종		감지구역의 부착면의 3[m](내화 4.5[m]) 이하						
			2종		각 부분으로부터 수평거리가 1[m](내화 3[m]) 이하						
연기식	이온화식 광전식		1종		150		75				
			2종		150		75				
			3종		50						

감지기 설치수량 산정방법

예 1 거실인 경우

거실의 경우에는 거실마다 감지기의 종류, 설치장소의 높이, 거실의 구조에 따라 감지기 수량이 산정된다.

$$\text{감지기 설치개수} = \frac{\text{감지구역의 면적}[m^2]}{\text{설치감지기 1개의 감지면적}[m^2]}$$

예 2 복도 및 통로인 경우(연기감지기)

$$\text{감지기 설치개수} = \frac{\text{감지구역의 보행거리}[m]}{\text{설치감지기 1개의 감지 보행거리}[m]}$$

예 3 계단 및 경사로인 경우(연기감지기)

$$감지기\ 설치개수 = \frac{감지구역의\ 수직거리[m]}{설치감지기\ 1개의\ 감지\ 수직거리[m]}$$

예제 1

높이 3[m], 바닥면적 200[m^2]인 내화구조로 된 거실에 다음의 감지기를 각각 설치할 때 필요한 감지기의 수량은 몇 개인가?

- 차동식 스포트형 감지기(1종)
- 보상식 스포트형 감지기(2종)
- 정온식 스포트형 감지기(1종)
- 연기감지기(1종)

$$감지기\ 설치개수 = \frac{감지구역의\ 면적[m^2]}{설치\ 감지기\ 1개의\ 감지면적[m^2]}$$

- 차동식(1종) : 3개
- 보상식(2종) : 3개
- 정온식(1종) : 4개
- 연기감지기 : 2개

예제2

보행거리가 45[m]인 복도에 연기감지기(1종)를 설치하고자 한다. 몇 개의 감지기를 설치해야 하는가?

【풀이】

$$감지기\ 설치개수 = \frac{45[m]}{30[m]} = 1.5 - 1 = 1개$$

예제 3

수직거리가 40[m]인 계단에 연기감지기를 설치하고자 한다. 몇 개의 감지기를 설치해야 하는가?

【풀이】

$$감지기\ 설치개수 = \frac{40[m]}{15[m]} = 3개$$

(1) 열감지기

화재시 화염이나 불꽃의 열에 의해 감지하는 기기로 차동식 · 보상식 · 정온식 감지기가 있다.

1) 차동식 감지기

차동식 열감지기는 실내의 온도상승률[ΔT/Δt]의 기준값을 초과한 경우 동작한다. 화재발생시 온도상승이 일정시간 계속 지속되면 감지기가 동작하고 정해진 시간 이하에서는 동작하지 않는다. 그러므로 평상시 온도보다 몇 [℃] 높은 온도차가 정해진 시간 동안 계속 지속되면 동작하므로 차동식이라 한다.

차동식에는 일국소 부분의 열상승에 의해 동작하는 스포트형과 광범위한 열효과 누적에 의해 동작하는 분포형이 있다.

① 차동식 스포트형 감지기

주위온도가 일정온도 상승률 이상이 되는 경우 동작되는 것으로 한정된 부분의 열효과에 의하여 작동하는 것이며 신호접점의 종류에 따라 공기팽창식 · 열기전력식 · 열반도체식이 있고 감도에 따라 1종 · 2종으로 구분된다.

㉮ 공기팽창식

열에 의한 공기 팽창력을 이용한 것으로 감열실, 다이아프램, 리크(leak)구멍 및 접점으로 구성된다. 이 감지기는 일반 건물에서 흔히 볼 수 있는 감지기로서 화재가 발생하면 온도가 급격히 상승하여 감열실 내의 공기 팽창으로 다이아프램을 밀어올려 접점을 접촉시켜 신호를 발생한다.

그러나 난방등의 경우와 같이 실내온도가 완만하게 변할 때는 리크구멍을 통해 팽창된 공기가 빠져나가기 때문에 외부압력과 평형을 유지하여 접점이 닿지 않아 신호를 발생하지 않는다.

그러므로 공기구멍의 크기를 조절하여 감도를 조정할 수 있다. 공기팽창식 감지기의 구성부의 역할을 보면 다음과 같다.

- 감열실 : 열을 유효하게 받는 부분으로 50～70[cc]의 공간
- 다이아프램 : 직경 35～45[mm], 두께 0.03～0.04[mm]으로 신축성 있는 얇은 금속판(황동판)
- 리크구멍 : 완만한 온도상승시 공기흐름을 조정하여 감열실의 열을 조절하는 구멍

• 접점 : 전기접점(고정접점 + 가동접점)으로 PGS(Platinum, Gold, Silver) 합금으로 구성
• 작동표시장치 : 감지기의 동작상태 표시

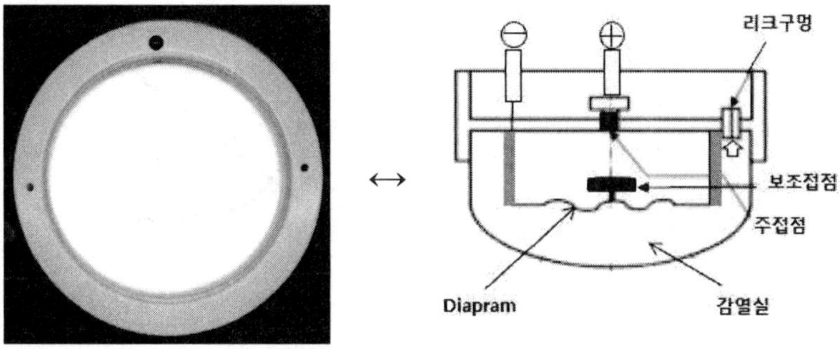

(a) 감지기 외형 (b) 감지기 구조

[그림 2-5] 공기팽창식 감지기

㉯ 열기전력식

공기팽창식의 감열부와 다이아프램 대신 반도체 열전대와 고감도 계전기를 사용한다.

열감지기에 사용된 열전대는 P형 반도체와 N형 반도체가 결합된 것으로 감열실 내에 급격한 온도상승으로 감열실이 열을 받게 되면 검지센서와 보상센서간의 온도변화 폭을 감지하여 프로그램된 수준 이상이면 화재신호를 발생한다.

난방 등으로 인한 완만한 온도 상승에 대하여는 감지센서와 보상센서가 서로 균형을 유지하게 되어 비화재보 발생이 거의 없다.

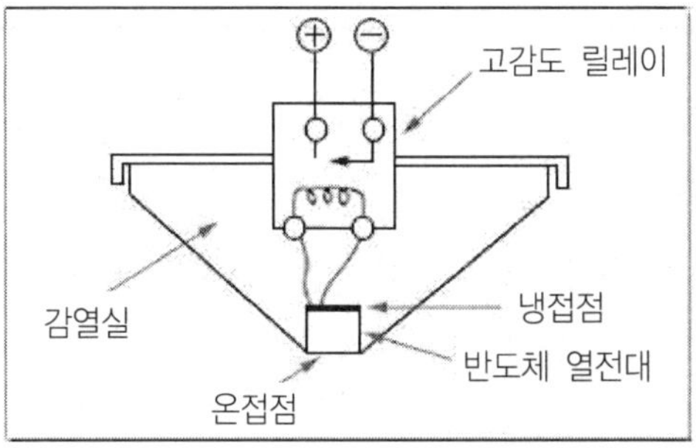

[그림 2-6] 열기전력식 감지기

㉰ 열반도체식

금속은 온도가 높아지면 저항값이 증가하지만 코발트 · 구리 · 망간 등의 2종 금속체

를 혼합하여 소결시켜 만든 반도체는 온도가 올라가면 저항값이 작아지는데 이러한 반도체를 서미스터(Thermistor)라고 한다.

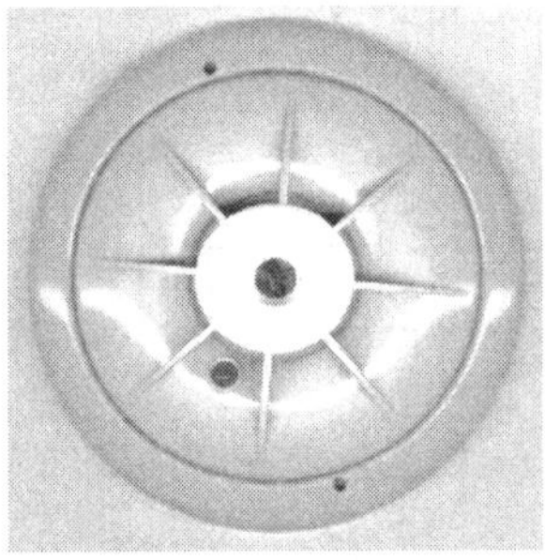

[그림 2-7] 열반도체식 감지기

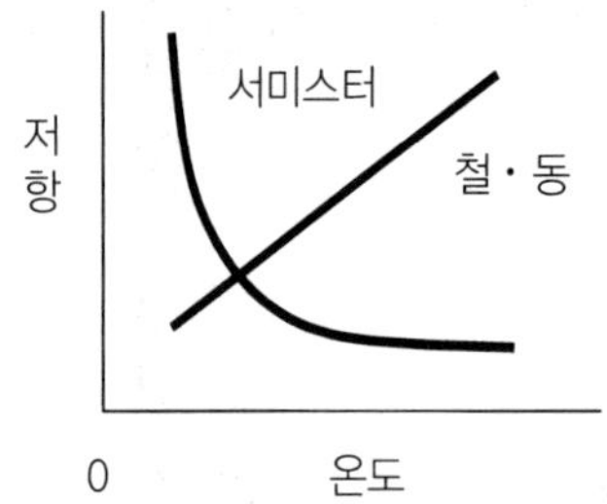

[그림 2-8] 서미스터의 특성

서미스터 특성을 이용하여 만든 감지기를 열반도체식 감지기라고 하는데 이 감지기는 화재가 발생하여 온도가 올라가면 저항이 작아지면서 전류가 흘러 릴레이를 작동시키게 된다.

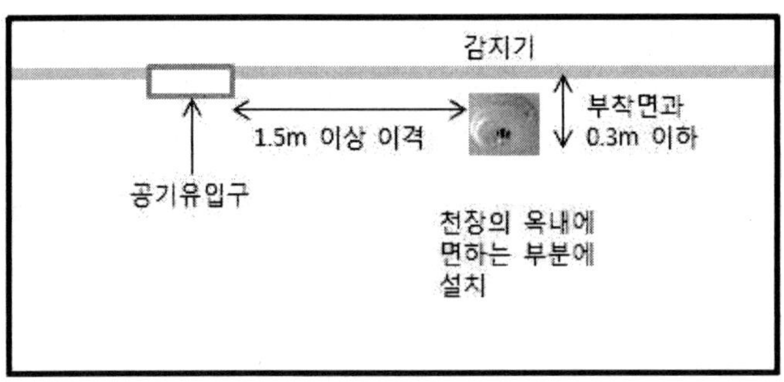

[그림 2-9] 감지기 설치위치

② 차동식 분포형 감지기

차동식 분포형은 한정된 구역이 아닌 어느 경계구역을 전체로 넓은 범위를 감시하는 것으로 열효과의 누적에 의해 작동하는 것을 말한다. 차동식 스포트형과는 달리 열을 감지하는 감열부분과 검출부분이 분리되어 있으며 공기관식 · 열전대식 · 열반도체식이 있다.

㉮ 공기관식

공기관식 열감지기는 열은 감지하는 감열부(공기관)와 감열부에서 전해진 공기의 팽창을 감지하는 검출부(다이아프램, 리크구멍, 접점)로 구성된다.

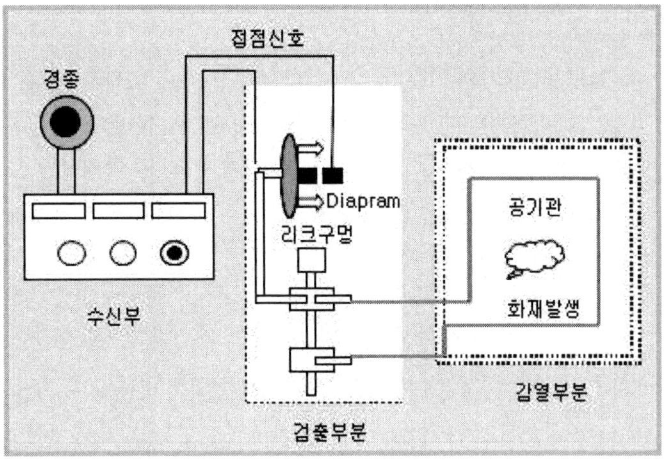

[그림 2-10] 공기관식 감지기 설치

공기관은 외경 1.9[mm], 두께 0.3[mm] 이상의 중공동관으로 되어 있으며 방의 천장부근의 구석 또는 천장면을 일정간격으로 둘러싸서 공기관 양끝을 검출부에 연결한다. 화재발생시 천장면에 둘러싸인 공기관 내의 공기가 가열 팽창되어 검출부 내의 다이아프램을 밀어올리게 되면 접점이 연결되어 수신기에 통보한다.

그러나 검출부에는 리크구멍이 설치되어 있어 평상시의 완만한 온도상승에는 화재경보가 발하지 않는다.

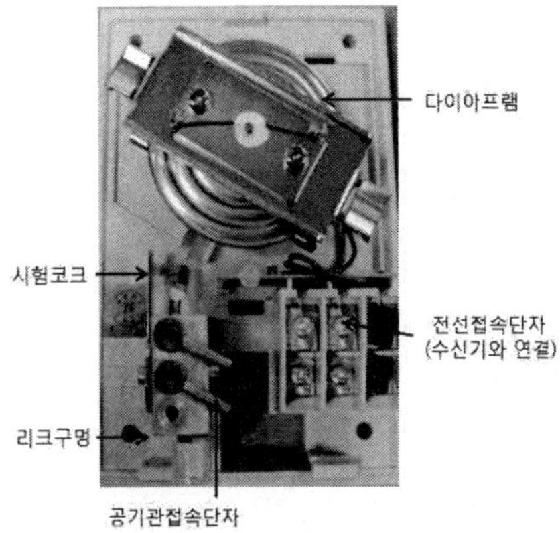

(a) 검출부

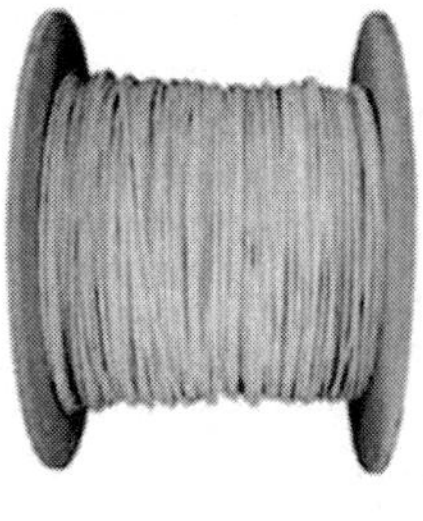

(b) 공기관

[그림 2-11] 공기관식 감지기

공기관식 감지기 설치기준

① 공기관의 노출부분(공기관의 길이)은 20[m]~100[m] 이내이어야 한다.
② 공기관과 감지구역 각 변과의 수평거리는 1.5[m] 이내이어야 하고, 공기관 상호거리는 6[m] 이하(내화구조는 9[m] 이하)가 되어야 한다(천장에서는 0.3[m] 이하).
③ 공기관은 도중에 분기하지 말고 검출부는 바닥에서 0.8~1.5[m]에 위치하고 검출부는 5°이상 경사되지 않아야 한다.

만일 감지면적이 작은 창고·벽장 등의 부착면 각 변에 공기관을 부설하는 경우 20[m] 이상이 미치지 못하는 경우에는 감지동작이 빨라 오동작의 우려가 있기 때문에 공기관을 20[m] 이상을 유지하기 위해 2중, 3중 또는 코일감기를 한다. 또한 공기관의 최대 길이는 감지동작 지연을 방지하기 위해 100[m] 이내를 유지하여야 한다.

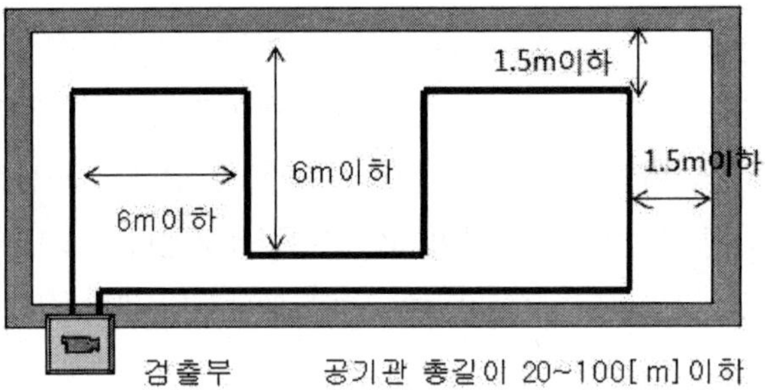

[그림 2-12] 공기관 감지기 배치

공기관 고정방법

① 직선부분 : 지지금속 기구의 간격은 35[cm] 이내로 한다.
② 굴곡부분, 접속부분 : 굴곡부·접속부에서 5[cm] 이내로 고정한다.
③ 굴곡부 반경은 5[mm] 이상으로 한다.
④ 공기관의 접속은 금속슬리브 양쪽으로 공기관을 끼우고 공기가 새지 않도록 접속부분에 납땝한다.

차동식 분포형 감지기는 감도기준 설정이 가열시험으로는 어렵기 때문에 온도시험에 의하지 않고 이론시험으로 대신하는 3정수시험(리크저항시험, 다이아프램기능시험, 접점수고시험)이 있으며 공기관 누설시험 측정기로서 마노미터를 사용하여 유체압력을 측정한다.

동작시험시 공기관 중 검출부로부터 가장 먼거리에 있는 부분이 매분 직선적인 비율로 상승하는 경우(1종 : 7.5℃, 2종 : 15℃, 3종 : 30℃) 1분 이내에 작동하여야 한다.

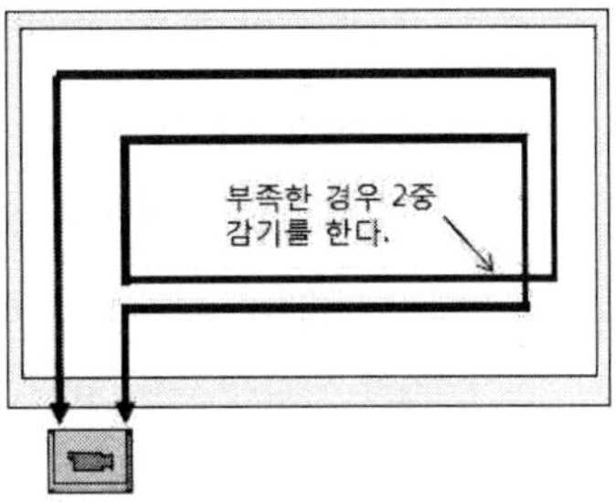

(a) 2중감기

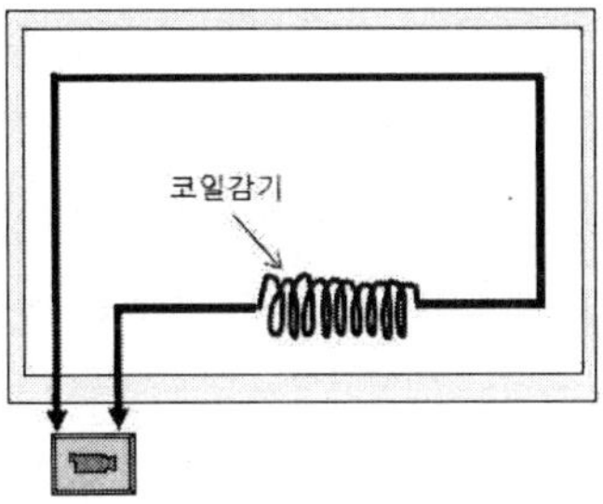

(b) 코일감기

[그림 2-13] 공기관 길이를 고려한 설치방법

㈏ 열전대식

서로 다른 두 종류의 금속을 접합해 한쪽은 온도를 일정하게 유지하고 다른 쪽의 접점에 온도를 변화시키면 양접점의 온도차에 비례하는 열기전력이 발생하는 현상을 열전효과라 하며 이 열전효과를 이용하여 온도를 측정하도록 만든 것을 열전대라 한다. 동작원리는 화재가 발생하여 온도가 상승하고 감열실 내의 냉·온 접점간의 온도차가 발생하면 두 금속선에 발생되는 열기전력에 의해 고감도 미터릴레이가 접점을 닫아 화재신호를 수신기에 보낸다.

그러나 난방 등에 의해 실내온도가 서서히 상승할 때는 냉접점에서 발생하는 열기전력이 온접점의 열기전력과 서로 상쇄되어 동작하지 않는다.

열전대부와 전선은 슬리브 접속을 시행하며 검출부와 감열부가 분리되어 있다.

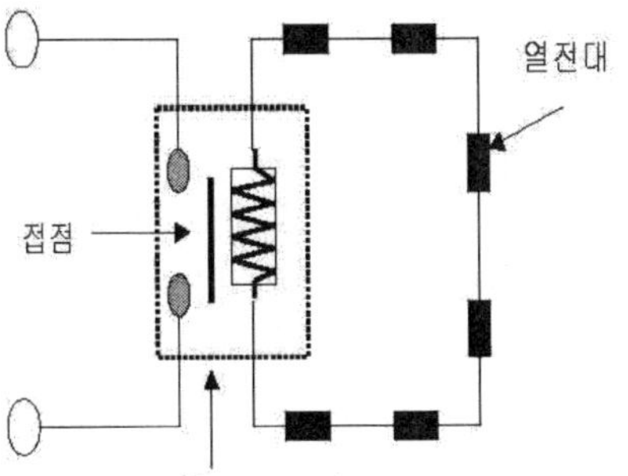

[그림 2-14] 열전대 감지기 동작원리

제백 효과

열전류 특성이 다른 두 금속(철-콘스탄탄)을 접합하고 접합부분에 열을 가하면 두 금속 양단에는 열기전력이 발생한다. 즉 두 금속은 열전류 특성이 달라 같은 열을 가해도 온도상승이 달라지며, 고온부분에서 저온부분으로의 자유전자의 이동에 의해 열전류가 발생되어 금속의 양단자에 전위차가 발생되는 현상이다. 이 현상을 제백(Seeback) 효과라 하고 두 종류 금속 A, B를 조합한 한 쌍의 금속을 열전대(Thermo couple)라 한다.

(a) 냉온접점 (b) 온도-열기전력 특성

[그림 2-15] 열전대 효과

이 열전대를 이용하여 온도측정기나 화재감지기로 사용하고 있다. 보통 열기전력은 1[℃]의 냉온접점간의 온도차에 대하여 40∼50[μV] 정도이며, 철-콘스탄탄이 발생 기전력이 가장 크다(철-콘스탄탄 : 54[μV], 동-콘스탄탄 : 42[μV]).

펠티어 효과

제백 효과의 역으로 두 종류의 서로 다른 금속으로 폐회로를 만들어서 폐회로에 전류를 흐르게 하면 금속의 양 접속부분의 한 부분은 온도가 상승하고 다른 한 부분은 온도가 하강하는 현상이 발생한다.

이 경우에 전류의 방향을 반대로 하면 온도의 상승부분과 하강부분이 서로 바뀌게 되는데 이 현상을 펠티어 효과(Peltier effect)라 부른다.

열전대 설치기준

① 열전대부는 감지구역 바닥면적 18[m^2]마다 1개 이상 설치해야 한다(내화구조는 22[m^2]). 다만, 바닥면적이 72[m^2] 이하인 소방대상물에 있어서는 4개 이상으로 한

다(내화구조는 88[m²]).

② 하나의 검출부에 접속하는 열전대부는 20개 이하로 한다.

㉰ **열반도체식**

온도가 상승하면 전기저항이 작아지면서 열에너지를 전기에너지로 변환하는 열반도체 특성을 이용하여 화재를 감지하는 방식이다. 감열부는 수열판과 열반도체 소자로 되어 있으며, 화재에 의해 온도가 상승하는 경우 열반도체 소자에 냉·온 접점간의 큰 온도차에 의해 열기전력이 발생하며 검출부 접점을 동작시켜 수신기에 화재신호를 보낸다. 열기전력을 발생시킬 때 단자와 열반도체를 접속하는 동-니켈선은 열반도체 기전력과 역방향의 기전력을 발생시킨다.

이 역기전력은 급격한 온도상승에 대해서는 기전력이 매우 크게 되고 완만한 온도상승에 대해서는 아주 작은 기전력이 발생되어 급격한 온도상승에 대한 기전력에 의해 검출부의 릴레이가 동작하게 된다.

열반도체는 Bi(비소)·Sb(안티몬)·Te(텔루늄) 등의 화합물로 구성되며 이 반도체는 열전대와 마찬가지로 열에 반응하여 기전력을 발생시키는 소자이다.

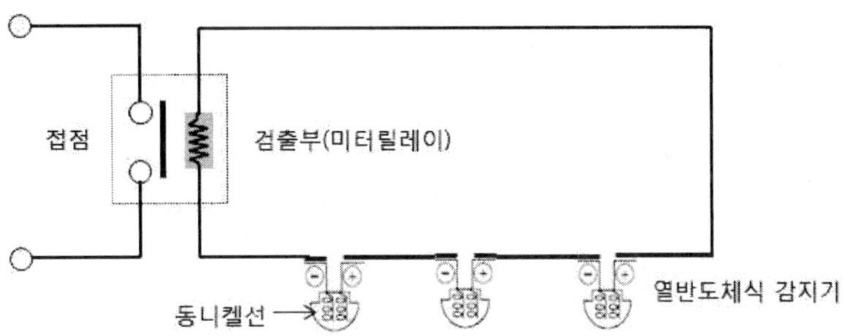

[그림 2-16] 분포형 열반도체식 감지기

열반도체식 감지기 설치기준

① 감지면적은 〈표 2-5〉와 같으며 각 면적마다 1개 이상을 설치할 것. 다만, 바닥면적이 〈표 2-5〉에 따른 면적의 2배 이하인 경우에는 2개(부착높이가 8[m] 미만이고, 바닥면적이 〈표 2-5〉에 따른 면적 이하인 경우에는 1개) 이상으로 하여야 한다.

② 하나의 검출기에 부착하는 감지기는 2~15개 이하가 될 것

2) 정온식 감지기

정온식 감지기는 시간흐름에 관계없이 주위온도가 일정한 온도 이상이 되는 경우에 동작하는 감지기로 외관이 전선으로 되어 있지 않은 정온식 스포트형과 전선으로 되어 있는 정온식 감지선형이 있다.

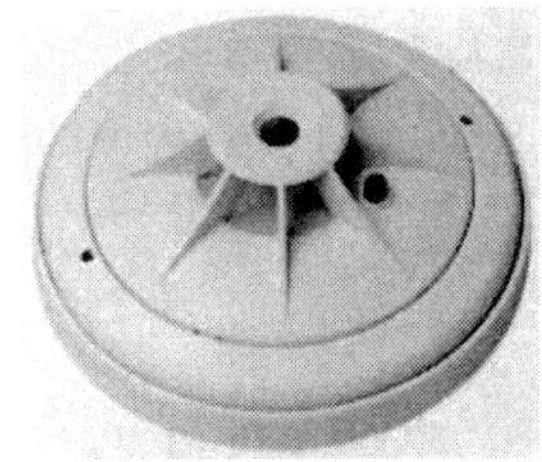

(a) 일반형

(b) 방폭형

[그림 2-17] 정온식 스포트형 감지기

① 정온식 스포트형

정온식 스포트형 감지기는 일국소의 주위온도가 일정한 온도 이상이 되는 경우에 작동하는 것으로서 감지소자는 일반적으로 바이메탈 · 서미스터 · 금속팽창계수 · 액체팽창계수 · 가용절연물 등을 이용한다.

㉮ 바이메탈 활곡과 반전

정온식 감지기는 바이메탈을 이용하여 일정온도가 되면 바이메탈이 활곡되거나 반전되어 접점을 닫도록 구성되어 있다.

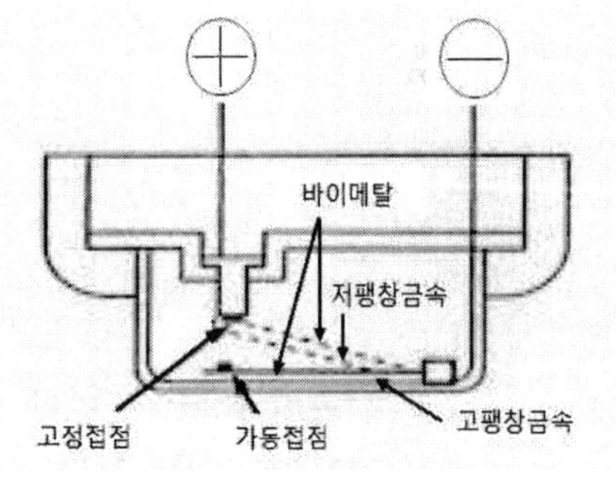

[그림 2-18] 바이메탈 활곡

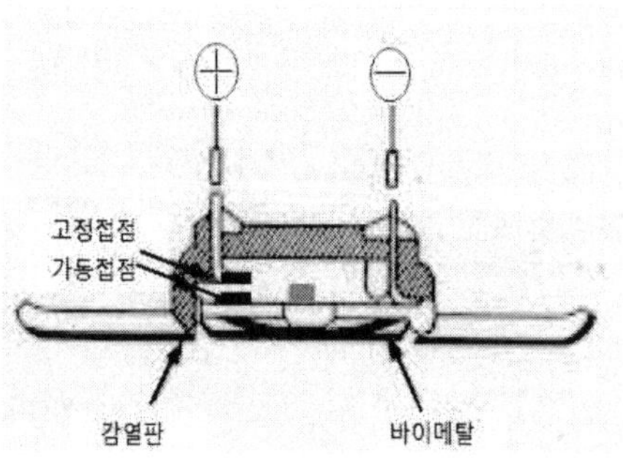

[그림 2-19] 바이메탈 반전

바이메탈

금속의 열팽창계수는 금속 종류에 따라 큰 차이가 있다. 이를 이용하여 열팽창계수가 다른 두 종류의 금속 A, B를 용착한 것이 바이메탈(Bimetal)이다.

금속 B가 금속 A보다 열팽창계수가 큰 것으로 한 후 열을 바이메탈에 가하면 열팽창계수 차에 의해 열팽창계수가 작은 금속인 A 쪽으로 완곡된다. 그러나 온도가 원상태로 되면 금속의 완곡도 없어져 원상태로 복귀된다. 고팽창금속으로는 황동을 사용하고 저팽창금속으로는 철+니켈 등을 사용한다.

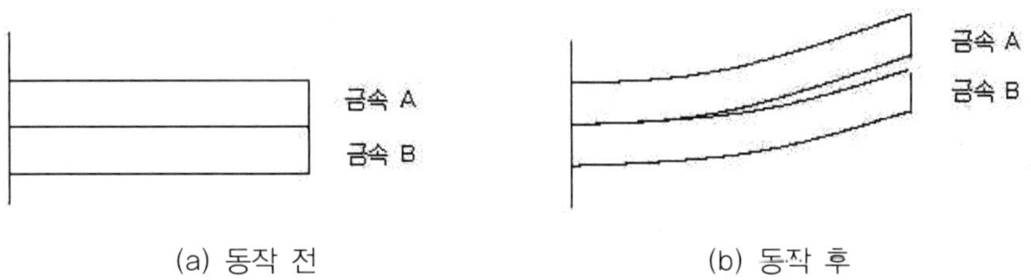

[그림 2-20] 바이메탈 열팽창

〈표 2-6〉 바이메탈 구성온도

바이메탈 구성	사용온도[℃]
황동과 니켈	100
황동과 인바르	150
모네메탈과 니켈강	250

㉯ 금속팽창계수 이용

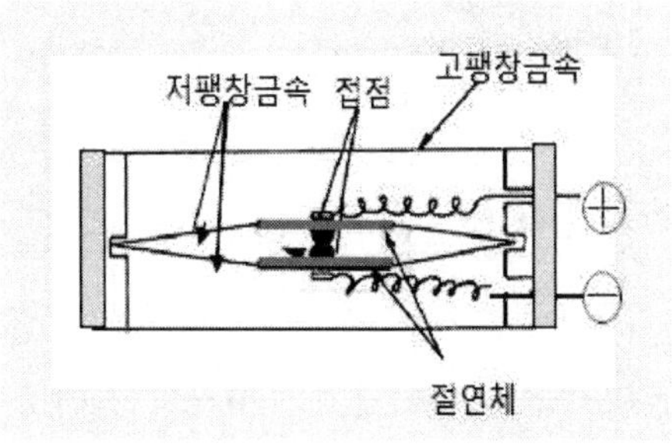

[그림 2-21] 금속팽창계수를 이용한 감지기

외부통은 팽창계수가 큰 금속으로 하고 내부는 팽창계수가 작은 금속을 접점으로 고정한 감지기이다. 화재가 발생하면 내부에 설치된 저팽창금속은 거의 고정되어 있으나 외부통은 많이 팽창하게 됨으로써 내부의 양측으로부터 잡아당기는 결과가 되고 접점이 폐쇄되어 수신기에 신호를 보내게 된다.

㉰ **액체팽창계수**

이 감지기는 두 접점을 접촉하기 위하여 액체가 증발할 때 발생되는 기체의 팽창을 이용한 방식으로 현재는 거의 사용되지 않고 있다. 액체는 주로 알코올과 같이 쉽게 기체화되는 물질을 이용한다.

② 정온식 감지선형

정온식 감지선형 감지기는 한정된 장소의 온도가 일정한 온도 이상이 되는 경우에 작동하는 것으로서 외관이 전선으로 되어 있는 것을 말한다. 감지소자는 가용절연물로 절연한 2개의 전선을 이용하는데 감지선 전체가 감지부로서 감지선 어떤 지점에서 화재가 발생되어 열이 전달될 경우 이 열은 감지선 내의 가용절연물을 녹이고 그 안에 있는 두 선을 접촉시킴으로써 화재신호를 전달한다.

비재용형으로 한번 작동 후에는 새로운 감지선으로 교체해야 하며, 주로 설치되는 장소는 케이블 트레이 · 컨베이어 · 연료탱크 · 교량 · 송유관 등에 사용된다.

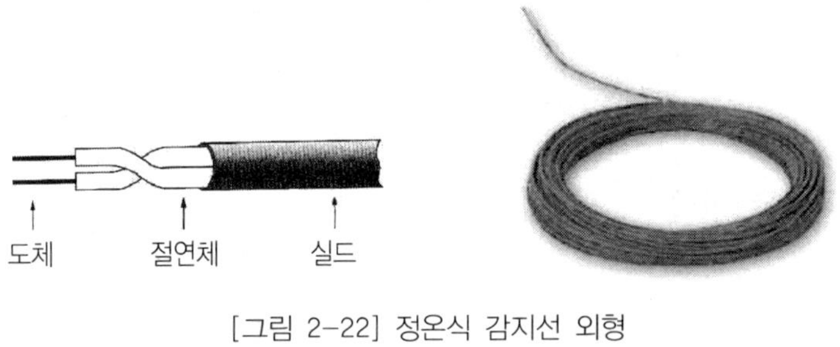

[그림 2-22] 정온식 감지선 외형

정온식 감지선형 감지기 설치기준

① 보조선이나 고정금구를 사용하여 감지선이 늘어지지 않도록 설치할 것
② 단자부와 마감 고정금구와의 설치간격은 10[㎝] 이내로 설치할 것
③ 감지선형 감지기의 굴곡반경은 5[㎝] 이상으로 할 것
④ 감지기와 감지구역의 각 부분과의 수평거리가 내화구조의 경우 1종 4.5[m] 이하,

2종 3[m] 이하로 할 것. 기타 구조의 경우 1종 3[m] 이하, 2종 1[m] 이하로 할 것

⑤ 케이블 트레이에 감지기를 설치하는 경우에는 케이블 트레이 받침대에 마감금구를 사용하여 설치할 것

⑥ 지하구나 창고의 천장 등에 지지물이 적당하지 않는 장소에서는 보조선을 설치하고 그 보조선에 설치할 것

⑦ 분전반 내부에 설치하는 경우 접착제를 이용하여 돌기를 바닥에 고정시키고 그 곳에 감지기를 설치할 것

3) 보상식 스포트형 감지기

보상식 스포트형 감지기는 차동식 스포트형 감지기와 정온식 스포트형 감지기의 성능을 겸한 것으로 두 가지의 성능 중 어느 한 기능이 작동되면 신호를 발하도록 되어 있는 감지기이다.

차동식과 정온식은 화재시 발생하는 열의 증감형태에 따라 감지시간이 달라질 수 있다. 차동식은 화재시 온도가 빠르게 증가하면 화재 초기에 화재를 감지할 수 있으나 온도가 빨리 증가하지 않는 지연화재인 경우에는 화재감지가 늦어질 수 있다는 단점이 있으며, 정온식 감지기는 일정한 온도가 되어야 감지하기 때문에 화재 초기에 감지하기가 어렵다는 단점이 있다.

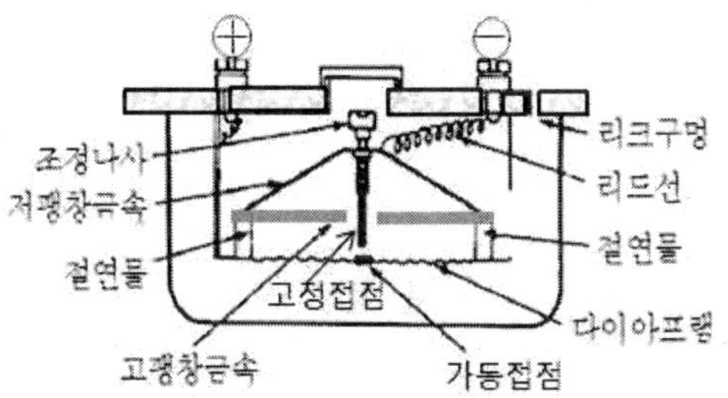

(a) 동작 전 상태

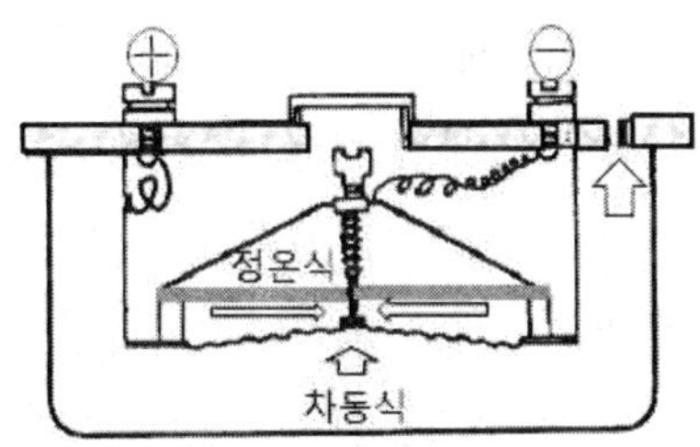

(b) 동작 후 상태

[그림 2-23] 보상식 감지기

화재시 차동식 감지기는 주위온도가 일정한 온도 상승률 이상으로 되었을 때 다이아프램을 밀어올려 접점을 닫아 신호를 수신기에 보낼 수 있다.

만일 온도가 완만하게 상승하는 경우 리크구멍으로 기류가 유출되어 작동하지 않는다. 그러나 일정온도에 도달하면 정온식 열감지기의 원리에 따라 저팽창금속과 고팽창

금속 사이에 팽창률이 큰 금속편이 활처럼 구부러져 접점을 닫게 하는 정온식 특성으로 동작한다.

즉 차동식 열감지기가 동작하지 않는 온도상승 속도에 대하여 일정온도가 되면 반드시 동작할 수 있도록 정온특성을 보강한 감지기를 보상식 감지기라 한다.

〈표 2-7〉 열감지기 적응특성

구 분	차동식감지기	정온식감지기	보상식감지기
작동원리	주위온도가 일정온도 상승률 이상일 때 작동	주위온도가 설정온도 이상일 때 작동	차동식 훈소화재 비적응성과 정온식 시간지연 보상
동작빠르기	2	3	1
훈소화재적응	비적응성	적응성	적응성
시간지연	지연없음	지연발생	지연없음
비화재보	발생(일시적 온도상승시)	적응성	발생(일시적 온도상승시)
적응화재	불꽃화재	불꽃·훈소·주방화재	불꽃·훈소화재
문제점	훈소 비적응성	시간지연	국내생산 안됨

(2) 연기감지기

1) 연기의 특성

화재발생 초기에 나타나는 열·연기·가스 등은 일상생활에서도 나타나는 물리·화학적 현상으로 화재 초기상태를 검출하는 것은 매우 어렵다. 특히 담배와 같은 물질 등이 연소할 때 발생되는 연기와 화재시 발생되는 연기를 구분하기란 매우 힘들다.

연기란 연소시에 탄소를 함유한 물질이 고온으로 분해하여 증발함으로써 발생되는 고체 또는 액체의 미립자로 된 에어로졸(aerosols)을 말한다. 그 입자의 크기는 0.5~10[μm] 정도로 다양하며 입자의 색깔도 다양하다.

화재 초기에는 입자크기가 작은 연기가 나오다가 연소가 진행될수록 입자가 큰 연기가 나오는 경향이 있다. 최근 내장재로 많이 사용되는 플라스틱 등의 재료는 연소시 열분해 속도가 빨라 이에 필요한 공기가 부족해 연기입자의 산화가 충분히 이루어지지 못하여 연기가 많이 발생한다.

화재 초기에는 작은 입자의 연기가 공기 중을 부유하면서 브라운 운동(Browning motion)을 지속하다 점점 큰 입자로 결합되고 큰 입자는 중량에 의해 서서히 낙하하게 된다. 미립자의 밀도, 가스 함유량에 따라 순한 연기·유독성연기·맹독성연기 등으로 구분하며 연소물질에 따라 색깔이 다르다.

즉, 수분이나 습기를 가진 물질이 연소할 때는 백색연기가 발생되고 건초나 섬유질이 연소할 때는 회색연기가 발생된다. 폭약이나 TNT 등은 황색이 되며, 불완전연소가 심하든가 고무・석탄・석유 등이 연소할 때는 진한 검은색을 띤다.

2) 연기감지기의 특성

연기감지기는 물질이 연소할 때 단위시간당 일정량 이상의 연기 양이 될 때 화재를 감지하는 기기이다. 그러므로 연기감지기는 화재시 공기중에 부유하고 있는 완전연소되지 않은 연기를 검출・탐지하여 그 신호를 통보할 수 있다.

연기의 유동속도는 수평방향으로 0.5～1[m/s], 수직방향으로 2～3[m/s] 이다. 또한 감지방식에 따라 이온화식과 광전식으로 분류할 수 있다.

- 이온화식 : 검지부에 연기가 들어가면 이온전류가 변화하여 화재를 감지한다.
- 광전식 : 검지부에 연기가 들어가면 광전소자에 비추는 광선량 변하에 따라 화재를 감지한다. 감지기 농도는 1, 2, 3종이 있으며, 1종은 연기농도 5[%], 2종은 연기농도 10[%], 3종은 연기농도 15[%]에서 동작한다.

(a) 이온화식 감지기

(b) 광전식감지기

[그림 2-24] 연기감지기

또한 연기농도의 축적시간에 따라 비축적형과 축적형이 있다.

- 비축적형 : 일정농도의 연기가 외부이온실에 유입되었을 때 30초 이내에 감지하여 화재신호를 발생한다.
- 축적형 : 일정농도 이상의 연기가 일정시간 지속될 때 작동하는 감지기이다. 이는 일시적으로 발생하는 연기에 의해 오동작하는 것을 방지하기 위한 것으로 30초 이

내에 감지한 후 5~60초의 축적시간 후 신호를 발한다. 공칭 축적시간은 10, 20, 30, 40, 50, 60초의 6가지가 있고, 감도에 따라 1종, 2종, 3종으로 구분된다.

연기감지기의 특징

① 화재의 조기 발견으로 초기 피난유도에 적합하다.
② 마모가 없으며 다시 사용해도 감도를 재조정할 필요가 없다.
③ 감지기 1개당 경계할 수 있는 면적이 넓고, 8[m] 이상의 높은 천장에 설치할 수 있다.

연기감지기의 설치기준

① 건물의 높이에 따라 〈표 2-5〉에 따른 바닥면적마다 기준으로 1개 이상 설치
② 감지기는 복도 및 통로에 있어서는 보행거리 30[m](3종에 있어서는 20[m])마다, 계단 및 경사로에 있어서는 수직거리 15[m](3종에 있어서는 10[m])마다 1개 이상으로 할 것. 다만, 계단 및 경사로에서는 15[m] 미만과 복도에서 30[m] 미만은 설치를 제외한다.
③ 천장 또는 반자가 낮은 실내 또는 좁은 실내에 있어서는 출입구의 가까운 부분에 설치할 것(천장 높이 2.3[m] 미만, 바닥면적 40[㎡] 미만인 거실)
④ 천장 또는 반자 부근에 배기구가 있는 경우에는 그 부근에 설치할 것
⑤ 감지기는 벽 또는 보로부터 0.6[m] 이상 떨어진 곳에 설치할 것
⑥ 엘리베이터 권상기실 · 린넨슈트 · 파이프 덕트 기타 이와 유사한 장소
⑦ 천장 또는 반자의 높이가 15[m] 이상 20[m] 미만의 장소
⑧ 보행거리에 대하여 수직거리가 5[m] 미만이 되는 경사로는 통로에 준한다(단, 수직거리가 5[m] 이상인 경우에는 계단으로 본다).
⑨ 에스컬레이터에 있어서는 수직거리 15[m]마다 1개 이상 설치한다.

3) 이온화식 감지기

이온화식 감지기는 충전전극 사이에 방사선 물질(아메리슘 : Am241 또는 Am95)을 봉입하여 이온화된 공기에 의해 전류가 흐르도록 구성되어 있다. 방사능 물질에서 방출되는 α선은 공기를 이온화시키며 이온화된 공기는 전리현상으로 전도성을 갖게 된다. [그림 2-25]에서 양 전극 사이에 α선을 조사하면 양극간은 전리현상으로 약간의 전도성을 갖게 되고, (+), (−)이온은 각각 상대전극으로 이동하는 이온전류가 발생되는 이온

화 현상이 발생한다. 화재발생시 일정농도 이상의 연기가 충전전극 사이로 들어와 이온화된 공기와 결합하면 평상시에 흐르던 전류보다 적은 전류가 흐르게 된다. 이러한 전류의 변화량에 의해 릴레이가 작동하여 수신기에 신호를 보내도록 구성된 것이 이온화식 감지기이다.

감지기는 공기가 자유롭게 이동하는 외부이온실과 외기와 독립되어 밀폐된 내부이온실이 있으며 각 이온실에는 소량의 방사선원이 봉입되어 있다.

각 이온실의 공기분자는 방사되는 α선에 의해 이온전류가 흐르고 있다. 외부이온실에 연기가 들어가면 이온은 연기 중에 포함된 미립자에 흡착되어 이동속도는 늦어지고 α선도 연기의 미립자에 흡수되어 이온화 작용이 방해받게 된다.

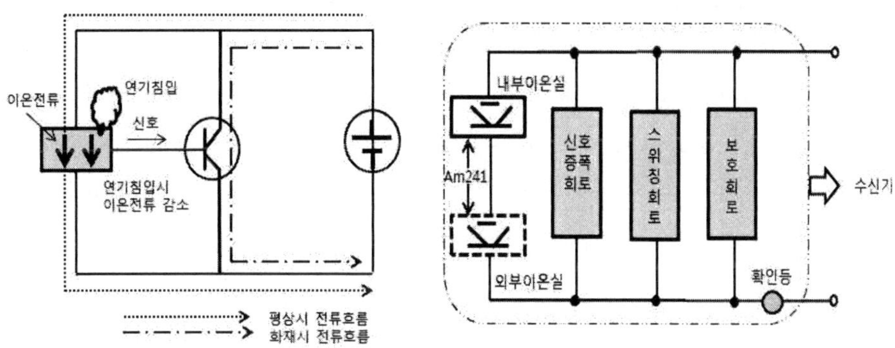

(a) 감지기 작동 메카니즘 (b) 감지기 상세결선도

[그림 2-25] 이온화식 감지기 동작

그 결과 외부이온실에 흐르는 이온전류는 감소하게 되는데 이것은 내부저항이 증가하는 것과 같다. 외부이온실의 내부저항이 내부이온실의 내부저항보다 커지면 그 사이의 단자전압 차만큼의 전압이 발생되고 그 전압은 증폭기를 통하여 스위칭 회로(Tr, SCR)를 동작시켜 수신기로 화재신호를 보낼 수 있게 된다.

4) 광전식 감지기

광전식 감지기는 외부의 빛에 영향을 받지 않는 암실 형태의 챔버(chamber) 속에 연기가 빛을 차단하거나 반사하는 원리를 이용한 것으로서 빛을 발산하는 발광소자와 빛을 전기로 전환시키는 광전소자를 이용한다. 감지기 구조에 따라 스포트형, 분리형, 공기흡입형이 있다.

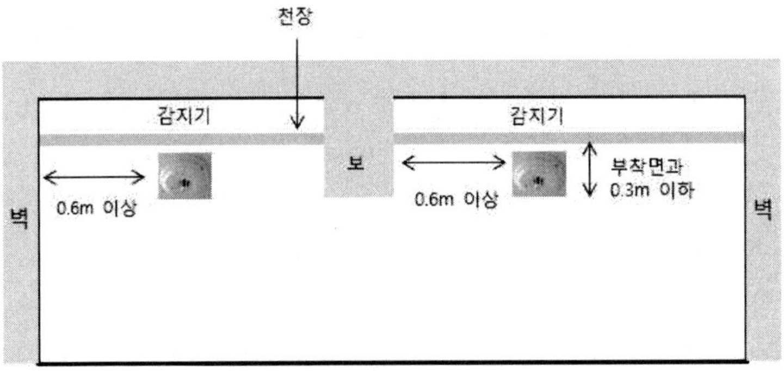

[그림 2-26] 연기감지기 이격거리

① 광전식 스포트형 감지기

광전식 스포트형 감지기는 발광소자와 수광소자를 감지기 내에 구성한 것으로 감지기 주위의 공기가 일정한 농도의 연기를 포함하게 되는 경우에 동작하도록 한 감지기이다. 빛의 산란을 이용하는 산란광식과 빛의 차단을 이용하는 감광식이 있다.

[그림 2-27]의 산란식은 감지기 내부에 연기가 유입되면 연기에 포함되어 있는 미립자가 발광부로부터 방사되는 빛에 의해 산란반사된다. 연기가 없는 경우에는 빛의 산란이 없으므로 광전소자는 빛을 전혀 받지 않기 때문에 수광부에는 변화가 없다. 화재가 발생하여 챔버(chamber) 안에 연기가 들어오면 산란반사에 의한 산란광이 수광소자를 동작시켜 수신기에 신호를 보낸다.

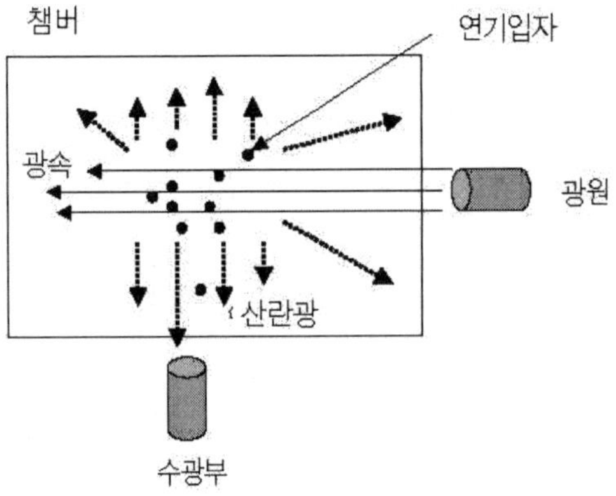

[그림 2-27] 산란광식 감지기

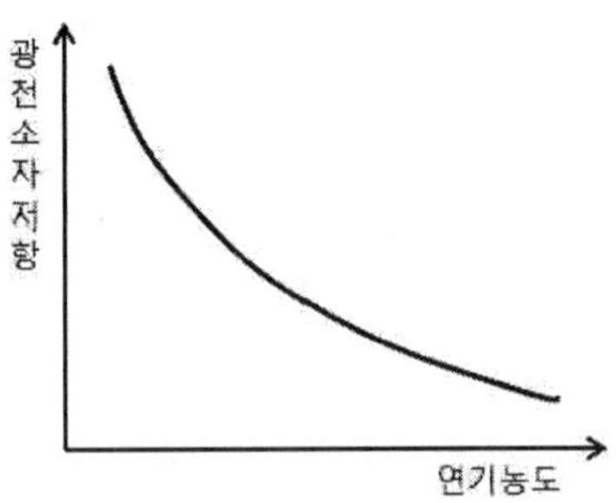

[그림 2-28] 연기에 따른 저항변화

감광식은 [그림 2-29]와 같이 송광부에서 방사되는 빛이 수광부에 직접 조사되는 구조로 되어 있다. 챔버(chamber)에 연기가 유입되면 연기에 포함된 미립자에 의해 빛의 양이 감소하여 수광부의 출력전압이 낮아진다. 낮아진 전압에 의해 수신기는 정보를 전달받아 화재신호를 발신하도록 한 감지기이다.

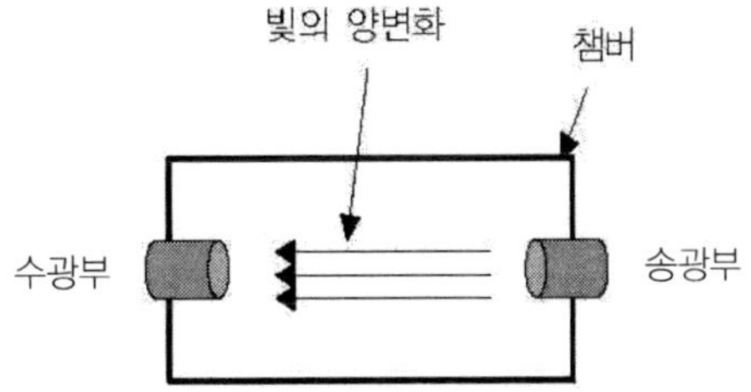

[그림 2-29] 감광식의 감지형태

산란광식이나 감광식 감지기는 라비린스(Labyrinth)에 의해 자연광이나 조명광 등의 외광은 감지기 내부로 조사될 수는 없으나 연기는 자유로이 출입할 수 있는 구조로 되어 있다.

〈표 2-8〉 연기감지기의 적응 특성

구 분	이온화식감지기	광전식감지기
연기입자	0.01~0.3[μm] 작은 입자	0.3~1.0[μm] 가시적 입자
연기색상	무관(연기입자에 이온흡착)	회색연기에 흡수, 반사 감도유리
전자파 영향	없다	있다(증폭도가 크다)
경년변화영향	적다	높다
주위환경영향	높다	낮다
적응화재	불꽃화재(B급화재)	훈소화재(A급화재)
문제점	방사선물질 필요, 기류에 의존	분진·증기 등에 비화재보 우려

② 광전식 분리형 감지기

광전식 분리형 감지기는 송광부와 수광부가 분리된 것으로 연기에 의해 빛 도달량의 감소를 측정하여 화재신호를 발하기 때문에 화재발생 초기단계에서 천장 부분에 넓게 확산되는 연기가 검지부에 들이가면 광전소자의 수광량이 변화하는 것을 이용하여 작동한다.

또한 감지농도를 스포트형보다 높게 설정해도 화재 감지성능이 떨어지지 않으며 일시적인 연기의 체류농도에는 동작하지 않는 등의 장점을 가지고 있다. 그리고 물체 등에 의해 전체가 차단되면 오동작으로 판단하여 동작하지 않는다.

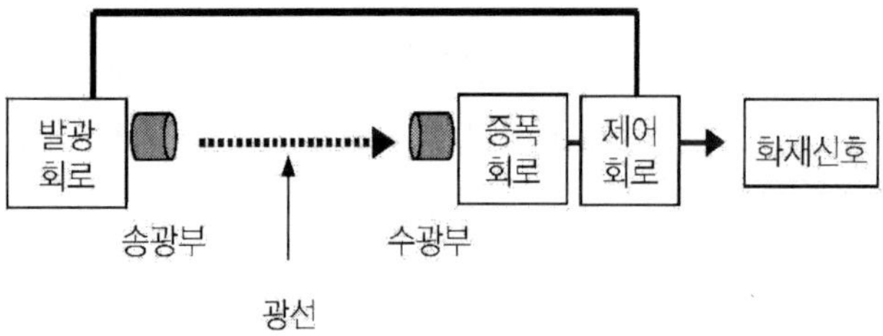

(a) 광전식 분리형 감지기 구성

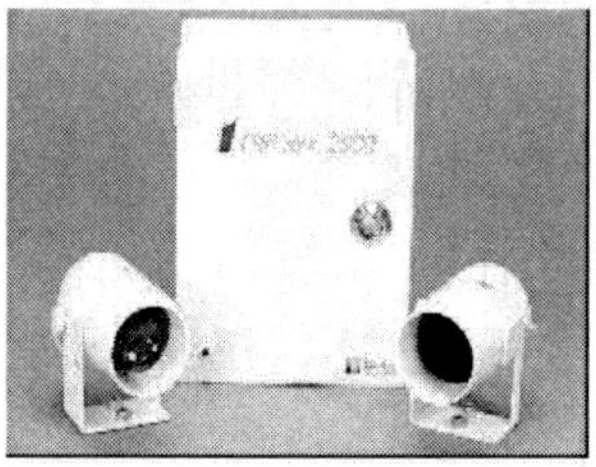

(b) 분리형 감지기 외형

[그림 2-30] 분리형 감전식 감지기

광전식 분리형 송광부와 송광부의 거리는 5～100[m] 정도가 되기 때문에 큰 공간을 갖는 체육관이나 홀 등에 효과적으로 이용할 수 있으며, 화학공장 · 격납고 · 제련소 등에도 광전분리형 감지기 또는 불꽃감지기를 감지기의 공칭 감시거리 및 공칭 시야각 등을 고려하여 설치할 수 있다.

광전식 분리형 감지기 설치기준

① 감지기의 수광면은 햇빛을 직접 받지 않도록 설치할 것

② 광축(송광면과 수광면의 중심을 연결한 선)은 나란한 벽으로부터 0.6[m] 이상 이격하여 설치할 것

③ 감지기의 송광부와 수광부는 설치된 뒷벽으로부터 1[m] 이내 위치에 설치할 것

④ 광축의 높이는 천장 등(천장의 실내에 면한 부분, 또는 상층의 바닥 하부면을 말한다) 높이의 80[%] 이상일 것

⑤ 감지기의 광축의 길이는 공칭 감시거리 범위 이내일 것

③ 공기흡입형 감지기

일반적인 이온화식 또는 광전식 감지기는 공기의 유속이 빠른 곳이나 연기의 미립자가 극히 작은 경우에는 감지하지 못하는 경우가 있다. 공기흡입형 광전식 감지기는 방호구역 내의 공기를 강제로 흡입하여 화재의 초기단계에서 생성되는 0.005~0.02[μm] 정도의 미세한 연기입자를 검출하는 방법이다.

미세 연기입자는 습도 챔버 내에서 수적(water droplet)을 형성하면 부피가 커져 화재의 초기단계에서 보다 빠르게 화재를 감지할 수 있어 주로 반도체공장 · 전산실 · 제어실 · IDS(Internet Data Center) 등의 대규모 공간의 화재 조기감시 시스템으로 채용된다.

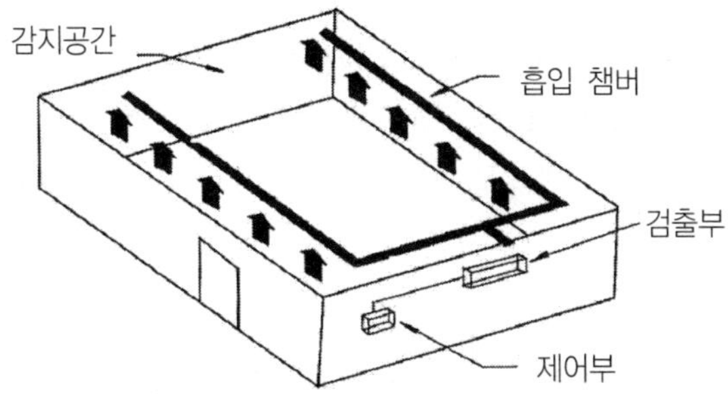

(a) 공기흡입형 감지기 구성

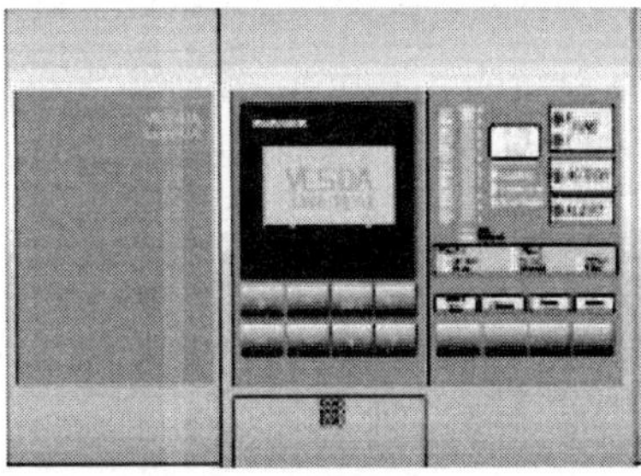

(b) 공기흡입형 감지기 외형

[그림 2-31] 공기흡입형 광전식 구조

습도 챔버는 인공적으로 안개를 만드는 장치인데 연기의 미세한 입자들이 습도가 높은 챔버 내로 들어가면 연기입자는 습기와 결합하여 육안으로도 볼 수 있는 큰 입자로 변화되어 쉽게 감지된다.

챔버를 이용한 공기흡입식 연기감지기의 동작순서는 다음과 같다.

- 감지하고자 하는 공간의 공기를 흡인한다.
- 분진을 필터링하고 습도가 거의 100[%]인 습도 챔버로 흡입한다.
- 챔버 내의 압력을 변화시켜 응축시킨다.
- 광전식 감지장치로 측정한다.
- 수적의 밀도가 설정값 이상이면 화재신호를 발신한다.

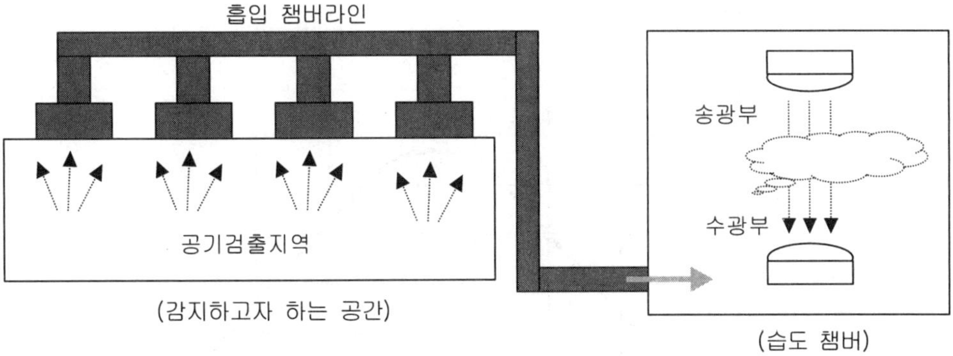

[그림 2-32] 공기흡입형 감지기의 감지원리

5) 크세논 램프형 초미립자 감지기

Air Sampling Tube로 흡입된 공기를 암실로 유도하고 여기에 강력한 크세논 램프로 빛을 조사해서 공기 중에 부유하고 있는 미립자가 반사하는 반사광선을 측정하여 화재 초기에 생성되는 0.005～0.02[μm] 정도 크기의 연소생성물 입자를 검출하는 감지기이다.

(3) 불꽃감지기

빛은 전자파의 일종으로 인간은 가시광선 영역(380～760[nm])의 파장의 빛을 눈으로 감지할 수 있다. 그러나 불꽃은 가시광선뿐만 자외선 · 적외선 파장을 방사하는데 이 영역을 검출할 수 있는 감지기가 불꽃감지기이다. 즉 사람의 눈에 보이지 않는 불꽃에 의한 방사에너지에 대하여 응답하는 감지기이다.

광선 검출소자는 빛에 의한 방사에너지를 전기에너지로 변환할 수 있는 특성을 갖춘 반도체소자(포토 Tr, 포토 다이오드)를 이용한다.

1) 빛의 분광특성

빛이란 전자파 중 파장이 380～760[nm]인 가시광선을 말한다. 넓은 뜻으로는 자외선과 적외선도 포함된다. 파장이 380～760[nm] 범위인 광선이 눈속에 들어오면 뇌로 전달되어 빛으로 느껴진다. 이때 파장이 555[nm]인 빛이 가장 밝게 느껴지며 이것보다 파장이 길어지거나 짧아지면 밝음의 느낌이 감소한다. 이와 같이 어떤 파장의 에너지가 빛으로 느껴지는 정도를 시감도라 한다. 최대 시감도는 파장이 555[nm]인 황녹색인 경우에 나타나고 이에 대한 다른 파장의 시감도비를 비시감도라 한다.

[그림 2-33]은 각 파장에 대한 비시감도 곡선을 나타낸 것이다.

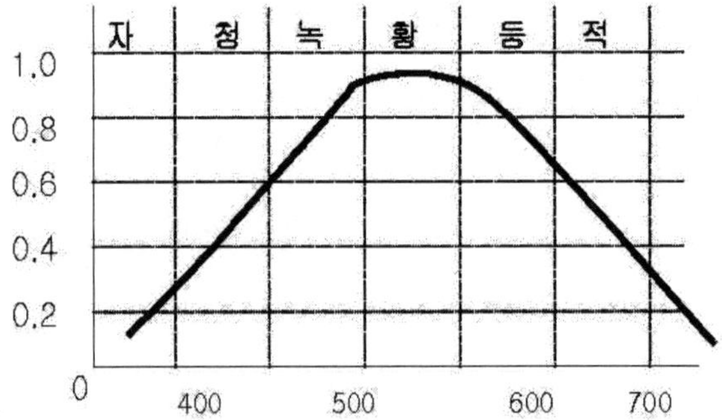

[그림 2-33] 비시감도 곡선

2) 불꽃감지기 영역

물질이 불꽃을 내며 연소할 때 발생하는 스펙트럼은 연소물질에 따라 다르지만 가시광선은 380~760[nm] 정도이고 380[nm]보다 짧은 파장을 자외선 760[nm]보다 긴 파장을 적외선이라 한다.

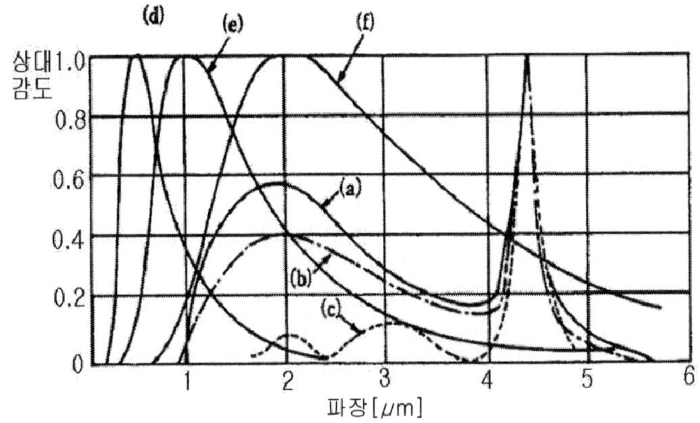

[그림 2-34] 연소물질별 분광분포

[그림 2-34]는 연소물질의 온도에 따른 분광분포 특징을 나타낸다. (a)(b)는 오렌지색의 불꽃을 내는 촛불과 가솔린 연소시 분광 분포특성이다. (c)는 청백색 불꽃의 완전연소에 가까운 도시가스의 분광분포로 2, 3, 4.4[μm] 부근에서 최대 분광특성을 나타낸다. (d)는 태양광이고 (e)는 백열전구, (f)는 2[μm] 부근에서 최대값을 갖는 고온물체의 분광분포를 나타낸다.

대부분의 분광은 4.4[μm] 부근에서 최대 분광에너지를 방사하고 있다. 이것은 연소에 의해 발생되는 CO_2에 의한 공명방사 에너지로 백열전구, 태양광 등에서는 볼 수 없는 특징이다.

3) 불꽃감지기의 분류

① 자외선 감지기(UV : Ultra Violet Detector)

화염 속에 포함된 자외선을 감지하는 것으로 화염에서 방사되는 자외선의 변화가 어느 한계 이상 되었을 때 동작한다.

② 적외선 감지기(IR : Infra Red Detector)

화염 속에 포함된 적외선의 변화가 어느 한계 이상 되었을 때 동작하는 것이다.

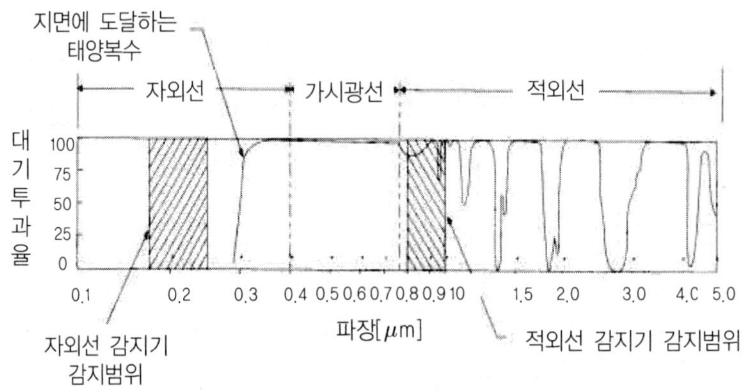

[그림 2-35] 자외선과 적외선 감지기 영역

③ 자외선과 적외선 복합형 감지기

자외선과 적외선의 성능을 갖춘 감지기이다.

④ 적외선 복합형 감지기

서로 다른 파장대의 적외선을 감지하는 감지기이다.

4) 불꽃감지의 원리

화재감지기에 응용되는 검출소자는 아래와 같은 원리를 통하여 빛에서 방사되는 에너지를 전기에너지로 변환하여 화재를 감지할 수 있다.

① 광기전력효과

초전자 소자에 빛을 가하면 기전력을 발생하는 초전효과를 이용한 것으로 불꽃연소에 민감한 특성을 갖는다. 초전자 소자로는 상황화글리신(TGS) · 세라믹의 티탄산납($PbTiO_3$) · 폴리플우오르화비닐(PVF_2)을 사용한다.

② 광도전효과

초전자 소자에 빛이 조사되면 전기저항이 변화되어 광량에 비례하는 전류가 흐른다. 초전자 소자로는 PbS(황산납) · PbSe(셀렌화납) 등을 사용한다.

③ 광전자 방출효과

초전자 소자에 빛을 가하면 광전음극에서 10^5배 이상의 많은 2차 전자가 방출되는 효과를 이용한 방식이다. 초전자 소자로는 가스봉입방전관(UV Tron)을 사용한다.

5) 적외선 감지원리

① 탄산가스 공명방식

적외선 파장 중 약 4.4[μm]의 적외선 영역에 CO_2에 의한 공명방사가 발생한다. 공명방사란 물체 연소시 화염의 깜박거림 현상으로 연소열에 의해 CO_2가 뜨거워져 생기는 특유의 CO_2 파장이다. 따라서 검출소자는 장파장 영역에도 검출할 수 있는 Pbse를 이용한다.

② 플리커 방식

화염에서 발생되는 적외선의 깜박거림을 감지하는 방식으로 CO_2 공명방사와는 다르다. 태양광이나 조명등에서 발생되는 적외선은 시간에 따라 변화가 거의 없으나 화재시 연소물질에서 발생되는 깜박거림(플리커)은 크게 나타난다. 적외선 센서를 사용하여 불꽃의 흔들림을 검출한다.

③ 정반사 검출방식

자연광이나 조명등의 영향을 방지하기 위해 760[nm] 이하의 가시광선을 차단하고 적외선 파장 내의 불꽃 방사량만을 검출하는 방식이다.

④ 다파장 검출방식

불꽃에서 발생하는 파장은 2[μm]와 4.4[μm] 부근에서 나타나는데 이 두 파장을 동시에 검출하는 방식이다. 2파장 검출방식은 태양광이나 조명등에 영향을 받지 않아 신뢰도가 높다.

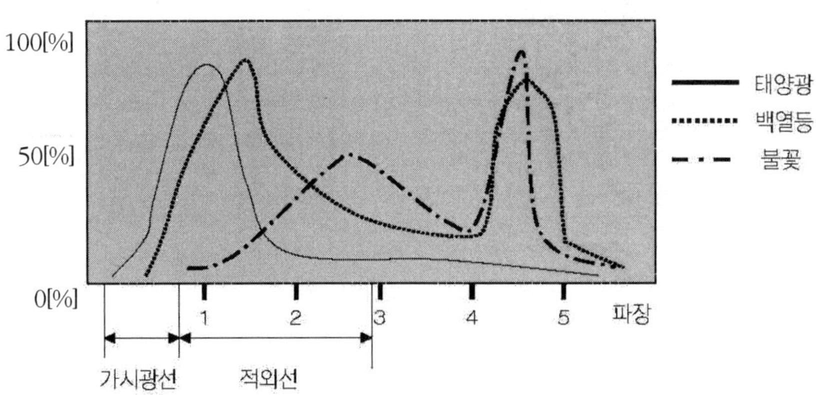

[그림 2-36] 2파장 검출방식

6) 자외선과 적외선 복합방식

자외선 감지기는 파장이 짧은 자외선을 사용하기 때문에 연기 등의 부유물에 의해서 자외선이 흡수되기 때문에 감도가 많이 떨어진다. 또한 형광등이나 기타 광선에서 발생되는 자외선에 의해서도 동작되기 때문에 오보가 많다. 그러나 적외선은 파장이 길기 때문에 연기나 기타 부유물에 흡수되지 않아서 먼지나 연기의 영향을 적게 받는다.

그러므로 자외선 감지기는 개방된 장소에 적외선 감지기는 폐쇄된 장소에 설치하면 감지기의 신뢰성를 높일 수 있다.

자외선을 방사하는 물체의 파장에서는 4.3[μm]의 적외선을 방사하는 양이 적고 그와 반대로 4.3[μm]의 적외선을 방사하는 물체에서는 자외선이 방사되지 않는다.

이러한 특성을 이용하여 자외선과 적외선이 동시에 존재하는 경우에만 화재로 통보토록 하면 신뢰성을 증가시킬 수 있다. 이러한 감지기를 자외선·적외선 복합감지기라 한다.

7) 적외선 복합방식

화염에서 방사되는 파장은 4.3[μm] 영역에서 강한 방사가 있고 3.8[μm] 영역에서는 방사가 거의 없다. 그러므로 4.3[μm]와 3.8[μm]에서의 방사량의 차이로 화재를 판단한다.

자연광에서는 4.3[μm]와 3.8[μm] 파장간에 방사량이 거의 같아 화재를 통보하지 못한다. 적외선 복합방식는 현재 가장 우수한 성능을 발휘하고 있으나 화염의 탄산가스 파장을 흡수하기 때문에 장거리 화염감지가 곤란하여 50～100[m] 정도로 제한되고 검지소자로 사용되는 Pbse의 제조가 어렵다.

(a) 적외선 감지기(방폭형)

(b) 적외선 감지기(방폭형)

[그림 2-37] 불꽃감지기

불꽃감지기 설치기준

① 공칭 감시거리 및 공칭 시야각은 형식승인 내용에 따를 것

② 감지기는 공칭 감시거리와 공칭 시야각을 기준으로 감시구역이 모두 포용될 수

있도록 설치할 것

③ 감지기는 화재감지를 유효하게 감지할 수 있는 모서리 또는 벽 등에 설치할 것

④ 감지기를 천장에 설치하는 경우에는 감지기는 바닥을 향하여 설치할 것

⑤ 수분이 많이 발생할 우려가 있는 장소에는 방수형으로 설치할 것

(4) 아날로그 감지기

아날로그식 감지기는 온도 또는 연기의 변화에 따라 각각 다른 출력을 발하는 감지기를 말한다. 이 감지기는 일반감지기와 같이 감지기 자신이 화재여부를 판단하여 발신하는 것이 아니라 검출된 온도 또는 연기의 농도에 대한 변화 정보만을 수신기에 송출하고 화재여부의 판단은 수신기가 하도록 하는 것이다.

(a) 열식 아날로그 감지기 (b) 연기식 아날로그 감지기 (c) 광전식 아날로그 감지기

[그림 2-38] 아날로그 감지기

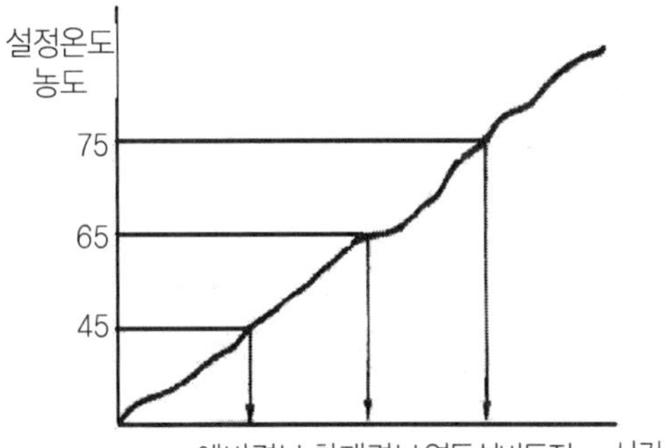

[그림 2-39] 아날로그 감지기 순차동작

일반감지기는 화재신호 여부의 상태를 알리지만 아날로그식 감지기는 변화하고 있는 온도와 연기의 농도값을 송신한다. 다신호식 감지기와 다른 점은 다신호식 감지기는 열 또는 연기가 설정값이 되면 순차적 신호를 발신하지만 아날로그식 감지기는 설정된 값

이 없고 계속적으로 수신기에 온도 또는 연기의 변화 정보를 송신한다.

아날로그 신호를 수신할 수 있는 수신기를 설치하여야 하며 온도변화에 따라 예비경보·화재경보·연동설비 동작을 행한다.

아날로그 방식의 감지기 설치기준

- 아날로그 방식의 감지기는 공칭 감지온도 범위 및 공칭 감지농도 범위에 적합한 장소에 설치하고 다신호방식의 감지기는 화재신호를 발신하는 감도에 적합한 장소에 설치할 것

(5) 복합형 감지기

소방대상물에 화재가 발생했을 때 열은 많이 발생하나 연기를 발생하지 않는 장소에는 연기감지기의 설치는 의미가 없고 반대로 연기는 다량 발생되나 열이 많이 발생하지 않는 장소에 열감지기를 설치하는 것도 의미가 없다.

따라서 오보로 인한 비화재보를 없애기 위해 화재가 발생하면 감지기가 확실하게 작동할 수 있도록 화재 감지원리 중 하나만의 원리에 의해 화재를 감지하는 것이 아니고 하나의 감지기에 두 가지 감지원리를 조합하여 화재를 감지하도록 한 것이 복합형 감지기이다. 복합형 감지기에는 열복합형, 연기복합형, 열·연기복합형 감지기가 있다.

1) 열복합형 감지기

이 감지기는 차동식 스포트형 감지기와 정온식 스포트형 감지기의 성능을 더한 것으로 두 가지 모두가 작동될 때 화재신호를 발신하거나 또는 두 개의 화재신호를 각각 발신하게 할 수 있다.

복합형 감지기와 보상식 감지기의 차이점은 복합형 감지기가 두 기능 모두 작동되거나 각 기능이 작동될 때 작동되는 것에 비하여 보상식은 어느 한 기능이 동작할 때 작동되는 차이점이 있다.

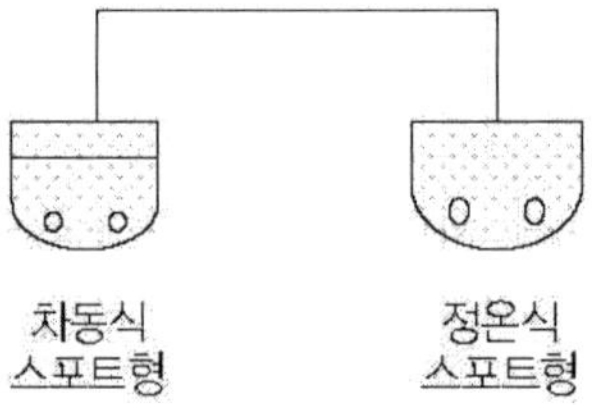

[그림 2-40] 열복합형 감지기의 구성

2) 연복합형 감지기

연복합형 감지기는 이온화식과 광전식 감지기의 성능이 있는 것으로서 두 가지 성능이 함께 작동될 때 화재신호를 발신하거나 또는 두 개의 화재신호를 각각 발신하는 것을 말한다.

[그림 2-41] 연복합형 감지기의 구성

3) 열 · 연기복합형 감지기

열 · 연복합형에는 [그림 2-42]와 같이 4가지의 조합이 있는데 신호방식은 다른 복합형 감지기와 같다.

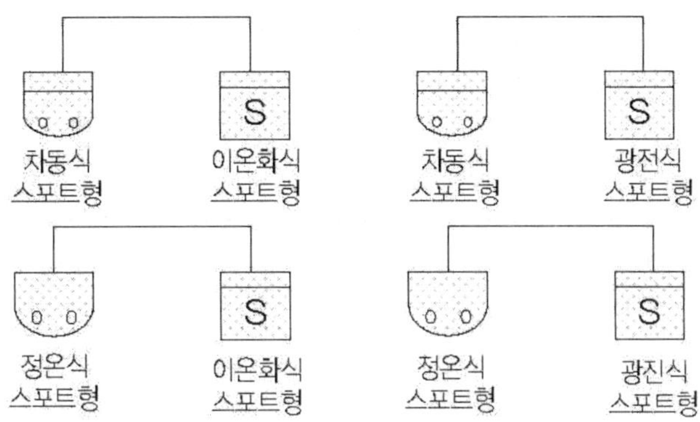

[그림 2-42] 열 · 연복합형 감지기의 구성

(6) 다신호식 감지기

다신호식 감지기는 1개의 감지기 내에 서로 다른 종별 또는 감도 등의 기능을 갖춘 것으로서 일정시간 간격을 두고 2회 이상의 화재신호를 발하는 감지기를 말한다. 즉 감도, 동작온도, 축적시간 등이 다른 감시방식의 감지기 2개를 하나의 감지기로 하여 2가지 이상의 신호를 발생시키는 감지기이다.

예를 들면 공칭 작동온도가 60[℃]와 70[℃]를 구성한 정온식 다신호식 감지기는 60[℃]와 70[℃]에서 신호를 2회 발신하게 된다. 첫번째 신호에서 관리자가 현장을 확인하거나 모니터를 통하여 화재여부를 확인함으로써 오보에 의한 시스템 신뢰도 저하를 방지할 수 있다.

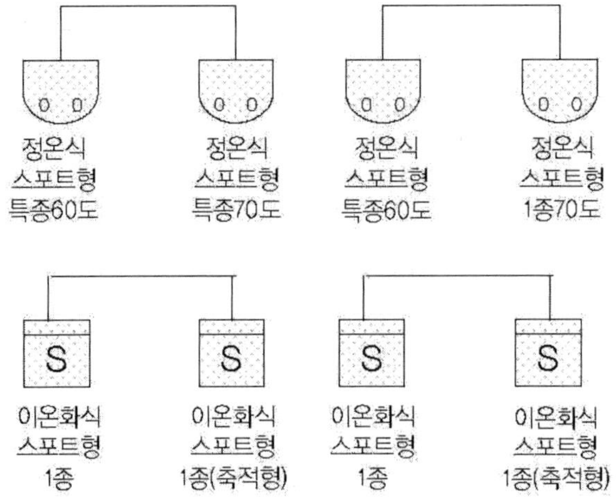

[그림 2-43] 다신호식 감지기의 구성

복합형 감지기는 확실한 화재감지를 목적(실보방지)으로 하나 다신호식 감지기는 비화재보(오보방지)를 하기 위한 목적이 강하다.

〈표 2-9〉 복합형 감지기와 다신호식 감지기 비교

구 분	복합형 감지기		다신호식 감지기
	AND회로	OR회로	
감지소자	감지원리가 다른 감지소자의 조합	감지원리가 다른 감지소자의 조합	감지원리는 같으나 종별, 감도, 축적 여부 등이 다른 감지소자의 조합
동작방식	차동식×정온식	차동식+정온식	정온식spot 특종+정온식spot 1종
신호출력	단신호(2개 동작시)	다신호(1, 2차 출력)	다신호(1, 2차 출력)
목 적	비화재보 방지	비화재보 방지	비화재보 방지
적응장소	축적형감지기 설치장소	축적형감지기 설치장소	축적형감지기 설치장소

(7) 주소형 감지기

주소형 감지기는 감지기 내에 마이크로프로세서를 내장시키는데 내장된 마이크로프로세서를 통해 각각의 감지기를 수신기의 디지털 표시창에 해당 감지기의 고유번호가 표시된다.

주소형 감지기 고유번호는 [그림 2-44]와 같은 딥 스위치(Dip Switch)에 의해서 고유 번지를 지정한다.

[그림 2-44] 주소형 감지기

이렇게 수신기에서 개별적으로 인식할 수 있도록 하는 신호방식을 고유 번지기능 또는 어드레스(address) 기능이라고 한다. 아날로그형 감지기는 자기진단기능, 오염도 경보기능, 감지기 착탈 감시기능을 겸비하고 있다.

7. 감지기의 오동작

일상적인 생활에서 화재가 아닌 경우에도 소방경보 회로가 작동하거나 화재가 발생하였는데도 경보회로가 작동하지 않는 경우가 있다.

감지기의 오동작이란 화재를 감지하지 못하는 실보와 화재와 유사한 상황에서 작동되는 비화재보(오보)로 구분할 수 있다. 비화재보란 주위 환경이 순간적으로 화재와 같은 상태로 되었다가 정상상태로 되는 경우가 많은데 이와 같은 현상을 일과성 비화재보라 한다.

잦은 비화재보는 소방시설의 신뢰도를 떨어뜨려 사용자들이 자동화재탐지설비의 정상적인 동작을 정지시켜 실제로 화재시에는 작동되지 않아 큰 사고로 이어질 수 있다.

(1) 비화재보의 주요 원인

비화재보의 원인은 다음과 같은 원인에 의해서 발생되는데 인위적인 요인은 원인행위를 제공하는 사람들의 주의에 의해 발생을 줄일 수 있으며 또한 감지기의 설치위치나 종류의 변경에 의해서 감소될 수 있다.

① 인위적인 원인(60[%]) : 담배연기 · 조리 · 난방 · 분신 · 공조기 · 배기가스
② 기능적인 요인(6[%]) : 감지기의 자체적인 원인(감도변화, 부품불량)
③ 관리상의 요인(0.4[%]) : 감지기에 누수 · 청소불량 · 해충 · 쥐
④ 설치상의 요인(0.6[%]) : 부적절한 설치공사에 의한 배선의 단락 · 절연 · 불량 · 부식 · 변형
⑤ 기타 원인 : 33[%]

(2) 연기감지기 비화재보의 환경요인

1) 부식성가스

연기감지기는 고감도의 회로를 채택하고 있어서 부식되면 오동작을 발할 수 있다. 산란광식의 경우 부식생성물 가루가 광선을 반사하는 경우가 있고 이온화식에서는 방사원의 표면이 부식생성물로 덮여 이온전류가 감소하는 경우가 있다.

2) 전기적 노이즈

연기감지기는 미소한 신호를 증폭하는 회로를 가지고 있으므로 전기적 충격을 받으면 작동하는 경우가 많다. 전력차단기 부근에 감지기를 설치한 경우 등에 차단기의 작동시 감지기가 작동할 수 있다.

3) 환경부유물에 의한 센서의 오염

건축재료나 내장재료 등에서 방출되는 부유물 등이 장기간 센서에 부착하여 감지기의 감도를 변화시키는 것으로 건물신축 후 1～2년 정도 경과 후 발생한다.

4) 부품의 고장

감지기는 많은 정밀부품으로 구성되어 있고 감시와 신호발생에 직접 관련된 부품에 고장이 생기면 오신호를 발할 수 있다.

5) 배선의 문제

감지기 배선의 접지 · 단락 또는 절연불량이 될 때 발생한다.

(3) 비화재보를 방지하는 방법

비화재보를 방지하기 위해서는 소방대상물별로 다음과 같이 감지기 특성에 맞는 운용 및 관리가 중요하다.

1) 환경적 요인

감지기는 동작특성이 각각 다르므로 특성에 맞는 감지기를 설치하여야 하며, 환경변화에 대해 적절한 감지기로 교체하여야 한다.

2) 축적형 감지기 사용

물리·화학적 변화에 즉시 화재신호를 발하기보다는 5~60초 정도 감지상태가 지속되는 경우 신호를 발하는 축적형 감지기를 사용하면 비화재보를 감소시킬 수 있다.

3) 연기감지기 사용 억제

연기감지기의 비화재보는 열감지기보다 비화재보율이 10배 정도로 높다. 그러므로 필수적인 연기감지기 설치장소를 제외하고는 열감지기를 설치하는 것이 비화재보를 줄일 수 있다.

4) 다신호식 감지기

감도특성이 다른 두 가지(열·연기) 이상을 내장한 다신호식 감지기를 사용하여 두 가지 감지소자가 동작하였을때 화재신호를 발생하도록 한다.

5) 감지기 수량 억제

감지기 설치가 제외되는 장소는 감지기 설치를 억제하고 가능한 한 감시범위가 넓은 감지기를 사용하여 감지기 수를 줄인다. 왜냐하면 감지기 수량이 많으면 많을수록 비화재보의 확률이 커지기 때문이다.

그 이외에도 주기적인 점검과 청소·교체를 통하여 유지보수를 철저히 시행하면 비화재보뿐만 아니라 실보도 방지할 수 있다.

제3장 비상경보설비

비상경보설비는 자동화재탐지설비와 그 외 다른 방법에 의해 감지된 화재의 발생이나 상황을 소방대상물 내부에 있는 사람에게 경보하여 초기소화를 용이하게 하고 피난활동을 신속하게 하기 위하여 설치하는 것으로 비상벨(경종)・자동식 사이렌・단독경보형 감지기 등이 있다. 그러나 수용인원이 많은 대형건물에서는 비상방송설비를 설치하여야 한다.

1. 비상경보설비(경종, 자동식 사이렌) 설치대상

① 연면적 400[m^2] 이상인 것
② 지하층 또는 무창층의 바닥면적이 150[m^2](공연장인 경우 100[m^2]) 이상인 것
③ 지하가 중 터널로서 길이가 500[m] 이상인 것
④ 50인 이상의 근로자가 작업하는 옥내작업장

연면적 400[m^2] 이상이거나 지하층 또는 무창층의 바닥면적이 150[m^2]인 공사작업 현장에는 비상경보장치를 설치하여 작업종료 시까지 작업지점으로부터 5[m] 이내에 배치해야 한다.

또한 단독경보형 감지기를 설치하여야 하는 특정소방대상물은 다음과 같다.

① 연면적 1,000[m^2] 미만의 아파트・기숙사
② 교육연구시설 내에 있는 합숙소 또는 기숙사로서 연면적 2,000[m^2] 미만의 숙박시설
③ 연면적 600[m^2] 미만의 숙박시설
④ 연면적 400[m^2] 이상인 노유자 시설 및 숙박시설이 있는 청소년시설로써 수용인원 100인 이상에 해당되지 아니하는 숙박시설이 있는 청소년 시설

2. 경보설비의 종류

음향장치는 경종(alarm bell)과 사이렌(siren)이 있는데 경종은 수신기의 기동출력에 의해 모터가 동작되어 종을 타종하는 방식과 전자석을 이용한 방식이 있다. 그리고 사이렌은 일정주파수를 발진시켜 스피커를 명동시키는 장치로 학교·공장 등의 옥외 경보용으로 사용되며 자동화재탐지설비의 음향장치로는 대부분 경종을 사용한다.

음향장치는 수신기의 내부 또는 근처에 설치하는 주음향장치와 소방대상물의 각각의 장소에 설치하는 지구음향장치가 있는데 지구음향장치는 발신기와 함께 속보세트에 내장되거나 옥내소화전설비가 설치되는 경우에는 옥내소화전함의 상단에 속보세트 형태로 설치된다.

(a) 경 종

(b) 사이렌

(c) 사이렌(방폭형)

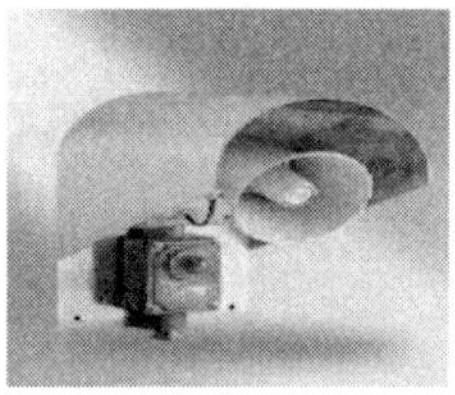

(d) 사이렌(방수형)

[그림 3-1] 경종과 사이렌

검정기술기준

① 경종의 소비전류는 50[mA] 이하이어야 한다.

② 경종의 절연된 단자간 및 단자와 외함 사이 절연저항은 직류 500[V]의 절연저항계로 측정하는 경우 20[MΩ] 이상이어야 한다.

③ 음향장치는 정격전압의 80[%] 전압에서 음향을 발할 수 있도록 하여야 한다.

④ 음향장치의 음량은 부착된 음향장치의 중심으로부터 1[m] 떨어진 위치에서 90[dB] 이상이 되는 것으로 하여야 한다.

3. 비상벨, 사이렌 구성

비상벨(경종) · 자동식 사이렌 경보설비는 전원부(상용전원, 비상전원), 조작부(발신기, 누름버튼 스위치), 표시부(표시등, 벨, 사이렌)로 구성되며 [그림 3-2]는 비상벨과 자동식 사이렌 회로구성을 나타낸 것이다.

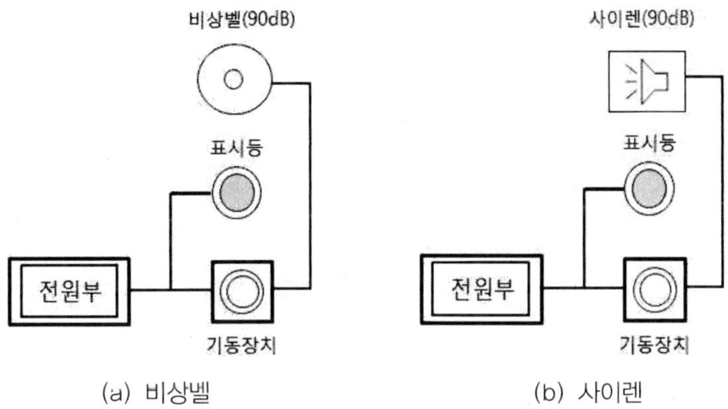

[그림 3-2] 비상벨, 사이렌 구성도

4. 경보설비 설치방법

(1) 비상벨(경종), 자동식 사이렌

① 비상벨설비 또는 자동식 사이렌설비는 부식성가스 또는 습기 등으로 인하여 부식의 우려가 없는 장소에 설치하여야 한다.

② 주음향장치는 수신기의 내부 또는 그 근처에 설치한다.

③ 지구음향장치는 소방대상물의 층마다 설치하되 당해 소방대상물의 각 부분으로부터 하나의 음향장치까지의 수평거리가 25[m] 이하(지하가 중 터널의 경우에는 주행방향의 측벽길이 50[m] 이내마다)가 되도록 하고 당해 층의 각 부분에 유효하게 경보를 발할 수 있도록 설치하여야 한다. 다만, 비상방송설비의 설치기준에 적합한 방송설비를 비상벨 설비 또는 자동식 사이렌 설비와 연동하여 작동하도록 설치한 경우에는 지구음향장치를 설치하지 아니할 수 있다.

(2) 단독경보형 감지기

단독경보형 감지기는 화재감지와 경보를 독자적으로 행할 수 있도록 한 것으로 경보기 내부에 9[V] 배터리가 내장되어 화재시 자체경보를 발생하며 설치기준은 아래와 같다.

① 각 실(이웃하는 실내의 바닥면적이 각각 30[m^2] 미만이고 벽체의 상부의 전부 또는 일부가 개방되어 이웃하는 실내와 공기가 상호유통되는 경우에는 이를 1개의 실로 본다)마다 설치하되 바닥면적이 150[m^2]를 초과하는 경우에는 150[m^2]마다 1개 이상 설치할 것

② 최상층의 계단실의 천장에 설치할 것

③ 건전지를 주전원으로 사용하는 단독경보형 감지기는 건전지를 주기적으로 교환할 것

[그림 3-3]은 단독경보형 감지기를 나타내며 감지부・경보부・전원부가 일체로 구성되어 있다.

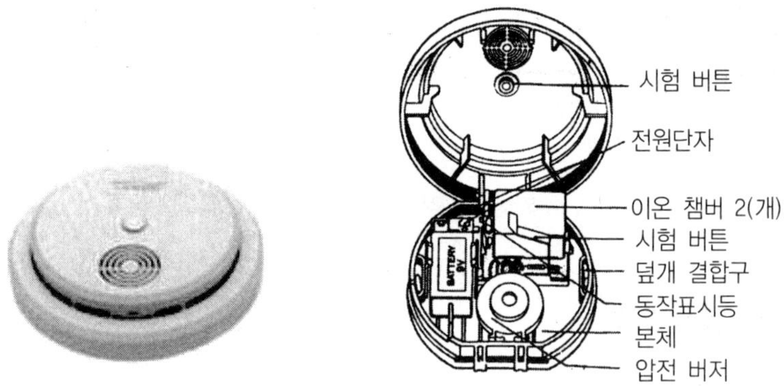

(a) 감지기 외형 (b) 감지기 구조

[그림 3-3] 단독경보형 감지기

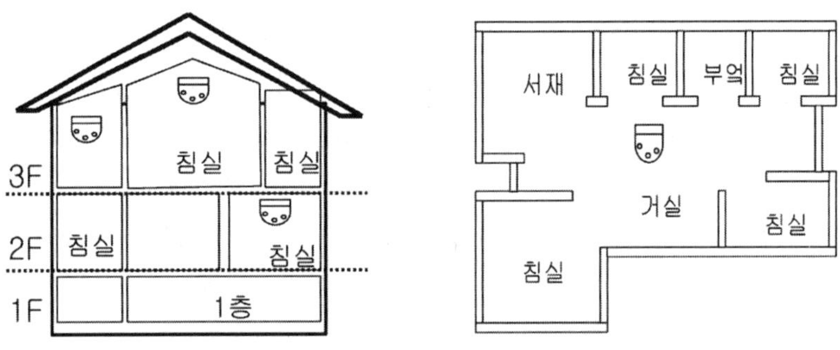

(a) 층간 칸막이 있는 경우 (b) 칸막이가 없는 경우

[그림 3-4] 단독경보형 감지기 설치

단독경보형 감지기는 이온화식 연기감지기와 유사하며 감지기 설치시 배선작업이 필요없기 때문에 설치가 용이하다. 1개 건물에 층간, 구역별 칸막이가 있는 경우에는 각 구역별로 설치하며 칸막이가 없는 경우에는 1개의 단독형 감지기로 모든 구역을 담당한다.

(3) 비상경보설비의 특징

① 자동화재탐지설비 이외에 인위적으로 행하는 설비다.

② 지구탐지설비가 들리지 않는 곳까지 대피 및 화재발생을 전달할 수 있다.

③ 업무용 방송과 겸용할 수 있고 설비가 간단하고 경제적이다.

5. 비상전원 및 배선

① 상용전원은 전기가 정상적으로 공급되는 축전지, 전기저장장치 또는 교류전압의 옥내간선으로 하고 전원까지의 배선은 전용으로 할 것

② 개폐기에는 '비상벨설비 또는 자동식 사이렌설비용'이라고 표시한 표지를 할 것

③ 비상벨설비 또는 자동식 사이렌설비에는 그 설비에 대한 감시상태를 60분간 지속한 후 유효하게 10분 이상 경보할 수 있는 축전지설비(수신기에 내장하는 경우를 포함한다) 또는 전기저장장치를 설치하여야 한다. 다만, 상용전원이 축전지설비인 경우에는 그러지 아니한다.

④ 전원회로의 배선은 내화배선에 의하고 그밖의 배선은 내화배선 또는 내열배선에 따를 것

⑤ 전원회로의 전로와 대지 사이 및 배선상호간의 절연저항은 1경계구역마다 직류 250[V]의 절연측정기를 사용하여 측정한 절연저항이 0.1[MΩ] 이상이 되도록 할 것

⑥ 배선은 다른 전선과 별도의 관・덕트・몰드 또는 풀박스 등에 설치할 것. 다만, 60[V] 미만의 약전류회로에 사용하는 전선으로서 각각의 전압이 같을 때에는 그러하지 아니한다.

6. 용어의 정의

① '비상벨설비'라 함은 화재발생 상황을 경종으로 경보하는 설비를 말한다.

② 자동식 사이렌설비'라 함은 화재발생 상황을 사이렌으로 경보하는 설비를 말한다.

③ '단독경보형 감지기'라 함은 화재발생 상황을 단독으로 감지하여 자체에 내장된 음향장치로 경보하는 감지기를 말한다.

④ '발신기'라 함은 화재발생 신호를 수신기에 수동으로 발신하는 장치를 말한다.

⑤ '수신기'라 함은 발신기에서 발하는 화재신호를 직접 수신하여 화재의 발생을 표시 및 경보해주는 장치를 말한다.

제4장 비상방송설비

비상방송설비는 화재시 기동장치를 조작하여 증폭기의 전원이 자동으로 투입되게 하거나 수신기에서 화재 수신시 자동 또는 수동으로 증폭기의 전원이 투입되어 조작장치의 마이크로폰이나 화재시 비상안내방송을 확성기를 통하여 비상경보방송을 동작하는 설비이다.

1. 비상방송설비 설치대상

① 연면적 3,500[m^2] 이상인 것
② 지하층을 제외한 층수가 11층 이상인 것
③ 지하층의 층수가 3개층 이상인 것

2. 비상방송설비 구성

비상방송설비는 자동화재탐지설비로부터 화재신호를 받아서 확성기로 화재발생을 알려준다. 비상경보는 피난시 안전사고를 최소화하고 질서 있게 피난할 수 있도록 다음과 같이 경보하도록 되어 있다. 2층 이상의 층에서 발화한 때에는 발화층 및 직상층에, 1층에서 발화한 때에는 발화층, 그 직상층 및 지하층에, 지하층에서 발화한 때에는 발화층・직상층 및 기타의 지하층에 우선적으로 경보를 발할 수 있도록 하여야 한다.

또한 자동화재탐지설비에는 비상방송설비로 화재신호를 보내지 못하도록 하는 연동정지 스위치가 있는데 이 스위치가 연동정지에 있으면 비상방송설비가 작동하지 못하므로 검사시 이에 대한 사항을 주의하여야 한다.

[그림 4-1] 비상경보설비

비상방송설비의 제어부의 각 스위치 및 표시등의 역할을 설명하면 다음과 같다.

1) 화재발생 표시부

자동화재탐지설비로부터 화재신호를 수신하면 점등하여 화재발생을 표시한다.

2) 방송작동층 표시부

비상방송설비는 자동화재탐지설비로부터 화재신호와 발화층에 대한 정보를 수신하여 직상층 경보방식으로 경보를 발신하도록 되어 있는데 방송작동층 표시부는 현재 방송이 되고 있는 층을 표시하는 기능을 한다.

3) 방송층 선택스위치

수동으로 방송시 방송층을 선택할 수 있는 스위치로 선택층을 누르고 방송을 하면 해당 층에만 방송이 된다.

3. 비상방송설비 설치방법

① 확성기의 음성입력은 3[W](실내에 설치하는 것에 있어서는 1[W]) 이상일 것
② 확성기는 각층마다 설치하되 그 층의 각 부분으로부터 하나의 확성기까지의 수평거리가 25[m] 이하가 되도록 할 것
③ 음량조정기를 설치하는 경우 음량조정기의 배선은 3선식으로 할 것
④ 조작부의 조작스위치는 바닥으로부터 0.8[m]~1.5[m] 이하의 높이에 설치할 것

⑤ 조작부는 기동장치의 작동과 연동하여 당해 기동장치가 작동한 층 또는 구역을 표시할 수 있는 것으로 할 것

⑥ 증폭기 및 조작부는 수위실 등 상시 사람이 근무하는 장소로서 점검이 편리하고 방화상 유효한 곳에 설치할 것

⑦ 5층(지하층은 제외한다) 이상의 소방대상물 또는 그 부분에 있어서는 2층 이상의 층에서 발화한 때에는 발화층 및 그 직상층에, 1층에서 발화한 때에는 발화층, 그 직상층 및 지하층에, 지하층에서 발화한 때에는 발화층, 그 직상층 및 기타의 지하층에 우선적으로 경보를 발하는 구분경보방식으로 할 것. 그러나 층수가 5층 이상이어도 연면적이 3,000[m^2] 이하인 것 또는 3,000[m^2]를 초과하더라도 층수가 4층 이하인 경우에는 일제경보방식으로 시설한다.

30층 이상의 특정 소방대상물인 경우에는 2층 이상의 층에서 발화한 때에는 발화층 및 그 직상 4개층, 1층에서 발화한 때에는 발화층과 그 직상 4개층 및 지하층, 지하층에서 발화한 때에는 발화층과 그 직상층 및 기타 지하층에서 경보를 발하도록 한다.

⑧ 다른 방송설비와 공용하는 것에 있어서는 화재시 비상경보 외의 방송을 차단할 수 있는 구조로 할 것

⑨ 다른 전기회로에 따라 유도장애가 생기지 아니하도록 할 것

⑩ 하나의 소방대상물에 2이상의 조작부가 설치되어 있는 때에는 각각의 조작부가 있는 장소 상호간에 동시통화와 전 구역에 방송이 가능하도록 할 것

⑪ 기동장치에 따른 화재신고를 수신한 후 필요한 음량으로 화재발생 상황 및 피난에 유효한 방송이 자동으로 개시될 때까지의 소요시간은 10초 이하로 할 것

⑫ 음향장치는 다음 각 목의 기준에 따른 구조 및 성능의 것으로 하여야 한다.

㉮ 정격전압의 80[%] 전압에서 음향을 발할 수 있는 것으로 할 것

㉯ 자동화재탐지설비의 작동과 연동하여 작동할 수 있는 것으로 할 것

⑬ 엘리베이터 내부에는 별도의 음향장치를 설치할 수 있다.

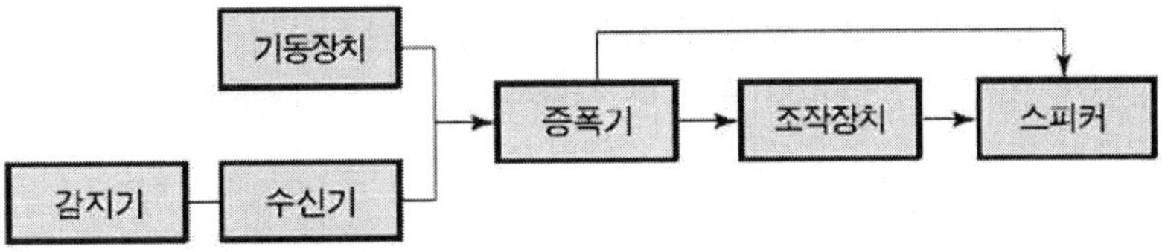

[그림 4-2] 비상방송설비 구성

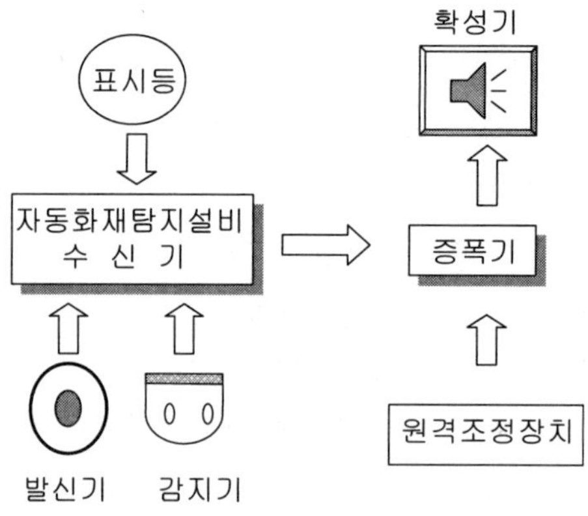

[그림 4-3] 비상방송설비 연동

4. 비상방송설비의 배선기준

① 화재로 인하여 하나의 층의 확성기 또는 배선이 단락 또는 단선되어도 다른 층의 화재통보에 지장이 없도록 할 것

② 전원회로의 배선은 내화배선에 따르고 그밖의 배선은 내화배선 또는 내열배선에 따라 설치할 것

③ 전원회로의 전로와 대지 사이 및 배선 상호간의 절연저항은 1경계구역마다 직류 250[V]의 절연저항측정기를 사용하여 측정한 절연저항이 0.1[MΩ] 이상이 되도록 할 것

④ 비상방송설비의 배선은 다른 전선과 별도의 관 · 덕트 · 몰드 또는 풀박스 등에 설치할 것. 다만, 60[V] 미만의 약전류회로에 사용하는 전선으로서 각각의 전압이 같을 때에는 그러하지 아니한다.

[그림 4-4]는 3선식 배선을 나타낸다. 비상용과 업무용 방송을 겸용하는 경우 일반적으로 업무용방송을 할 때에는 보통 음량을 조절하여 방송하게 된다. 그러나 돌발적인 사태가 발생하여 비상경보방송을 할 필요가 있을 때는 정격음량으로 유효하게 피난방송을 할 수 없게 될 우려가 있다.

따라서 음량조절기를 설치하는 경우에는 별도의 비상용 배선으로 유효하게 피난유도를 할 수 있도록 하는 배선을 3선식 배선이라 한다.

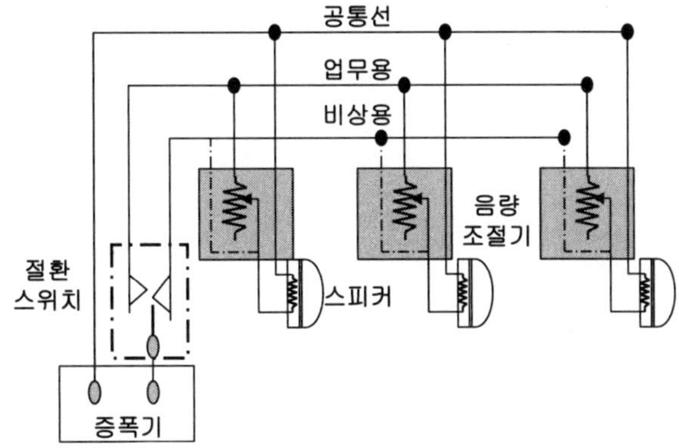

[그림 4-4] 비상방송설비 3선식 배선

5. 비상방송설비의 전원 설치기준

① 상용선원은 전기가 정상적으로 공급되는 축전지, 전기저장장치 또는 교류전압의 옥내간선으로 하고 전원까지의 배선은 전용으로 할 것

② 개폐기에는 '비상방송설비용'이라고 표시한 표지를 할 것

③ 비상방송설비에는 그 설비에 대한 감시상태를 60분간 지속한 후 유효하게 10분(고층건축물 30분) 이상 경보할 수 있는 축전지설비(수신기에 내장하는 경우를 포함한다) 또는 전기저장장치를 설치하여야 한다.

6. 용어의 정의

① '확성기'라 함은 소리를 크게 하여 멀리까지 전달될 수 있도록 하는 장치로서 일명 스피커를 말한다.

② '음량조절기'라 함은 가변저항을 이용하여 전류를 변화시켜 음량을 크게 하거나 작게 조절할 수 있는 장치를 말한다.

③ '증폭기'라 함은 전압전류의 진폭을 늘려 감도를 좋게 하고, 미약한 음성전류를 커다란 음성전류로 변화시켜 소리를 크게 하는 장치를 말한다.

제5장 자동화재속보설비

화재발생시 자동화재탐지설비로부터 화재신호를 받아 자동 또는 수동으로 화재발생과 소방대상물의 위치를 소방서에 음성으로 통보하는 설비를 자동화재속보설비라 한다. 자동화재속보설비는 화재신호를 수신하면 5~7초 동안 화재 여부를 판정하여 화재발생을 소방관서에 통보하고, 전화를 설치하고 있는 경우에는 상용전화선을 차단하고 119를 구동시켜 5분 이상 녹음테이프에 녹음된 세트에 연결되어 20초 이내에 3회 이상 반복하여 신호를 발생한다. 신고가 끝나면 일반전화 선로로 자동 복귀되고 '신고끝'이라는 램프가 점등되면서 속보기의 동작은 완료된다.

1. 화재속보설비 설치대상

① 업무시설 · 공장 · 창고시설 · 교정 및 군사시설 중 국방 · 군사시설, 발전시설(사람이 근무하지 아니하는 시간에는 무인경비 시스템으로 관리하는 시설에 한한다)로써 바닥면적이 1500[m^2] 이상인 층이 있는 것

② 노유자 생활시설

③ ②에 해당하지 않는 노유자시설, 수련시설로써 바닥면적이 500[m^2] 이상인 층이 있는 것

④ 문화재보호법에 따라 국보 또는 보물로 지정된 목조건축물

⑤ ①~④까지에 해당하지 않는 특정 소방대상물 중 층수가 30층 이상인 것

⑥ 의료시설 중 요양병원으로써 다음의 어느 하나에 해당하는 시설

㉮ 요양병원(정신병원과 의료재활시설은 제외)

㉯ 정신병원과 의료재활시설로 사용되는 바닥면적의 합계가 500[m^2] 이상인 층이 있는 것

⑦ 다만 ①, ③인 경우 사람이 24시간 상시 근무하고 있는 경우에는 자동화재속보설비를 설치하지 않을 수 있다.

2. 자동화재속보설비의 종류

(1) A형 자동화재속보설비

P형, R형 수신기로부터 신호를 수신하여 소방대상물 위치를 소방관서에 자동적으로 통보해주는 것으로 지구등은 없다. A형은 지구등이 없으므로 관계자에게 통보할 수 없다.

(2) B형 자동화재속보설비

P형, R형 수신기와 A형 화재속보설비 성능을 복합한 것으로 감지기 또는 발신기에 의해 발생된 신호를 중계기를 통해 소방대상물 관계자에게 통보하여 소방대상물 위치를 자동적으로 통보해주는 것으로 지구등・단락・단선 시험장치가 있다.

[그림 5-1]은 A형 자동화재속보설비의 외관으로 동작시간표시・동작횟수표시・전화번호표시・예비전원감시・화재경보표시・비상스위치 동작표시 기능이 있고 일반전화에 접속하여 사용할 수 있다.

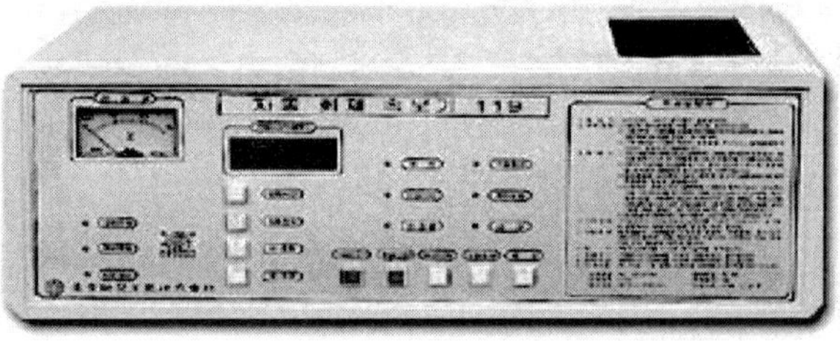

[그림 5-1] 자동화재속보설비

3. 자동화재속보설비 설치기준

① 자동화재탐지설비와 연동으로 작동하여 자동적으로 화재발생 상황을 소방관서에 전달되는 것으로 하여야 한다.

② 스위치는 바닥으로부터 0.8[m]～1.5[m] 이하의 높이에 설치하고 보기 쉬운 곳에 스위치임을 표시한 표지를 하여야 한다.

③ 속보기는 소방관서에 통신망으로 통보하도록 하며 데이터 또는 코드 전송방식을 부가적으로 설치할 수 있다.

④ 문화재에 설치하는 자동화재속보설비는 ①호 규정에도 불구하고 속보기에 감지기를 직접 연결하는 방식(자동화재탐지설비 1개의 경계구역에 한한다)으로 할 수 있다.

⑤ 관계인이 24시간 상시 근무하고 있는 경우에는 자동화재속보설비를 설치하지 아니할 수 있다.

⑥ 수신기가 설치된 장소에 상시 통화 가능한 전화가 설치되어 있고 감시인이 상주하는 경우에는 자동화재속보설비를 설치하지 아니할 수 있다.

⑦ 자동화재탐지설비로부터 화재신호를 수신하거나 속보기를 수동으로 동작시키는 경우 자동적으로 적색 화재표시등이 점등되고 음향장치로 화재를 경보하여야 한다.

⑧ 일반전화선에서 연결시 옥내 통신기구 1차측에서 연결되어야 한다(일반전화 사용중 일반전화를 차단시켜 자동으로 소방관서에 연결된다).

⑨ 상용전원은 속보기 전용으로 구성하고 속보기 동작은 수동으로 복구 및 정지시키지 않는 한 지속되어야 한다(내부에는 주전원의 양극을 동시에 개폐할 수 있는 전원스위치를 설치하여야 한다).

⑩ 전원입력측의 양단 및 속보기로부터 외부 부하에 직접 전원을 송출하도록 구성된 회로에는 퓨즈 또는 브레이커를 설치하여야 한다.

⑪ 전면에는 주회로 전압을 감시할 수 있도록 전압계 또는 전원표시등을 설치한다.

⑫ 속보기의 예비전원은 원통밀폐형 니켈카드뮴 축전지로서 60분간 감시상태를 지속한 후 10분 이상 동작이 지속될 수 있어야 한다.

⑬ 예비전원은 자동으로 충전할 수 있어야 하며 자동 과충전 방지장치가 있어야 한다.

⑭ 속보기는 주위온도가 $-10 \sim 50$[℃]까지의 범위에서 기능에 이상이 없어야 한다.

⑮ 변압기 정격 1차 전압은 300[V] 이하로 한다.

⑯ 정격전압이 60[V]를 넘는 기구의 금속제 외함에는 접지단자를 설치하여야 한다.

⑰ 음압은 1[m] 떨어진 위치에서 90[dB] 이상이어야 한다. 다만 전화용 부저 및 고장표시 장치용 등의 음압은 60[dB] 이상이어야 한다.

⑱ 종합방재센터가 설치되어 있어도 감시인의 비상주시에는 자동화재속보설비를 설치해야 한다.

⑲ 먼지・습기 등 속보기 자체에 위해의 우려가 없는 곳에 설치한다.

⑳ 속보기는 전원전압이 정격전압의 ±20[%] 범위에서 변동이 생기는 경우 기능에 이상이 생기지 않아야 하며 예비전원을 주전원으로 사용하여서는 안 된다.

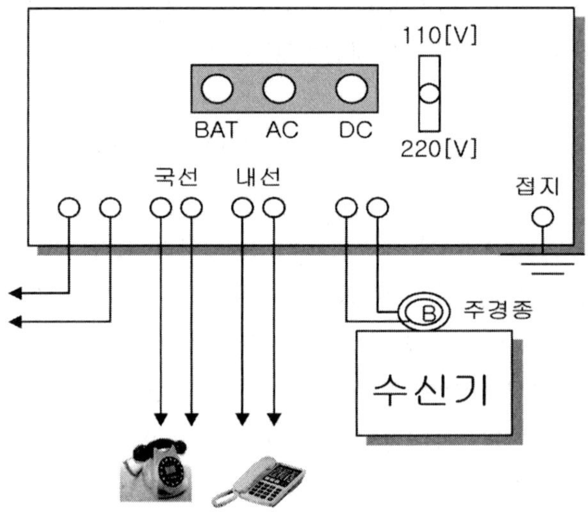

[그림 5-2] 자동화재속보설비 구성

4. 동작시험

① 시간・횟수・설정표시 : 평상시에는 현재시각이 나타나며 작동시에는 작동한 시간 및 횟수가 표시된다.

② 수동통화 : 경보1과 경보2를 동시에 누르면 소방서에 신고된다.

③ 교류전원등, 예비전원등, 복구스위치의 기능은 자동화재탐지설비의 기능과 같다.

5. 속보기의 특징

① 사람이 없어도 화재 발생시 언제든지 신속한 속보가 가능하다.

② 정확한 녹음테이프 또는 기억회로를 사용하므로 인위적 사고시 당황하지 않아 신고가 정확하다.

③ 잘못 감지한 오보 신고를 제어하는 회로가 구성되어 있어 오보 우려가 없다.

④ 일반전화에 쉽게 연결하여 설치할 수 있다.

⑤ 일반전화 사용중 일반전화를 차단시켜 자동으로 소방관서에 연결된다.

⑥ 아무리 큰 대형건물이라도 1대의 자동화재속보설비로 대응할 수 있다.

6. 속보기의 성능시험

① 속보기는 정격전압에서 10,000회 화재자동을 반복하는 경우 그 구조 및 기능에 이상이 없어야 한다.

② 속보기의 절연된 충전부와 외함간의 절연저항은 직류 500[V]의 절연계로 측정하는 경우 5[MΩ](교류측-외함 또는 선로간 절연저항은 20[MΩ]) 이상이어야 한다.

③ 속보기의 단자와 외함간의 절연내력은 60[Hz]의 정현파에 가까운 실효전압 500[V](정격전압이 60[V]를 초과하고 150[V] 이하인 것은 1,000[V], 정격전압이 150[V]를 초과하는 것은 그 정격전압에 2를 곱하여 얻은 값에 1,000[V]를 더한 값)의 교류전압을 가하는 시험에서 1분간 견디어야 한다.

7. 용어의 정의

① '속보기'라 함은 화재신호를 통신망을 통하여 음성 등의 방법으로 소방관서에 통보하는 장치를 말한다.

② '통신망'이라 함은 유·무선을 구성하여 음성 또는 데이터 등을 전송할 수 있는 집합체를 말한다.

제6장 누전경보기

누전경보기는 건축물의 천장·바닥·벽 등의 보강재로 사용하고 있는 금속류 등이 누전의 경로가 되어 화재가 발생하는 것을 방지하기 위하여 누설전류가 흐르면 자동적으로 경보하는 설비이다. 이러한 누전경보기는 600[V] 이하인 전기선로에 설치되며 부하측으로 부터 지락·단락 등에 의해 절연파괴로 인한 화재 및 감전사고를 방지하기 위한 설비이다.

1. 누전경보기 설치대상

누전경보기는 계약 전류용량이 100[A]를 초과하는 특정 소방대상물에 설치해야 한다.

주요 설치대상

내화구조가 아닌 건축물으로서 벽·바닥 또는 반자의 전부나 일부를 불연재료 또는 준불연재료가 아닌 재료에 철망을 넣어 만든 재료를 사용해 건축한 소방대상물로서 계약 전류용량(동일 건축물에 계약종별이 다른 전기가 공급되는 경우에는 그 중 최대 계약전류 용량을 말한다)이 100[A]를 초과하는 것에는 누전경보기를 설치해야 한다.

다만, 가스시설, 지하구 또는 지하가중 터널의 경우에는 그러하지 아니한다.

면제대상

누전경보기를 설치하여야 할 소방대상물 또는 그 부분에 전기관련법령에 의한 지락차단장치를 설치한 경우에는 그 설비의 유효범위 안의 부분에는 누전경보기를 설치하지 아니할 수 있다.

2. 누전경보기 작동원리

전선로의 절연파괴 또는 지락에 의해 정상적인 전류 통로 이외의 통로로 흐르는 것을 누전이라 한다.

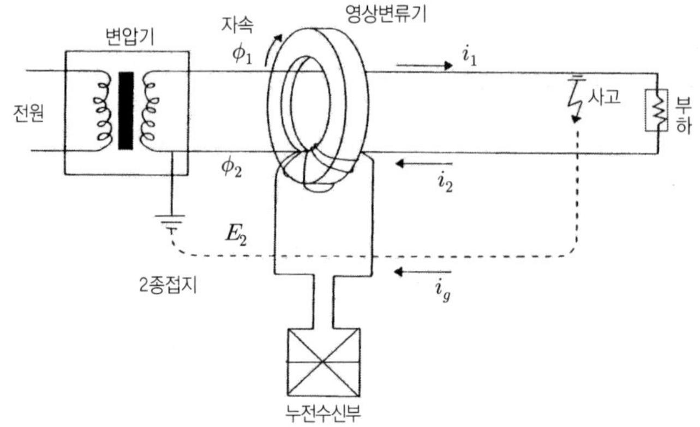

[그림 6-1] 누전경보기 작동원리

누전경보기의 작동원리는 누설전류가 없는 경우에는 [그림 6-1]과 같이 회로에 흐르는 왕로전류 i_1과 귀로전류 i_2는 같고 왕로전류 i_1에 의한 자속 ϕ_1과 귀로전류 i_2에 의한 자속 ϕ_2는 $\phi_1=\phi_2$가 되어 자속은 서로 상쇄된다. 누전이 발생하여 누설전류 i_g가 흐르면 왕로전류는 i_1이 되고 귀로전류는 왕로전류 i_1보다 작은 i_1-i_g가 되어 누설전류 i_g에 의한 자속의 차가 생기게 되어 변류기에 유기전압이 유도된다. 누설전류(i_g)에 의해 발생된 자속의 유기전압은 다음과 같다.

$$E=4.44fn\phi_g\times10^{-8}[\text{V}]$$

f : 주파수

n : 2차 권선수

ϕ_g : 누설전류자속

변류기에서 발생된 유기전압이 수신부에 전달되면 경보를 발하여 누전의 발생을 통보한다.

누전경보기의 주요 구성요소로는 누설전류를 검출하는 영상변류기와 그 전류를 수신하여 선로차단과 동시에 음향장치에 신호를 발생하는 수신부와 음향장치 등으로 구성된다.

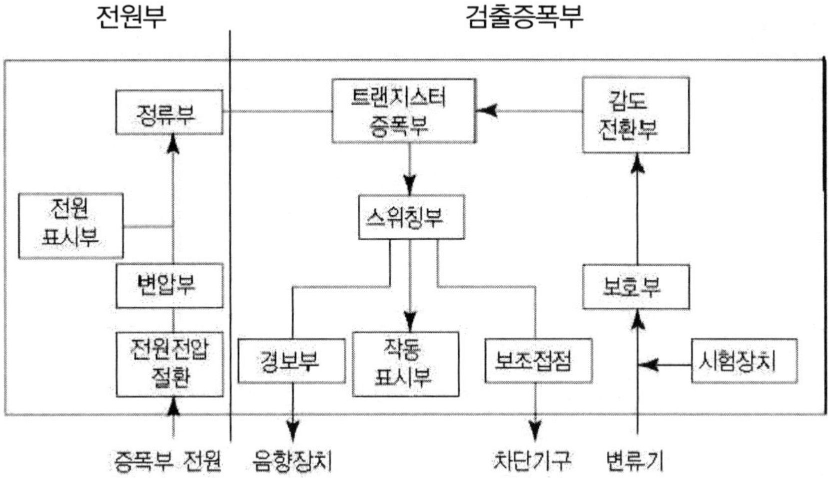

[그림 6-2] 누전경보기 구성도

[그림 6-3] 수신부와 영상변류기

(1) 영상변류기

영상변류기는 누설전류를 검출하는 장치로 변류기 내부를 통과하는 왕로전류(i_1)와 귀로전류(i_2)가 동일하지 않을 때 유기전압이 발생된다.

(2) 수신기

변류기로부터 누설전류에 의한 전압을 수신하며 변류기 입력신호를 증폭시켜 릴레이를 동작시키고 음향장치를 동작시켜주는 기기로서 1개의 변류기를 연결하는 단독형과 여러 개를 연결시킬 수 있는 집합형이 있다. 집합형 누전경보기 수신부는 2개 이상의 변류기를 연결시켜 사용하는 수신기로서 하나의 전원장치 및 음향장치 등으로 구성된 것을 말한다. 수신기의 회로수는 5~10회로인 것을 주로 사용한다.

(3) 음향장치

수신기 내부에 음향장치가 있어 공칭전압을 수신기가 수신시 증폭시켜 음향을 발하는 것과 수신부와 음향장치가 따로 분리되어 있는 것이 있다. 음향장치는 사용전압의 80[%]에서 정상적으로 경보음을 발할 수 있어야 하고 음량은 1[m] 떨어진 곳에서 70[dB] 이상이어야 한다.

(4) 차단릴레이

누설전류가 흐를 때 릴레이를 동작시켜 전원을 차단시킨다.

(5) 감도조절 스위치

수신기가 경보음을 발하여야 하는 누설전류의 양을 조절하는 스위치로 선택범위는 200[mA], 500[mA], 1000[mA]가 있다.

(6) 도통시험 스위치

수신기와 변류기 사이의 배선에 대한 단선 유무확인과 동작시험을 하는 스위치이다. 이 스위치를 누르면 작동표시등 · 도통표시등 · 경보음이 울린다.

(7) 자동복구 스위치

자동화재탐지설비 수신기의 복구스위치와 동일한 역할을 한다.

3. 전기화재

전력설비에 사용되는 배선이 공사결함, 노후화, 사용상 부주의로 손상을 입게 되면 건축물 내의 금속물질에 접촉되어 전류가 흐르게 되면 어느 부분에서 전열기와 같은 원리로 가열되어 발화하는데 이를 전기화재라 하며, 그 원인은 다음과 같다.

① 과전류 · 단락 · 지락에 의한 발화
② 접속부분의 과열로 인한 발화
③ 전기 스파크에 의한 발화
④ 절연열화에 의한 발화

⑤ 정전기 스파크에 의한 발화
⑥ 낙뢰에 의한 발화

절연전선에 과전류가 흐르는 경우 다음과 같은 단계로 발화가 진행된다.

① 인화단계 : 허용전류의 3배가 흐를 때
② 착화단계 : 과전류에 의한 절연물이 탄화되고 심선이 노출됨
③ 발화단계 : 심선이 용단됨
④ 순간용단 : 대전류가 순간적으로 흐를때 심선이 용단되고 피복이 벗겨지고 도선이 폭발

〈표 6-1〉 단계별 전류밀도

단 계	인화단계	착화단계	발화단계		순간용단 단계
			발화 후 용단	용단과 동시발화	
전선전류밀도 [mA/mm^2]	40~43	43~60	60~70	75~120	120 이상

4. 누전경보기 설치방법

① 경계전로의 정격전류가 60[A]를 초과하는 전로에 있어서는 1급 누전경보기를 설치하고 60[A] 이하의 전로에 있어서는 1급 또는 2급 누전경보기를 설치한다. 다만, 정격전류가 60[A]를 초과하는 경계전로가 분기되어 각 분기회로의 정격전류가 60[A] 이하로 되는 경우 당해 분기회로마다 2급 누전경보기를 설치한 때에는 당해 경계전로에 1급 누전경보기를 설치한 것으로 본다.
② 변류기는 소방대상물의 형태, 인입선의 시설방법 등에 따라 옥외 인입선의 제1지점의 부하측 또는 제2종 접지선측의 점검이 쉬운 위치에 설치할 것. 다만, 인입선의 형태 또는 소방대상물의 구조상 부득이한 경우에 있어서는 인입구에 근접한 옥내에 설치할 수 있다.
③ 변류기를 옥외의 전로에 설치하는 경우에는 옥외형으로 설치할 것
④ 변류기는 전로에 2종 접지공사를 실시한다.
⑤ 개폐부는 수동으로 개폐되며 자동적으로 복귀되지 않아야 한다.

5. 누전경보기 수신부 설치

① 누전경보기의 수신부는 옥내의 점검에 편리한 장소에 설치하되 가연성의 증기·먼지 등이 체류할 우려가 있는 장소의 전기회로에는 당해 부분의 전기회로를 차단할 수 있는 차단기구를 가진 수신부를 설치하여야 한다. 이 경우 차단기구의 부분은 해당 장소 외의 안전한 장소에 설치하여야 한다.

② 누전경보기의 수신부는 다음 장소는 가급적 제외하여야 한다. 다만, 당해 누전경보기에 대하여 방폭·방식·방습·방온·방진 및 정전기 차폐 등의 방호조치를 한 것에 있어서는 그러하지 아니하다.

- 가연성의 증기·먼지·가스 등이나 부식성의 증기·가스 등이 다량으로 체류하는 장소
- 화약류를 제조하거나 저장 또는 취급하는 장소
- 습도가 높은 장소
- 온도의 변화가 급격한 장소
- 대전류회로·고주파 발생회로 등에 따른 영향을 받을 우려가 있는 장소

6. 음향장치

음향장치는 수위실 등 상시 사람이 근무하는 장소에 설치하여야 하며 그 음량 및 음색은 다른 기기의 소음 등과 명확히 구별할 수 있는 것으로 하여야 한다.

① 사용전압의 80[%]에서 정상적으로 경보음을 발할 수 있어야 한다.

② 음량은 1급 누전경보기가 70[dB], 2급은 60[dB] 이상이어야 한다

7. 누전경보기의 전원

① 전원은 분전반으로부터 전용회로로 하고 각 극에 개폐기 및 15[A] 이하의 과전류 차단기(배선용 차단기에 있어서는 20[A] 이하)를 설치할 것

② 전원을 분기할 때에는 다른 차단기에 따라 전원이 차단되지 아니하도록 할 것

③ 전원의 개폐기에는 누전경보기용임을 표시한 표지를 할 것

④ 누전변류기는 직류 500[V]의 절연저항계로 절연된 1차권선과 2차권선 간의 절연저항을 측정하여 5[MΩ]을 유지하여야 한다.

8. 누전경보기 구조 및 기능

① 외함은 불연성 또는 난연성 재질로 만들어져야 한다.

② 정격전압이 60[V]를 넘는 기구의 금속제 외함에는 접지단자를 설치하여야 한다.

③ 스위치는 각 접점의 최대사용전압으로 최대사용전류의 200[%]인 전류를 저항부하를 통하여 흘리는 작동을 1만회(전원스위치의 경우에는 5천회) 반복하는 경우 그 구조 또는 기능에 이상이 생기지 아니하여야 한다.

④ 누전경보기에 사용하는 전구는 사용전압의 130[%]인 교류전압을 20시간 연속하여 가하는 경우 기능에 이상이 없어야 하며 전구는 2개 이상을 병렬로 접속하여야 한다. 다만, 방전등 또는 발광다이오드의 경우에는 그러하지 아니한다.

⑤ 전압 지시전기계기의 최대눈금은 사용하는 회로의 정격전압의 140[%] 이상 200[%] 이하이어야 한다.

⑥ 경보기구에 내장하는 음향장치는 사용전압의 80 %인 전압에서 소리를 내어야 한다.

⑦ 사용전압에서의 음압은 무향실내에서 정위치에 부착된 음향장치의 중심으로부터 1[m] 떨어진 지점에서 누전경보기는 70[dB]이상이어야 한다.
다만, 고장표시장치용 등의 음압은 60[dB]이상이어야 한다.

⑧ 변압기 정격1차 전압은 300[V] 이하로 한다.

⑨ 변류기(경계전로의 전선을 그 변류기에 관통시키는 것은 제외한다)는 경계전로에 정격전류를 흘리는 경우, 그 경계전로의 전압강하는 0.5[V] 이하이어야 한다.

⑩ 수신부는 변류기로부터 송신된 신호를 수신하는 경우 적색표시 및 음향신호에 의하여 누전을 자동적으로 표시할 수 있어야 하며, 이 경우 차단기구가 있는 것은 차단후에도 누전되고 있음을 적색표시로 계속 표시되는 것이어야 한다.

⑪ 수신부는 전원전압을 정격전압의 80[%]에서 120[%]까지의 범위로 변화시키는 경우 기능에 이상이 생기지 아니하여야 한다.

⑫ 수신부는 그 정격전압에서 1만회의 누전작동시험을 실시하는 경우 그 구조 또는 기능에 이상이 생기지 아니하여야 한다.

⑬ 호환성형 수신부는 신호입력회로에 공칭작동전류치에 대응하는 변류기의 설계출력전압의 52 %인 전압을 가하는 경우 30초 이내에 작동하지 아니하여야 한다. 공칭작동전류치에 대응하는 변류기의 설계출력전압의 75[%]인 전압을 가하는 경우 1초이내에 작동하여야 한다.

⑭ 비호환성형 수신부는 신호입력회로에 공칭작동전류치의 42[%]에 대응하는 변류기의 설계출력전압을 가하는 경우 30초 이내에 작동하지 아니하여야 하며, 공칭작

동전류치에 대응하는 변류기의 설계출력전압을 가하는 경우 1초이내에 작동하여야 한다.

⑮ 변류기는 온도특성시험 · 방수시험 · 진동시험 · 충격시험 · 절연저항시험 · 절연내력시험 · 충격파내전압시험 · 전로개폐시험 · 단락전류강도시험 · 과누전시험 · 노화시험 · 전압강하방지 시험을 실시하는 경우 그 구조 및 기능에 이상이 생기지 아니하여야 한다.

⑯ 수신부는 온도특성시험 · 방수시험 · 진동시험 · 충격시험 · 절연저항시험 · 절연내력시험 · 충격파내전압시험 · 전원전압변동시험 · 과입력전압시험 · 개폐기의 조작시험 · 반복시험 · 전자파적합성 시험을 실시하는 경우 그 구조 및 기능에 이상이 생기지 아니하여야 한다.

⑰ 변류기는 DC 500[V]의 절연저항계로 다음 각 호에 의한 시험을 하는 경우 5[MΩ]이상이어야 한다.

- 절연된 1차권선과 2차권선간의 절연저항
- 절연된 1차권선과 외부금속부간의 절연저항
- 절연된 2차권선과 외부금속부간의 절연저항

9. 누전경보기 동작성능

① 누전경보기의 공칭 동작전류는 200[mA] 이하이고 감도 조정장치를 갖는 누전경보기 조정 범위는 최대값이 1[A]이어야 한다.

② 호환성형 변류기는 정격주파수에서 변류기에 정격전류를 흘린 상태에서 시험 누설전류를 0～1,000[mA]로 흘리는 경우 그 출력전압값은 시험전류값에 비례하고 그 변동범위는 설계 출력전압값의 75～125[%] 이하이어야 한다.

③ 누전경보기의 1차측에는 충격파로부터 수신기 보호 방지를 위해 ZNR을 설치한다.

10. 변류기 설치방법

변류기는 아래와 같은 기준에 의한다.

① 변류기를 본선에 설치하여야 한다.

② 3선 모두 변류기를 관통하여야 한다. 단상 2선식 · 단상 3선식 · 3상 3선식 · 3상

4선식의 경우에는 2선, 3선 및 4선 모두를 변류기에 관통시켜 설치하여야 한다.

③ 옥내의 전로에 변류기를 설치하는 인입구에 근접한 옥내의 인입구 개폐기에서 전원측에 설치한다.

④ 옥외의 전로에 변류기를 설치하는 인입접속점 바로 뒤 지점에 설치한다.

⑤ 공동주택에 누전경보기 설치하는 각 집의 인입배선마다 누전경보기를 설치한다.

⑥ 공장에 누전경보기를 설치하는 공동 인입선에 누전경보기를 설치한다.

⑦ 가연성 증기·가연성 분진 등이 증류할 우려가 있는 장소에서는 분기회로에 설치한다.

11. 용어의 정의

① '누전경보기'라 함은 내화구조가 아닌 건축물로서 벽, 바닥 또는 천장의 전부나 일부를 불연재료 또는 준불연재료가 아닌 재료에 철망을 넣어 만든 건물의 전기설비로부터 누설전류를 탐지하여 경보를 발하며 변류기와 수신부로 구성된 것을 말한다.

② '수신부'라 함은 변류기로부터 검출된 신호를 수신하여 누전의 발생을 당해 소방대상물의 관계인에게 경보해 주는 것(차단기구를 갖는 것을 포함한다)을 말한다.

③ '변류기'라 함은 경계전로의 누설전류를 자동적으로 검출하여 이를 누전경보기의 수신부에 송신하는 것을 말한다.

제7장 피난기구

피난기구는 화재발생시 피난자가 지상 등 안전한 장소로 탈출하기 위하여 사용하는 기계・기구 또는 설비로서 특정소방대상물의 모든 층에 화재안전기준에 적합한 피난기구를 설치하여야 한다. 다만, 피난층, 지상 1층, 지상 2층(노유자시설 중 피난층이 아닌 지상1층과 피난층이 아닌 지상 2층은 제외한다) 및 층수가 11층 이상인 층과 위험물 저장시설 및 처리시설 중 가스시설, 지하가 중 터널 또는 지하구의 경우에는 그러하지 아니한다.

1. 피난기구 설치대상

① 지하층
② 3층~10층(피난층, 지상1층, 지상2층 및 11층을 제외한 층)

설치 제외장소

피난설비의 설치면제 요건의 규정에 따라 다음 각 호의 어느 하나에 해당하는 소방대상물 또는 그 부분에는 피난기구를 설치하지 아니할 수 있다. 다만, 숙박시설(휴양콘도미니엄을 제외한다)에 설치되는 완강기 및 간이완강기의 경우에는 그러하지 아니하다.

(1) 다음 각 목의 기준에 적합한 층

① 주요구조부가 내화구조로 되이 있이야 힐 깃
② 실내의 면하는 부분의 마감이 불연재료・준불연재료 또는 난연재료로 되어 있고 방화구획이 적합하게 구획되어 있어야 할 것
③ 거실의 각 부분으로부터 직접 복도로 쉽게 통할 수 있어야 할 것

④ 복도에 2 이상의 특별피난계단 또는 피난계단이 적합하게 설치되어 있어야 할 것
⑤ 복도의 어느 부분에서도 2 이상의 방향으로 각각 다른 계단에 도달할 수 있어야 할 것

(2) 옥상의 직하층 또는 최상층

다음 각 목의 기준에 적합한 소방대상물 중 그 옥상의 직하층 또는 최상층(관람집회 및 운동시설 또는 판매시설을 제외한다)

① 주요구조부가 내화구조로 되어 있어야 할 것
② 옥상의 면적이 1,500[m^2] 이상이어야 할 것
③ 옥상으로 쉽게 통할 수 있는 창 또는 출입구가 설치되어 있어야 할 것
④ 옥상이 소방사다리차가 쉽게 통행할 수 있는 도로(폭 6[m] 이상의 것을 말한다) 또는 공지(공원 또는 광장 등을 말한다)에 면하여 설치되어 있거나 옥상으로부터 피난층 또는 지상으로 통하는 2 이상의 피난계단 또는 특별피난계단이 적합하게 설치되어 있어야 할 것

(3) 그 외 주요구조부

① 주요구조부가 내화구조이고 지하층을 제외한 층수가 4층 이하이며 소방사다리차가 쉽게 통행할 수 있는 도로 또는 공지에 면하는 부분에 적합한 개구부가 2 이상 설치되어 있는 층(문화집회 및 운동시설·판매시설 및 영업시설 또는 노유자시설의 용도로 사용되는 층으로서 그 층의 바닥면적이 1,000[m^2] 이상인 것을 제외한다)
② 편복도형 아파트 또는 발코니 등을 통하여 인접세대로 피난할 수 있는 구조로 되어 있는 계단실형 아파트
③ 주요구조부가 내화구조로서 거실의 각 부분으로 직접 복도로 피난할 수 있는 학교(강의실 용도로 사용되는 층에 한한다)
④ 무인공장 또는 자동창고로서 사람의 출입이 금지된 장소(관리를 위하여 일시적으로 출입하는 장소를 포함한다)
⑤ 건축물의 옥상부분으로서 거실에 해당하지 아니하고 층수로 산정된 층으로 사람이 근무하거나 거주하지 아니하는 장소

2. 피난기구의 종류

화재발생시 피난자가 지상 등 안전한 장소로 탈출하기 위한 기계·기구 및 설비로서 피난사다리·피난용 트랩·피난사다리·피난교·완강기·간이완강기·구조대·공기안전매트·피난밧줄·다수인 피난장비·승강식피난기 등이 있다.

3. 피난기구 설치기준

피난기구는 「별표 1」에 따라 소방대상물의 설치장소별로 그에 적응하는 종류의 것으로 설치 하여야 한다.

(1) 피난기구 설치수량

① 층마다 설치하되, 숙박시설·노유자시설 및 의료시설로 사용되는 층에 있어서는 그 층의 바닥면적 500[m^2]마다, 위락시설·문화집회 및 운동시설·판매시설로 사용되는 층 또는 복합용도의 층에 있어서는 그 층의 바닥면적 800[m^2]마다, 계단실형 아파트에 있어서는 각 세대마다, 그 밖의 용도의 층에 있어서는 그 층의 바닥면적 1,000[m^2]마다 1개 이상 설치할 것

② 제1호에 따라 설치한 피난기구 외에 숙박시설(휴양콘도미니엄을 제외한다)의 경우에는 추가로 객실마다 완강기 또는 둘 이상의 간이완강기를 설치할 것

③ 제1호에 따라 설치한 피난기구 외에 공동주택의 경우에는 하나의 관리주체가 관리하는 공동주택 구역마다 공기안전매트 1개 이상을 추가로 설치할 것. 다만, 옥상으로 피난이 가능하거나 인접세대로 피난할 수 있는 구조인 경우에는 추가로 설치하지 아니할 수 있다.

(2) 피난기구 설치기준

① 피난기구는 계단·피난구 기타 피난시설로부터 적당한 거리에 있는 안전한 구조로 된 피난 또는 소화활동상 유효한 개구부(가로 0.5[m]이상 세로 1[m]이상인 것을 말한다. 이 경우 개구부 하단이 바닥에서 1.2[m] 이상이면 발판 등을 설치하여야 하고, 밀폐된 창문은 쉽게 파괴할 수 있는 파괴장치를 비치하여야 한다)에 고

정하여 설치하거나 필요한 때에 신속하고 유효하게 설치할 수 있는 상태에 둘 것

② 피난기구를 설치하는 개구부는 서로 동일 직선상이 아닌 위치에 있을 것. 다만, 피난교 · 피난용트랩 · 간이완강기 · 아파트에 설치되는 피난기구(다수인 피난장비는 제외한다) 기타 피난상 지장이 없는 것에 있어서는 그러하지 아니하다.

③ 피난기구는 소방대상물의 기둥 · 바닥 · 보 기타 구조상 견고한 부분에 볼트조임 · 매입 · 용접 기타의 방법으로 견고하게 부착할 것

④ 4층 이상의 층에 피난사다리(하향식 피난구용 내림식사다리는 제외한다)를 설치하는 경우에는 금속성 고정사다리를 설치하고, 당해 고정사다리에는 쉽게 피난할 수 있는 구조의 노대를 설치할 것

⑤ 완강기는 강하 시 로프가 소방대상물과 접촉하여 손상되지 아니하도록 할 것

⑥ 완강기 로프의 길이는 부착위치에서 지면 기타 피난상 유효한 착지 면까지의 길이로 할 것

⑦ 미끄럼대는 안전한 강하속도를 유지하도록 하고, 전락방지를 위한 안전조치를 할 것

⑧ 구조대의 길이는 피난 상 지장이 없고 안정한 강하속도를 유지할 수 있는 길이로 할 것

⑨ 다수인 피난장비는 다음 각 목에 적합하게 설치할 것

㉮ 피난에 용이하고 안전하게 하강할 수 있는 장소에 적재 하중을 충분히 견딜 수 있도록 견고하게 설치할 것

㉯ 다수인피난장비 보관실은 건물 외측보다 돌출되지 아니하고, 빗물 · 먼지 등으로부터 장비를 보호할 수 있는 구조 일 것

㉰ 사용시에 보관실 외측 문이 먼저 열리고 탑승기가 외측으로 자동으로 전개될 것

㉱ 하강 시에 탑승기가 건물 외벽이나 돌출물에 충돌하지 않도록 설치할 것

㉲ 상 · 하층에 설치할 경우에는 탑승기의 하강경로가 중첩되지 않도록 할 것

㉳ 하강 시에는 안전하고 일정한 속도를 유지하도록 하고 전복 · 흔들림 · 경로이탈 방지를 위한 안전조치를 할 것

㉴ 보관실의 문에는 오작동 방지조치를 하고, 문 개방 시에는 당해 소방대상물에 설치된 경보설비와 연동하여 유효한 경보음을 발하도록 할 것

㉵ 피난층에는 해당층에 설치된 피난기구가 착지에 지장이 없도록 충분한 공간을 확보할 것

㉶ 한국소방산업기술원 또는 성능시험기관으로 지정받은 기관에서 그 성능을 검증받은 것으로 설치할 것

⑩ 승강식피난기 및 하향식 피난구용 내림식 사다리는 다음 각 목에 적합하게 설치할 것

㉮ 승강식피난기 및 하향식 피난구용 내림식 사다리는 설치경로가 설치층에서 피난층까지 연계될 수 있는 구조로 설치할 것. 다만, 건축물의 구조 및 설치 여건 상 불가피한 경우에는 그러하지 아니 한다.

㉯ 대피실의 면적은 2[m^2](2세대 이상일 경우에는 3[m^2]) 이상으로 하고, 하강구(개구부) 규격은 직경60[㎝] 이상일 것. 단, 외기와 개방된 장소에는 그러하지 아니 한다.

㉰ 하강구 내측에는 기구의 연결 금속구 등이 없어야 하며 전개된 피난기구는 하강구 수평투영면적 공간 내의 범위를 침범하지 않는 구조이어야 할 것. 단, 직경 60[㎝] 크기의 범위를 벗어난 경우이거나, 직하층의 바닥 면으로부터 높이 50[㎝] 이하의 범위는 제외 한다.

㉱ 대피실의 출입문은 갑종방화문으로 설치하고, 피난방향에서 식별할 수 있는 위치에 '대피실' 표지판을 부착할 것. 단, 외기와 개방된 장소에는 그러하지 아니 한다.

㉲ 착지점과 하강구는 상호 수평거리 15[㎝]이상의 간격을 둘 것

㉳ 대피실 내에는 비상조명등을 설치 할 것

㉴ 대피실에는 층의 위치표시와 피난기구 사용설명서 및 주의사항 표지판을 부착할 것

㉵ 대피실 출입문이 개방되거나, 피난기구 작동 시 해당층 및 직하층 거실에 설치된 표시등 및 경보장치가 작동되고, 감시제어반에서는 피난기구의 작동을 확인할 수 있어야 할 것

㉶ 사용 시 기울거나 흔들리지 않도록 설치할 것

㉷ 승강식피난기는 한국소방산업기술원 또는 성능시험기관으로 지정받은 기관에서 그 성능을 검증받은 것으로 설치할 것

(3) 피난기구 위치표시

피난기구를 설치한 장소에는 가까운 곳의 보기 쉬운 곳에 피난기구의 위치를 표시하는 발광식 또는 축광식 표지와 그 사용방법을 표시한 표지를 부착하되, 축광식 표지는 소방청장이 정하여 고시한 「축광 표지의 성능인증 및 제품검사의 기술기준」에 적합하여야 한다. 다만, 방사성물질을 사용하는 위치표지는 쉽게 파괴되지 아니하는 재질로 처리할 것

(4) 피난기구 설치감소

① 피난기구를 설치하여야 할 소방대상물 중 다음 각 호의 기준에 적합한 층에는 피난기구의 2분의 1을 감소할 수 있다. 이 경우 설치하여야 할 피난기구의 수에 있어서 소수점 이하의 수는 1로 한다.

㉮ 주요구조부가 내화구조로 되어 있을 것

㉯ 직통계단인 피난계단 또는 특별피난계단이 2 이상 설치되어 있을 것

② 피난기구를 설치하여야 할 소방대상물 중 주요구조부가 내화구조이고 다음 각 호의 기준에 적합한 건널 복도가 설치되어 있는 층에는 피난기구의 수에서 해당 건널 복도의 수의 2배 의 수를 뺀 수로 한다.

㉮ 내화구조 또는 철골조로 되어 있을 것

㉯ 건널 복도 양단의 출입구에 자동폐쇄장치를 한 갑종방화문(방화셔터를 제외한다)이 설치되어 있을 것

㉰ 피난·통행 또는 운반의 전용 용도일 것

③ 피난기구를 설치하여야 할 소방대상물 중 다음 각 호에 기준에 적합한 노대가 설치된 거실의 바닥면적은 피난기구의 설치개수 산정을 위한 바닥면적에서 이를 제외한다.

㉮ 노대를 포함한 소방대상물의 주요구조부가 내화구조일 것

㉯ 노대가 거실의 외기에 면하는 부분에 피난 상 유효하게 설치되어 있어야 할 것

㉰ 노대가 소방사다리차가 쉽게 통행할 수 있는 도로 또는 공지에 면하여 설치되어 있거나, 또는 거실부분과 방화 구획되어 있거나 또는 노대에 지상으로 통하는 계단 그 밖의 피난기구가 설치되어 있어야 할 것

4. 용어의 정의

① '피난사다리'란 화재 시 긴급대피를 위해 사용하는 사다리를 말한다.

② '완강기'란 사용자의 몸무게에 따라 자동적으로 내려올 수 있는 기구 중 사용자가 교대하여 연속적으로 사용할 수 있는 것을 말한다.

③ '간이완강기'란 사용자의 몸무게에 따라 자동적으로 내려올 수 있는 기구 중 사용자가 연속적으로 사용할 수 없는 것을 말한다.

④ '구조대'란 포지 등을 사용하여 자루형태로 만든 것으로서 화재시 사용자가 그 내부에 들어가서 내려옴으로써 대피할 수 있는 것을 말한다.

⑤ '공기안전매트'란 화재 발생시 사람이 건축물 내에서 외부로 긴급히 뛰어 내릴 때 충격을 흡수하여 안전하게 지상에 도달할 수 있도록 포지에 공기 등을 주입하는 구조로 되어 있는 것을 말한다.

⑥ '다수인피난장비'란 화재 시 2인 이상의 피난자가 동시에 해당층에서 지상 또는 피난층으로 하강하는 피난기구를 말한다.

⑦ '승강식 피난기'란 사용자의 몸무게에 의하여 자동으로 하강하고 내려서면 스스로 상승하여 연속적으로 사용할 수 있는 무동력 승강식피난기를 말한다.

⑧ '하향식 피난구용 내림식사다리'란 하향식 피난구 해치에 격납하여 보관하고 사용시에는 사다리 등이 소방대상물과 접촉되지 아니하는 내림식 사다리를 말한다.

[별표 1] 소방대상물의 설치장소별 피난기구의 적응성

설치장소별 구분 \ 층별	지하층	1층	2층	3층	4층 이상 10층 이하
1. 노유자시설	피난용 트랩	미끄럼대 구조대 피난교 다수인피난장비 승강식피난기	미끄럼대 구조대 피난교 다수인피난장비 승강식피난기	미끄럼대 구조대 피난교 다수인피난장비 승강식피난기	피난교 다수인피난장비 승강식피난기
2. 의료시설·근린생활시설중 입원실이 있는 의원·접골원·조산원	피난용 트랩			미끄럼대 구조대 피난교 피난용트랩 다수인피난장비 승강식피난기	구조대 피난교 피난용트랩 다수인피난장비 승강식피난기
3. 「다중이용업소의 안전관리에 관한 특별법 시행령」 제2조에 따른 다중이용업소로서 영업장의 위치가 4층 이하인 다중이용업소			미끄럼대 피난사다리 구조대 완강기 다수인피난장비 승강식피난기	미끄럼대 피난사다리 구조대 완강기 다수인피난장비 승강식피난기	미끄럼대 피난사다리 구조대 완강기 다수인피난장비 승강식피난기
4. 그 밖의 것	피난 사다리 피난용 트랩			미끄럼대 피난사다리 구조대 완강기 피난교 피난용트랩 간이완강기 공기안전매트 다수인피난장비 승강식피난기	피난사다리 구조대 완강기 피난교 간이완강기 공기안전매트 다수인피난장비 승강식피난기

※ 비고 : 간이완강기의 적응성은 숙박시설의 3층 이상에 있는 객실에, 공기안전매트의 적응성은 공동주택(공동주택관리법 시행령 제2조의 규정에 해당하는 공동주택)에 한한다.

제II편

피난유도설비

피난유도설비는 화재 발생시 시야를 확보하기 위한 피난구유도등, 통로유도등, 객석유도등과 같은 조명기구와 유도표지가 있다. 또한 화재시 정전이 발생된 경우 원활한 피난활동을 할 수 있도록 거실이나 피난통로에 설치하여 최소시간의 시야를 확보하기 위한 비상조명등이 있다.

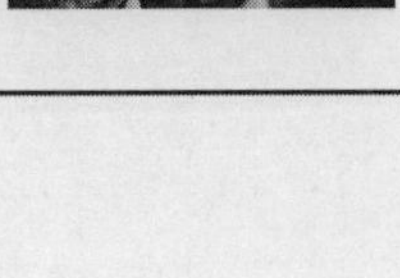

제8장 유도등 및 유도표지

피난유도설비는 화재 발생시 시야를 확보하기 위한 피난구유도등 · 통로유도등 · 객석유도등과 같은 조명기구와 유도표지가 있다. 유도등은 정상상태에서는 상용전원에 의해 점등되고 정전시에는 비상전원으로 자동 절환되어 점등되는 구조이어야 하며 비상전원 용량은 20분 또는 60분 이상 확보되어야 한다.

1. 유도등 설치대상

피난구유도등 · 통로유도등 및 유도표지는 소방시설설치유지관리법 별표 2의 특정 소방대상물(지하구 및 지하가 중 터널을 제외한다)에 설치하고, 객석유도등은 유흥주점영업(유흥주점영업 중 손님이 춤을 출 수 있는 무대가 설치된 카바레, 나이트클럽 등)과 문화집회 및 운동시설에 설치하여야 한다.

소방설비설치기준에 따라서 피난유도등설비를 분류하면 다음과 같다.

- 유도등
  - 피난구유도등
  - 통로유도등
    - 거실통로유도등
    - 복도통로유도등
    - 계단통로유도등
  - 객석유도등
- 유도표지
- 비상조명등

〈표 8-1〉 유도등 및 유도표지 설치기준

설치장소	유도등 및 유도표지의 종류
1. 공연장 · 집회장(종교집회장 포함) · 관람장 · 운동시설	대형피난구유도등 통로유도등 객석유도등
2. 유흥주점영업시설(무대가 설치된 카바레 · 나이트클럽)	
3. 위락시설 · 판매시설 · 운수시설 · 관광숙박시설 의료시설 · 장례식장 · 방송통신시설 · 전시장 지하상가 · 지하철역사	대형피난유도등 통로유도등
4. 숙박시설(제3호 관광숙박업 외) · 오피스텔	중형피난구유도등 통로유도등
5. 제1호부터 3호 까지 외의 건축물로써 지하층 · 무창층 또는 층수가 11층 이상인 특정 소방대상물	
6. 제1호부터 5호까지 외의 건축물로써 근린생활시설 노유자시설 · 업무시설 · 발전시설 · 종교시설 · 교육연구시설 · 수련시설 · 공장 · 창고시설 · 교정시설 · 군사시설기숙사 · 자동차정비공장 · 운전학원 및 정비학원 아파트 · 다중이용업소 · 복합건축물	소형피난유도등 통로유도등
7. 그 밖의 것	피난구유도표지 통로유도표지

※비고 1. 소방서장은 소방대상물의 위치 · 구조 및 설비의 상황을 판단하여 대형피난구 유도등을 설치하여야 할 장소에 중형피난구유도등 또는 소형피난구유도등, 중형피난구유도등을 설치하여야 할 장소에 소형피난구유도등을 설치하게 할 수 있다.
2. 복합건축물과 아파트의 경우 주택의 세대 내에는 유도등을 설치하지 아니할 수 있다.

2. 유도등 및 유도표지의 종류

소방대상물의 용도별로 설치하여야 할 유도등 및 유도표지는 〈표 8-1〉에 따라 적절한 종류의 것을 선택하여 설치하여야 하며 외형은 [그림 8-1]과 같다.

3. 유도등별 설치기준

(1) 피난구유도등

피난구유도등은 피난구로 사용되는 출입구 부근의 밝기를 확보할 수 있는 녹색유도등이며 소형 · 중형 · 대형이 있다. 글자표시는 '비상구', '비상계단', '계단'으로 표시되며, 화살표와 EXIT를 함께 표시할 수 있다. 피난구유도등의 설치기준은 다음과 같다.

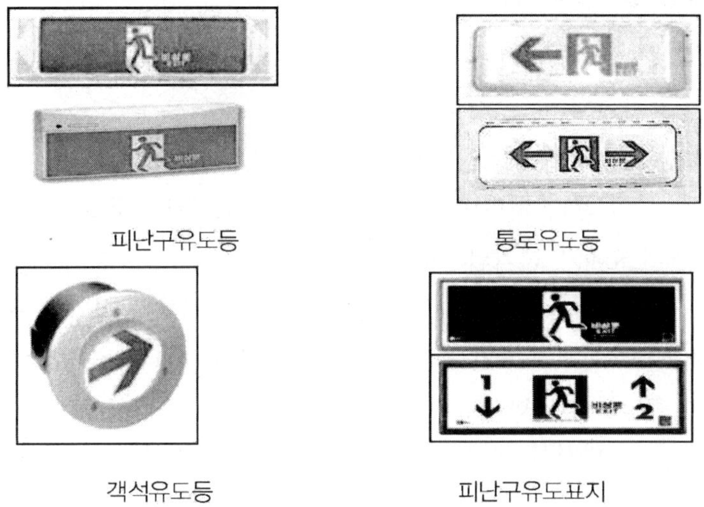

[그림 8-1] 유도등 및 유도표지

① 옥내로부터 직접 지상으로 통하는 출입구 및 그 부속실의 출입구

② 직통계단, 직통계단의 계단실 및 그 부속실의 출입구

③ 제①호 및 제②호의 규정에 따른 출입구에 이르는 복도 또는 통로로 통하는 출입구

④ 안전구획된 거실로 통하는 출입구

⑤ 피난구유도등은 피난구의 바닥으로부터 높이 1.5[m] 이상의 곳에 설치하여야 한다.

⑥ 조명도는 피난구로부터 30[m] 거리에서 문자 및 색채를 쉽게 식별할 수 있어야 한다.

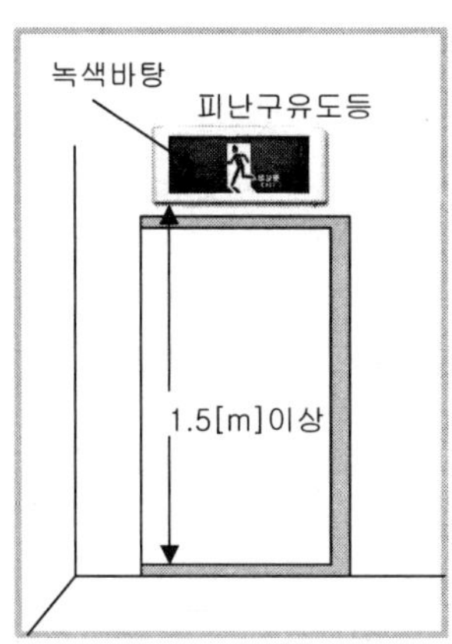

[그림 8-2] 피난구유도등 설치

피난구유도등 설치제외 장소

① 바닥면적이 1,000[m^2] 미만인 층으로서 옥내로부터 직접 지상으로 통하는 출입구(외부의 식별이 용이한 경우에 한한다)

② 거실 각 부분으로부터 쉽게 도달할 수 있는 출입구

③ 거실 각 부분으로부터 하나의 출입구에 이르는 보행거리가 20[m] 이하이고 비상조명등과 유도표지가 설치된 거실의 출입구

④ 출입구가 3 이상 있는 거실로서 그 거실 각 부분으로부터 하나의 출입구에 이르는 보행거리가 30[m] 이하인 경우에는 주된 출입구 2개소 외의 출입구(유도표지가 부착된 출입구를 말한다). 다만, 공연장·집회장·관람장·전시장·판매시설 및 운수시설·숙박시설·노유자시설·의료시설·장례식장의 경우에는 그러하지 아니한다.

(2) 통로유도등

통로유도등은 소방대상물의 각 거실로부터 지상에 이르는 복도 또는 계단의 통로에 피난할 수 있도록 조명하는 것을 목적으로 한다. 복도통로유도등은 복도, 거실통로유도등은 거실통로, 계단통로유도등은 계단 및 경사로에 설치하여야 한다.

1) 복도통로유도등의 설치

① 복도에 설치할 것

② 구부러진 모퉁이(교차점, 굴곡점) 및 보행거리 20[m]마다 설치할 것

③ 바닥으로부터 높이 1[m] 이하의 위치에 설치할 것. 다만, 지하층 또는 무창층의 용도가 도매시장·소매시장·여객자동차터미널·지하역사 또는 지하상가인 경우에는 복도·통로 중앙부분의 바닥에 설치한다.

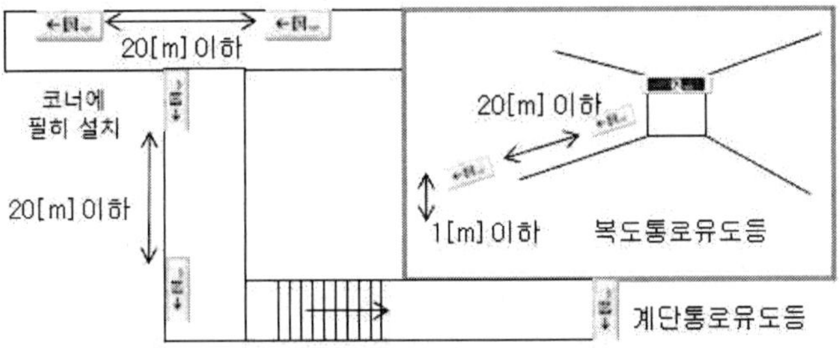

(a) 통로유도등

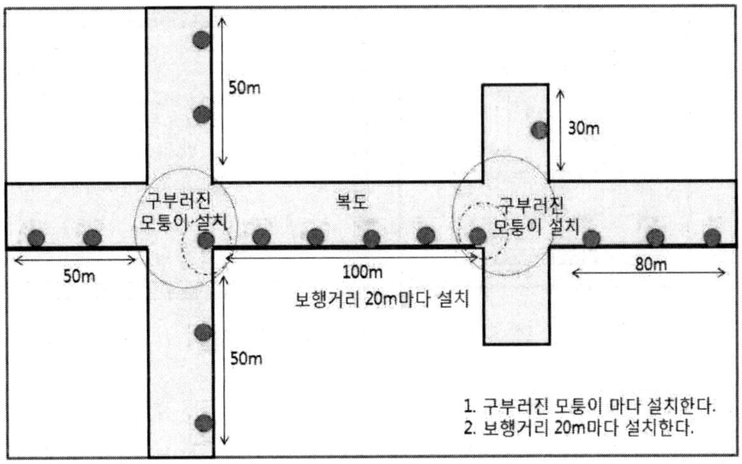

(b) 복도 통로유도등 배치

[그림 8-3] 통로유도등 설치

④ 바닥에 설치하는 통로유도등은 하중에 따라 파괴되지 아니하는 강도의 것으로 할 것

⑤ 조도는 통로유도등 아래에서 0.5[m] 떨어진 바닥면에서 1[lx] 이상이어야 한다.

$$\text{설치개수} = \frac{\text{굴곡이 없는 보행거리[m]}}{20} - 1$$

2) 거실통로유도등 설치

백화점 등과 같이 불특정 다수인이 모이는 거실·주차장 등 개방된 복도 또는 거실 내의 통로에 해당하는 부분에 설치하는 유도등으로 설치기준은 다음과 같다.

① 거실의 통로에 설치할 것. 다만, 거실의 통로가 벽체 등으로 구획된 경우에는 복도통로유도등을 설치하여야 한다.

② 구부러진 모퉁이 및 보행거리 20[m]마다 설치할 것

③ 바닥으로부터 높이 1.5[m] 이상의 위치에 설치할 것. 다만 거실통로에 기둥이 설치된 경우에는 기둥부분의 바닥으로부터 높이 1.5[m] 이하의 위치에 설치할 수 있다.

④ 실내 각 부분에서 상시 출입구를 식별할 수 없는 경우 설치한다.

⑤ 호텔·숙박업소 등의 대형건물에서 연회장·오락실 등에서 피난유도등이 설치되어 있는 출구까지의 보행거리가 20[m]를 넘는 경우 설치한다.

⑥ 조명도는 유도등 바로 밑에서 0.5[m] 떨어진 곳에서 1[lx] 이상이어야 한다.

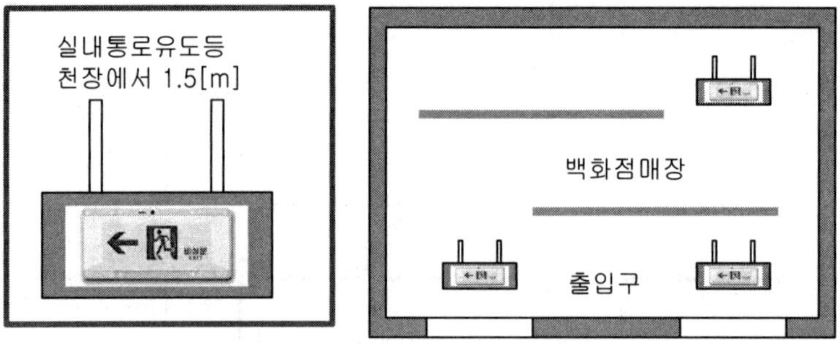

[그림 8-4] 거실 통로유도등 설치

3) 계단통로유도등 설치

① 각 층의 피난층으로 연결되는 경사로참 또는 계단참마다(1개층에 경사로참 또는 계단참이 둘 이상 있는 경우에는 2개의 계단참마다) 설치한다.

② 바닥으로부터 높이 1[m] 이하의 위치에 설치할 것

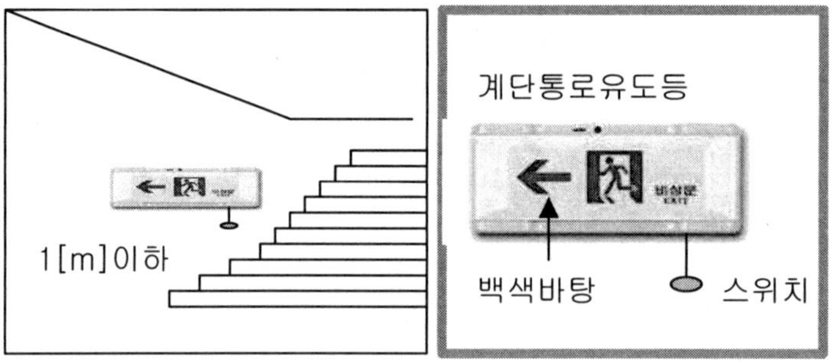

[그림 8-5] 계단통로유도등 설치

기타 통로유도등 설치기준

① 통행에 지장이 없도록 설치할 것

② 주위에 이와 유사한 등화광고물 · 게시물 등을 설치하지 아니할 것

③ 조도는 통로유도등의 바로 밑의 바닥으로부터 수평으로 0.5[m] 떨어진 지점에서 측정하여 1[lx] 이상(바닥에 매설한 것에 있어서는 통로유도등의 직상부 1[m]의 높이에서 측정하여 1[lx] 이상)이어야 한다.

④ 통로유도등은 백색바탕에 녹색으로 피난방향을 표시한 등으로 하여야 한다. 다만, 계단에 설치하는 것에 있어서는 피난의 방향을 표시하지 아니할 수 있다.

⑤ 계단통로유도등은 백색바탕으로 하지 않고 필요한 조도를 얻기 위하여 광원을 노출시킬 수 있다.

⑥ 화재발생시 연기는 복도 천장부분에 체류하기 때문에 바닥에서 1[m] 이하 위치에 시설하여야 한다.

통로유도등 설치제외

① 구부러지지 아니한 복도 또는 통로로서 길이가 30[m] 미만인 복도 또는 통로

② 제①호에 해당하지 아니하는 복도 또는 통로로서 보행거리가 20[m] 미만이고, 그 복도 또는 통로와 연결된 출입구 또는 그 부속실의 출입구에 피난구유도등이 설치된 복도 또는 통로

(3) 객석유도등

객석유도등은 객석의 통로・바닥 또는 벽에 설치하는데 내부에 전원회로는 없으며 백열전구를 점등하게 되어 있고 비상전원에서 전원을 공급받는다.

① 객석 내의 통로가 경사로 또는 수평로로 되어 있는 부분에 있어서는 다음의 식에 따라 산출한 수(소수점 이하의 수는 1로 본다)의 유도등을 설치하고 그 조도는 통로・바닥의 중심선에서 측정하여 0.2[lx] 이상이어야 한다.

$$설치개수 = \frac{객석의\ 통로의\ 직선부분의\ 길이[m]}{4} - 1$$

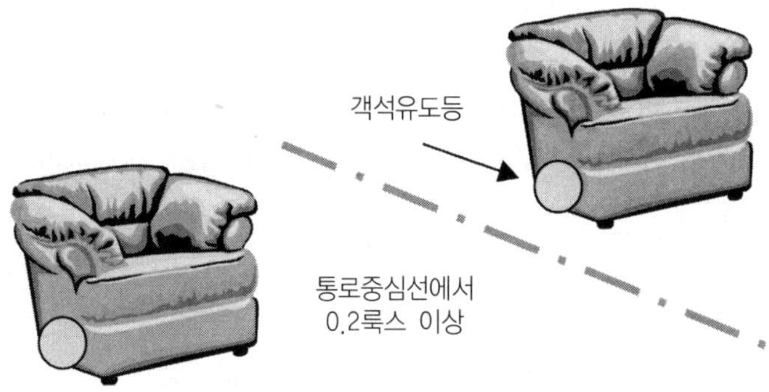

[그림 8-6] 객석유도등 설치

② 객석 내의 통로가 옥외 또는 이와 유사한 부분에 있는 경우에는 당해 통로 전체에 미칠 수 있는 수의 유도등을 설치하되, 그 조도는 통로바닥의 중심선 0.5[m]의 높

이에서 측정하여 0.2[lx] 이상이 되어야 한다.

객석유도등 설치제외

① 주간에만 사용하는 장소로서 채광이 충분한 객석
② 거실 등의 각 부분으로부터 하나의 거실 출입구에 이르는 보행거리가 20[m] 이하인 객석의 통로로서 그 통로에 통로유도등이 설치된 객석

4. 유도표지

유도표지는 피난할 수 있는 장소를 신속하게 유도하는 목적으로 전원이 없는 설비이며 다음 기준에 따라 설치한다.

① 계단에 설치하는 것을 제외하고는 각 층마다 복도 및 통로의 각 부분으로부터 하나의 유도표지까지의 보행거리가 15[m] 이하가 되는 곳과 구부러진 모퉁이의 벽에 설치할 것

$$설치개수 = \frac{굴곡이\ 없는\ 보행거리[m]}{15} - 1$$

② 피난구유도표지는 출입구 상단에 설치하고 통로유도표지는 바닥으로부터 높이 1[m] 이하의 위치에 설치할 것
③ 주위에는 이와 유사한 등화광고물 · 게시물 등을 설치하지 아니할 것
④ 유도표지는 부착판 등을 사용하여 쉽게 떨어지지 아니하도록 설치할 것
⑤ 축광방식의 유도표지는 외광 또는 조명장치에 의하여 상시조명이 제공되거나 비상조명 등에 의한 조명이 제공되도록 설치할 것
⑥ 피난방향을 표시하는 통로유도등을 설치한 부분에 있어서는 유도표지를 설치하지 아니할 수 있다.
⑦ 유도표지는 다음 각 호의 기준에 적합한 것이어야 한다.
㉮ 방사성물질을 사용하는 유도표지는 쉽게 파괴되지 아니하는 재질로 처리할 것
㉯ 축광유도표지는 200[Lx] 밝기의 광원으로 20분간 조사시킨 상태에서 다시 주위조도를 0[Lx]로 하여 20분간 발광후 직선거리 20[m] 떨어진 위치에서 보통시력

으로 유도표지가 있다는 것을 식별할 수 있는 것으로 하고 3[m] 거리에서 표시면의 문자 또는 화살표 등을 쉽게 식별하도록 할 것

㉰ 유도표지의 표시면은 쉽게 변형·변질 또는 변색되지 아니할 것

㉱ 유도표지의 표지면의 휘도는 주위 조도 0[lx]에서 60분간 발광 후 7[mcd/㎡] 이상으로 하고 3[m] 거리에서 표시면의 문자 또는 화살표 등을 쉽게 식별하루 있도록 할 것

⑧ 방사선 물질을 사용하는 위치표지는 쉽게 파괴되지 아니하는 재질로 처리 하여야 한다.

〈표 8-2〉 유도표지의 크기

종 류	가로의 길이[mm]	세로의 길이[mm]
피난구유도표지	360 이상	120 이상
복도통로유도표지	250 이상	85 이상

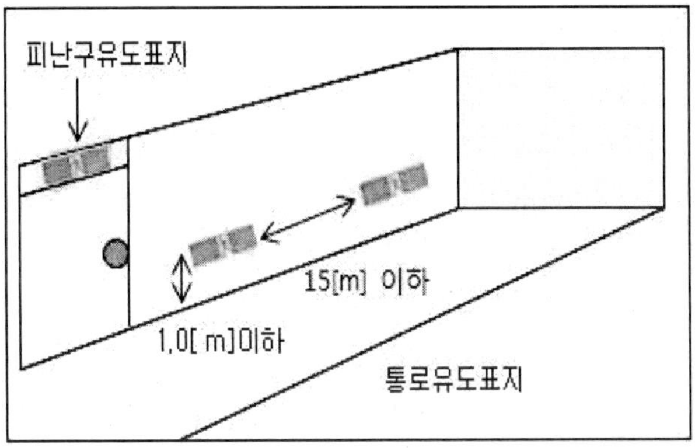

[그림 8-7] 유도표지 설치

유도표지 설치제외

① 유도등이 규정에 적합하게 설치된 출입구·복도·계단 및 통로
② 바닥면적이 1,000[m²] 미만인 층으로서 옥내로부터 직접 지상으로 통하는 출입구
③ 거실 각 부분으로부터 쉽게 도달할 수 있는 출입구
④ 통로유도등 설치 제외 장소

5. 피난유도선

피난유도선은 소방대상물의 각 거실로부터 지상에 이르는 복도 또는 계단통로에 피난을 유도할 수 있도록 띠형태로 설치되는 피난유도시설이다. 피난유도시설은 실내조명이나 햇빛에 따라 축광방식과 전류를 공급하는 광원점등방식이 있다.

(1) 축광방식 피난유도선

① 구획된 각 실로부터 주출입구 또는 비상구까지 설치할 것
② 바닥으로부터 높이 50[cm] 이하의 위치 또는 바닥면에 설치할 것
③ 피난유도 표시부는 50[cm] 이내의 간격으로 연속되도록 설치할 것
④ 부착대에 의하여 견고하게 설치할 것
⑤ 외광 또는 조명장치에 의하여 상시조명이 제공되거나 비상조명등에 의한 조명이 제공되도록 설치할 것

(2) 광원점등방식 피난유도선

① 구획된 각 실로부터 주출입구 또는 비상구까지 설치할 것
② 피난유도 표시부는 바닥으로부터 높이 1[m] 이하의 위치 또는 바닥면에 설치할 것
③ 피난유도 표시부는 50[cm] 이내의 간격으로 연속되도록 설치하되 실내 장식물 등으로 설치가 곤란할 경우 1[m] 이내로 설치할 것
④ 수신기로부터 화재신호 및 수동조작에 의하여 광원이 점등되도록 설치할 것
⑤ 비상전원이 상시 충전상태를 유지하도록 설치할 것
⑥ 바닥에 설치되는 피난유도 표시부는 매립하는 방식을 사용할 것
⑦ 피난유도 제어부는 조작 및 관리가 용이하도록 바닥으로부터 0.8[m] 이상 1.5[m] 이하의 높이에 설치할 것

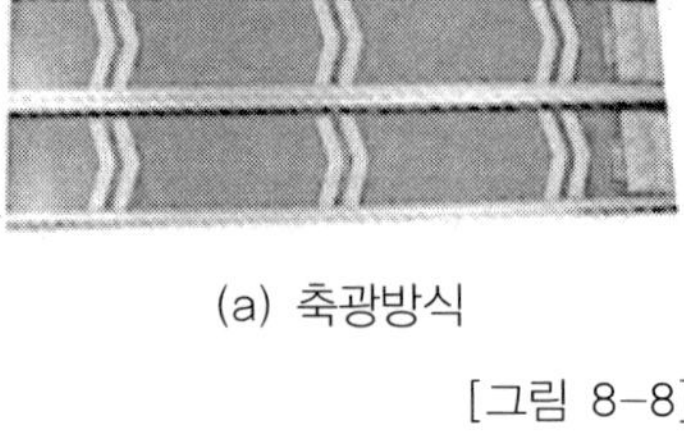
(a) 축광방식

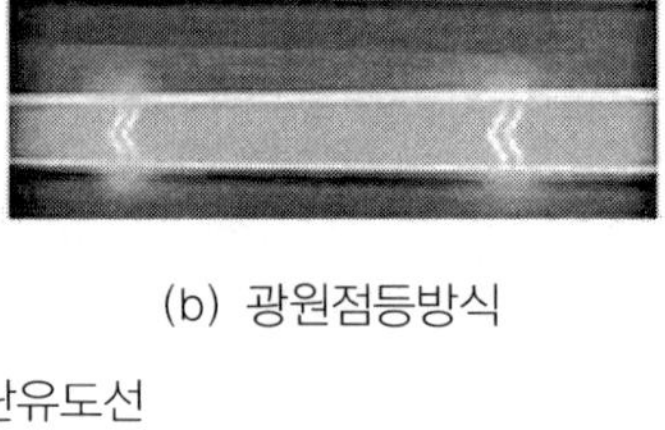
(b) 광원점등방식

[그림 8-8] 피난유도선

피난안전구역에 설치하는 피난유도선은 다음 기준에 따라 설치하여야 한다.

① 피난안전구역이 설치된 층의 계단실 출입구에는 피난안전구역 주출입구 또는 비상구까지 설치할 것
② 계단실에 설치하는 경우 계단 및 계단참에 설치할 것
③ 피난유도 표시부의 너비는 최소 25[mm] 이상으로 설치할 것
④ 광원점등방식으로 설치하되 60분 이상 유효하게 작동할 것

바닥면적이 150[m^2] 이상인 지하층 또는 무창층의 작업현장에서는 광원점등방식의 간이 피난유도선을 공사장의 출입구까지 설치하고 공사장 작업중에는 항시 점등되어야 한다. 설치위치는 바닥으로부터 1[m] 이하로 하며, 작업장의 어느 위치에서도 출입구로의 피난방향을 알 수 있는 표지를 해야 한다.

6. 특수유도등

(1) 시각경보기

화재발생시 경보장치로는 청각장애인들에게 화재 피난경보를 알릴 수 없기 때문에 시각으로 알려주는 경보장치가 시각경보기이다. 시각경보기는 청각장애자에게 화재경보를 알 수 있도록 강력한 섬광을 발하는 크세론 램프를 사용하여 초당 1회 이상 3회 이하로 점멸하여 수신기에서 동작신호를 받은 후 3초 이내에 경보를 발하여야 하며 정지신호를 받았을 경우에는 3초 이내 정지하여야 한다.

(2) 음향장치부 유도등

피난유도등 주변에 점멸식 유도등과 같이 스피커를 부착하여 “삐-삐-삐 비상구는 여기에 있습니다!”라는 경보음과 음성을 통보하여 피난통로를 알리는 설비이다. 큰 음향시 반향음에 의해 음의 방향을 분별하지 못하는 단점은 있지만, 피난구 주변에 설치하므로 음량을 조정하여 반향음을 최소화 할 수 있다.

(3) 광점멸 피난유도 시스템

매우 깊은 지하공간이나 대규모 건축물, 지하상가 등 건축물 바닥에 일정한 간격으로 녹색광원을 설치하여 화재시 피난방향을 향해 점멸하는 설비이다.

(4) 방전관유도등

연기 속에서는 가시거리는 거리 제곱에 반비례하므로 피난유도등의 가시거리는 짙은 농도에 의해 매우 낮아진다. 그러므로 형광등의 수백배 순간광속을 발생하는 크세논램프를 이용하여 화재시 초당 2회 정도 섬광을 발생하게 하여 연기 속에서도 피난방향을 유도할 수 있는 섬광램프이다.

(5) 허스 효과에 의한 음성피난 유도 시스템

여러 개의 스피커를 이용하여 시간차를 가지고 음성을 발함으로써 음성이 비상구로부터 들려오는 것처럼 느끼게 하여 피난로를 안내할 수 있는 설비이다.

7. 유도등 비상전원 기준

유도등의 전원은 축전지, 전기저장장치 또는 교류전압의 옥내간선으로 하고 전원까지의 배선은 전용으로 하여야 한다. 또한 비상전원은 다음 기준에 적합하게 설치한다.

① 축전지로 할 것
② 유도등을 20분 이상 유효하게 작동시킬 수 있는 용량으로 할 것. 다만, 다음 소방대상물의 경우에는 그 부분에서 피난층에 이르는 부분의 유도등을 60분 이상 유효하게 작동시킬 수 있는 용량으로 하여야 한다.
㉮ 지하층을 제외한 층수가 11층 이상의 층
㉯ 지하층 또는 무창층으로서 용도가 도매시장 · 소매시장 · 여객자동차터미널 · 지하역사 또는 지하상가

8. 유도등 배선

① 유도등의 인입선과 옥내배선은 직접 연결하여야 한다.
② 유도등은 전기회로에 점멸기를 설치하지 아니하고 항상 점등상태를 유지할 것. 다만, 소방대상물 또는 그 부분에 사람이 없거나 다음 장소로서 3선식 배선에 따라 상시 충전되는 구조인 경우에는 그러하지 아니한다.
㉮ 외부광(光)에 따라 피난구 또는 피난방향을 쉽게 식별할 수 있는 장소

㉯ 공연장・암실(暗室) 등으로서 어두워야 할 필요가 있는 장소

㉰ 소방대상물의 관계인 또는 종사원이 주로 사용하는 장소

③ 3선식 배선에 따라 전기회로에 점멸기를 설치하는 경우에는 다음에 해당되는 때에 점등되도록 하여야 한다.

㉮ 자동화재탐지설비의 감지기 또는 발신기가 작동되는 때

㉯ 비상경보설비의 발신기가 작동되는 때

㉰ 상용전원이 정전되거나 전원선이 단선되는 때

㉱ 방재업무를 통제하는 곳 또는 전기실의 배전반에서 수동으로 점등하는 때

㉲ 자동소화설비가 작동되는 때

④ 유도등의 인출선의 길이는 전선 인출부분으로부터 150[mm] 이상이어야 한다.

⑤ 전선의 굵기는 인출선인 경우에는 단면적 0.75[mm^2] 이상이고, 인출선 이외의 경우에는 단면적0.5[mm^2] 이상이어야 한다.

㉮ 2선식 유도등 배선 : 2선식 유도등은 유도등에 2선이 인입되는 방식으로 형광등과 축전지에 동시에 전원이 공급된다. 그러므로 평상시에도 형광등이 점등되어 있다.

㉯ 3선식 유도등 배선 : 3선식 유도등은 형광등에 공급되는 전원의 선로와 축전지에 공급되는 전원의 분리하여 구성하는 방식으로 평상시에는 형광등에는 전원이 공급되고 있지 않고 일정한 경우에만 전원의 공급되는 방식으로 되어 있다. 그래서 3선식 유도등은 평상시에는 점등되어 있지 않는다.

〈표 8-3〉 2선식 배선과 3선식 배선

2선식 배선	3선식 배선
① 소등하면 예비전원으로 자동충전이 안 되므로 유도등으로의 기능을 상실한다. ② 정전이 되어 교류전압에 의한 전원공급이 안 되면 20분 이상 점등된 후 꺼진다.	① 점멸기에 의해 소등하면 유도등은 꺼지나 예비전원에 충전은 계속되고 있는 상태가 됨 ② 정전 또는 단선이 되어 교류전압에 의한 전원공급이 안 되면 자동적으로 예비전원으로 절환되어 20분 이상 점등됨

⑥ 유도등의 교류입력측과 외함 사이, 절연된 교류입력측과 충전부 사이 및 절연된 충전부와 외함 사이의 각 절연저항은 DC 500[V]의 절연저항계로 측정한 값이 5[MΩ] 이상이어야 한다.

⑦ 유도등의 자동절환장치는 정격전압의 80[%] 이하인 범위에서 동작하여야 한다.

⑧ 유도등은 정격사용 전압에서 10,000회 동작을 반복하는 경우 구조 및 기능에 이상이 없어야 한다.

⑨ 사용전압은 2[V] 이상 300[V] 이하이어야 한다.

⑩ 축전지 배선 등은 직접 납땜하지 아니하여야 한다.

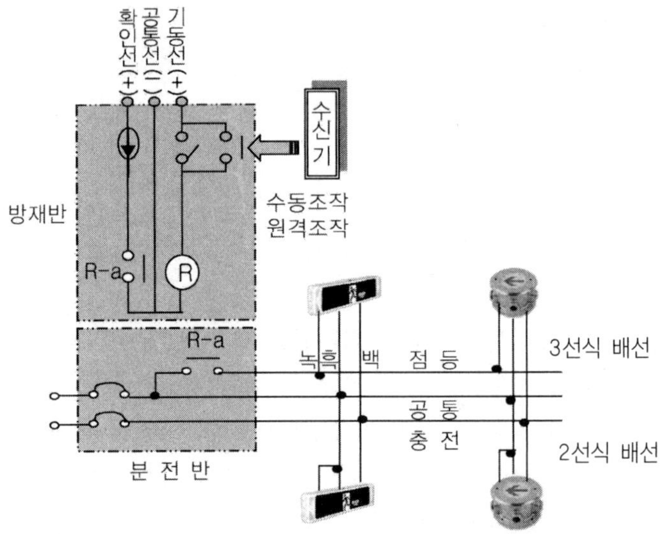

[그림 8-9] 유도등 2선식 배선과 3선식 배선

9. 작동 점검방법

(1) 유도등이 점등이 안 되었을 때

① 2선식에서는 형광등이나 배선에 이상이 있다.

② 3선식에는 정상이다. 그러나 수동으로 작동시켰을 경우에는 점등되어야 한다.

(2) 자동복귀형 점멸기를 작동시켰을 때

2선식·3선식 모두 점등되어야 한다. 점등되지 않으면 이상이 있는 것이다.

(3) 축전지감시등이 점등되어 있을 때

소등되어 있어야 정상인데 점등이 되었다면

① 축전지의 접촉불량

② 비상전원용 퓨즈의 단선

③ 축전지의 불량

④ 축전지의 미설치

등에 이상이 있다.

10. 유도등과 수신기와의 연결

[그림 8-10]은 수신기와 유도등과의 연동동작 회로이다.

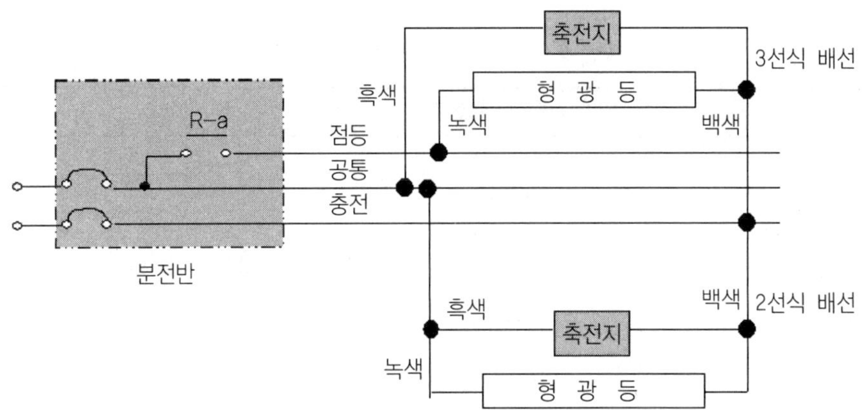

[그림 8-10] 수신기와 유도등간의 연동동작

11. 유도등 외함구조

① 피난구유도등 및 거실통로유도등의 외함재질은 소형 0.5[mm] 이상, 중형 0.7[mm] 이상, 대형은 1.0[mm] 이상, 복도통로유도등은 소・중형 0.5[mm] 이상, 대형은 0.7[mm] 이상, 계단통로유도등은 0.7[mm] 이상, 객석유도등은 1.0[mm] 이상의 방청가공된 금속판 또는 고내식성 재질(스테인리스)을 사용한다.

② 난연재료 또는 방염성능이 있는 두께 3[mm] 이상의 합성수지로서 80[℃] 온도에서 열로 인한 변형이 생기지 않아야 하며, 자기소화성이 있을 것

③ 피난구유도등・통로유도등의 표시면과 조사면의 재질 및 두께는 소형 1[mm], 중형 2[mm], 대형 3[mm] 이상의 난연재료 또는 방염성능이 있는 합성수지이거나 이와 동등 이상의 것을 사용하여야 한다.

④ 외함의 표시면은 쉽게 분해할 수 있는 구조이고 축전지 등 내부부품을 쉽게 교환・보수・점검할 수 있도록 조립된 구조이어야 한다. 다만, 방수형・방폭형의 것은 그러하지 않다.

⑤ 두께 3[mm] 이상의 내열성 강화유리를 사용할 것

12. 광원의 크기와 조도

(1) 광원의 크기

유도등에 사용되는 광원의 크기와 점등수량은 〈표 8-4〉와 같다.

〈표 8-4〉 유도등 광원의 크기

유도등의 종류		광원의 크기	점등수량
피난구유도등 거실통로유도등	소형	6[W] 또는 10[W] 이상	일반조명용 형광램프
	중형	20[W] 이상	
	대형	40[W] 이상	
복도통로유도등	소형	6[W] 이상	
	중형	10[W] 이상	
	대형	20[W] 이상	
계단통로유도등		6[W] 이상	일반조명용 형광램프, 일반조명용 백열전구
객석유도등		현장여건에 따라 설치	일반조명용 형광램프 면광원, 자동차용전구, 발광 다이오드

(2) 광원의 밝기

유도등 광원의 밝기는 〈표 8-5〉의 규정의 밝기를 유지하여야 한다.

〈표 8-5〉 광원의 밝기

유도등의 구분		사용전원	100[cm^2]당 밝기[lm]
피난구유도등 거실통로유도등	표시면이 1개 이상인 것	상용전원 비상전원	60 이상 12 이상
	표시면이 1개 이상인 것	상용전원 비상전원	30 이상 6 이상
복도통로유도등		상용전원 비상전원	40 이상 8 이상

(3) 조사면 글자크기

표시면의 글자크기는 피난구유도등은 25[cm^2] 이상(함께 표시하는 글자의 크기는 6.25[cm^2] 이상), 거실통로유도등은 9[cm^2] 이상, 복도통로유도등은 6.25[cm^2] 이상이어야 한다.

또한 조사면의 돌출치는 소형은 10～60[mm], 중형은 20～80[mm], 대형은 30～100[mm]이다.

13. 퍼킨제 현상

빛은 0.38～0.78[㎛]의 파장을 가진 전자파로 가시광선을 말한다. 가시광선 중 빨간색은 빛의 파장이 0.78[㎛]이고 보라색은 0.38[㎛]로 빨간색보다 보라색이 파장이 짧다.

우리 눈의 망막신경에는 추상체와 간상체가 있는데 추상체는 색체를 느끼고 간상체는 명암을 느낀다. 그러므로 밝은 곳에서는 추상체가 반응하고 어두운 곳에서는 간상체가 반응한다.

퍼킨제 현상은 빛이 약할 경우에 우리의 눈은 장파장보다 단파장의 빛에 민감해지는 현상으로 청녹색을 가장 밝게 느낀다. 국내에서는 퍼킨제 현상을 이용하여 유도등에 녹색을 사용하여 피난구 위치를 표시한다.

14. 용어의 정의

① '유도등'이라 함은 화재시에 피난을 유도하기 위한 등으로서 정상상태에서는 상용전원에 따라 켜지고, 상용전원이 정전되는 경우에는 비상전원으로 자동전환되어 켜지는 등을 말한다.

② '피난구유도등'이라 함은 피난구 또는 피난경로로 사용되는 출입구를 표시하여 피난을 유도하는 등을 말한다.

③ '통로유도등'이라 함은 피난통로를 안내하기 위한 유도등으로 복도통로유도등, 거실통로유도등, 계단통로유도등을 말한다.

④ '복도통로유도등'이라 함은 피난통로가 되는 복도에 설치하는 통로유도등으로서 피난구의 방향을 명시하는 것을 말한다.

⑤ '거실통로유도등'이라 함은 거주 · 집무 · 작업 · 집회 · 오락, 그밖에 이와 유사한 목적을 위하여 계속적으로 사용하는 거실 · 주차장 등 개방된 통로에 설치하는 유도등으로 피난의 방향을 명시하는 것을 말한다.

⑥ '계단통로유도등'이라 함은 피난통로가 되는 계단이나 경사로에 설치하는 통로유도등으로 바닥면 및 디딤 바닥면을 비추는 것을 말한다.

⑦ '객석유도등'이라 함은 객석의 통로 · 바닥 또는 벽에 설치하는 유도등을 말한다.

⑧ '피난구유도표지'라 함은 피난구 또는 피난경로로 사용되는 출입구를 표시하여 피난을 유도하는 표지를 말한다.

⑨ '통로유도표지'라 함은 피난통로가 되는 복도 · 계단 등에 설치하는 것으로서 피난구의 방향을 표시하는 유도표지를 말한다.

⑩ '피난유도선'이라 함은 햇빛이나 전등불에 따라 축광(이하 '축광방식'이라 한다)하거나 전류에 따라 빛을 발하는 (이하 '광원점등방식') 유도체로서 어두운 상태에서 피난을 유도할 수 있도록 띠 형태로 설치되는 피난유도시설을 말한다.

제9장 비상조명등

비상조명등이란 화재시 정전이 발생된 경우에도 원할한 피난활동을 할 수 있도록 거실이나 피난통로에 설치하여 최소시간 동안 시야를 확보하기 위한 조명장치이다. 정상상태에서는 상용전원에 의해 점등되나 상용전원 차단시 자동으로 예비전원으로 절환되어 바닥면의 조도를 1[Lx] 이상으로 20분 이상 조명을 확보할 수 있어야 한다.

1. 비상조명등 설치대상

① 지하층을 포함하는 층수가 5층 이상인 건축물로서 연면적 3,000[m^2] 이상인 것
② ①목에 해당하지 아니하는 특정소방대상물로서 그 지하층 또는 무창층의 바닥면적이 450[m^2] 이상인 경우에는 그 지하층 또는 무창층
③ 지하가 중 터널로서 그 길이가 500[m] 이상인 것

휴대용 비상조명등 설치기준은 다음과 같다.

① 숙박시설
② 수용인원 100인 이상의 지하역사 · 백화점 · 대형쇼핑센터 · 지하상가 · 영화상영관
③ 다중이용업소

비상조명등 설치제외

① 거실의 각 부분으로부터 하나의 출입구에 이르는 보행거리가 15[m] 이내인 부분
② 의원, 경기장, 공동주택, 의료시설, 학교의 거실
③ 지상 1층 또는 피난층으로서 복도 · 통로 또는 창문 등의 개구부를 통하여 피난이 용이한 경우 또는 숙박시설로써 복도에 비상조명등을 설치한 경우에는 휴대용비상조명등을 설치하지 아니한다.

④ 비상조명등의 설치면제 요건에서 '그 유도등의 유효범위 안의 부분'이라 함은 유도등의 조도가 바닥에서 1[Lx] 이상이 되는 부분을 말한다.

2. 비상조명등의 종류

비상조명등은 사용전압이 AC110[V], 220[V] 이며, 사용전구 수에 따라 단구형과 쌍구형이 있다.

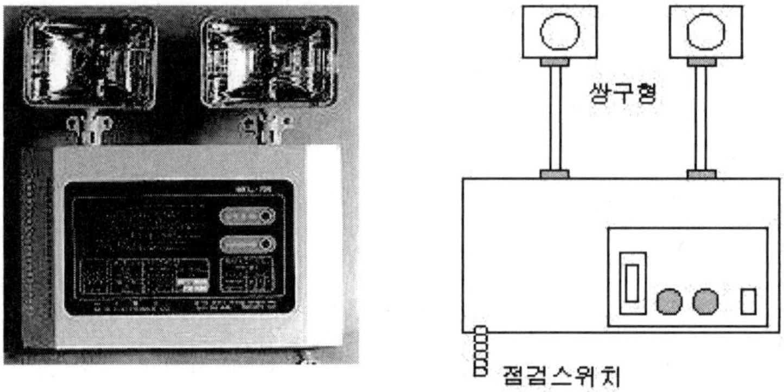

[그림 9-1] 쌍구형 비상조명등

① 전용형 : 비상시에 점등하는 비상용 광원만 내장되어 있는 비상조명이다.
② 겸용형 : 상용 광원과 비상용 광원을 겸하여 사용하는 비상조명등이다.
③ 방폭형 : 폭발성 가스가 폭발하였을 때 압력에 견디거나 인화될 우려가 없도록 만들어진 비상조명등이다.
④ 방수형 : 방수구조로 된 비상조명등이다.

3. 비상조명등 설치기준

① 소방대상물의 각 거실과 지상에 이르는 복도・계단 및 그밖의 통로에 설치할 것
② 조도는 비상조명등이 설치된 장소의 각 부분의 바닥에서 1[Lx](지하상가, 도로터널은 10[Lx]) 이상이 되도록 할 것
③ 예비전원을 내장하는 비상조명등에는 평상시 점등여부를 확인할 수 있는 점검스위치를 설치하고, 당해 조명등을 유효하게 작동시킬 수 있는 용량의 축전지와 예

비전원 충전장치를 내장할 것

④ 예비전원을 내장하지 아니하는 비상조명등의 비상전원은 자가발전설비, 축전지설비 또는 전기저장장치를 설치하여야 한다.

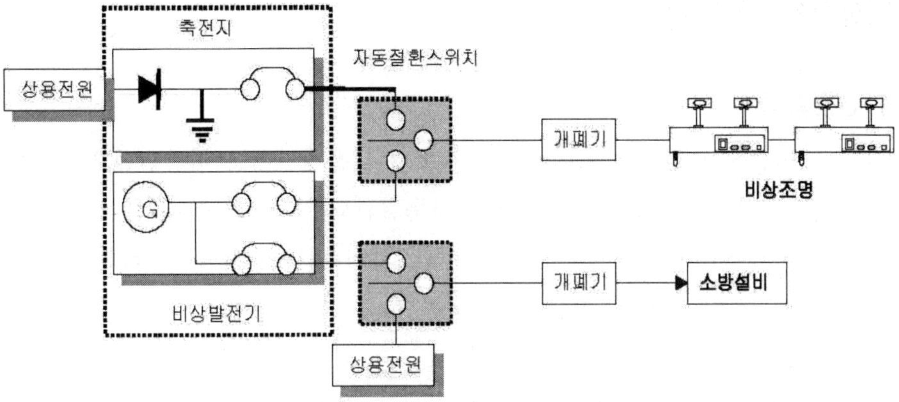

[그림 9-2] 비싱조명등 진원계동

4. 휴대용 비상조명등 설치기준

① 숙박시설 또는 다중이용업소에는 객실 또는 영업장 안의 구획된 실마다 잘 보이는 곳(외부에 설치시 출입문 손잡이로부터 1[m] 이내 부분)에 1개 이상 설치

② 대규모 점포(백화점 · 쇼핑센터 · 대형점 등) 및 영화상영관에는 보행거리 50[m] 이내마다 3개 이상 설치

③ 지하상가 및 지하역사에는 보행거리 25[m] 이내마다 3개 이상 설치

④ 설치높이는 바닥으로부터 0.8[m]～1.5[m] 이하의 높이에 설치할 것

⑤ 어둠 속에서 위치를 확인할 수 있도록 할 것

⑥ 사용시 자동으로 점등되는 구조일 것

⑦ 외함은 난연 성능이 있을 것

⑧ 건전지를 사용하는 경우에는 방전방지 조치를 하여야 하고, 충전식 배터리의 경우에는 상시 충전되도록 할 것

⑨ 건전지 및 충전식 배터리의 용량은 20분 이상 유효하게 사용할 수 있는 것으로 할 것(고층 건축물 피난안전구역에 설치하는 경우에는 40분 이상, 50층 이상에 설치하는 경우에는 60분 이상으로 한다.)

⑩ 고층건축물 피난안전구역에 설치하는 경우에는 피난구역 위층의 재실자 수의 10분의 1 이상의 휴대용 비상조명등을 설치하여야 한다.

5. 비상전원 확보기준

(1) 전원확보

① 비상조명등에 사용하는 전원은 정전시에는 상용전원에서 비상전원으로, 정전복귀시에는 비상전원에서 상용전원으로 자동절환되는 구조이어야 한다.
② 상용전원에 의하여 켜지는 광원을 원격조작에 의하여 차단하더라도 축전지는 상용전원에 의하여 자동충전할 수 있도록 하고, 상용전원이 정전되는 경우에는 즉시 비상전원에 의하여 켜져야 한다.
③ 비상전원의 상태를 감시할 수 있는 장치가 있어야 한다.

(2) 예비전원

① 비상전원등의 주전원으로 사용하여서는 안 된다.
② 인출선은 적당한 색깔에 의하여 쉽게 구분할 수 있어야 한다.
③ 먼지·수분 등에 의해 성능에 지장이 생길 우려가 있는 부분은 적당한 보호커버를 하여야 한다.
④ 비상조명등의 예비전원은 원통밀폐형 Ni-Cd 축전지로 그 용량은 방전 개시한 후 20분 이상 점등되는 용량(20분 방전 직후 셀당 1.1[V] 이상 용량)이어야 한다. 이 경우 부하는 비상조명등으로 한다.
⑤ 전기적 기구에 의한 자동 충전장치 및 자동 과충전 방지장치를 설치하여야 한다. 다만, 과충전상태가 되어도 성능 또는 구조에 이상이 생기지 아니하는 축전지를 설치한 경우에는 자동 과충전 방지장치를 설치하지 아니할 수 있다.
⑥ 예비전원을 병렬로 접속하는 경우는 역충전 방지장치 등의 조치를 하여야 한다.
⑦ 축전지를 직렬 또는 병렬로 사용하는 경우에는 용량(전압, 전류)이 균일한 축전지를 사용해야 한다.
⑧ 원통밀폐형 Ni-Cd 축전지의 충전시험 및 방전시험은 완전방전상태를 기동하여 시작한다. 이 경우 완전방전이라 함은 셀당 0.6[V] 이하가 되도록 방전시킨 것을 말한다.

⑨ 원통밀폐형 Ni-Cd 축전지의 주위온도 충·방전 시험은 완전방전상태의 축전지를 상온에서 정격전압 및 1/20C의 전류로 48시간 충전한 후 1C의 전류로 방전하는 시험을 실시하는 경우 48분 이상 지속 방전되어야 하며, 축전지에 이상이 생기지 않아야 한다.

⑩ 원통밀폐형 Ni-Cd 축전지의 주위온도 충방전 시험은 완전방전상태의 축전지를 주위온도 섭씨 영하 10±2[℃] 및 섭씨 50±2[℃]의 조건에서 1/20C의 전류로 96시간 충전한 다음 1C로 방전하는 충방전을 3회 반복하는 경우 방전 정지전압(정격용량/1.414[V])이 되는 시간이 20분 이상이어야 하며. 외관이 부풀어 오르거나 누액이 생기지 않아야 한다.

⑪ 예비전원의 안전장치 시험은 1/5C 이상 1C 이하의 전류로 역충전하는 경우 5분 이내에 안전장치가 동작하여야 하며, 외관이 부풀어 오르거나 누액이 생기지 않아야 한다.

⑫ 비상조명등은 비상점등을 위하여 비상전원으로 점등하는 경우, 비상점등 회로로 정격전류의 1.2배 이상의 전류가 흐르거나 램프가 없는 경우에는 3초 이내에 비상전원을 차단하여야 한다.

(3) 비상전원 설치기준

① 점검에 편리하고 화재 및 침수 등의 재해로 인한 피해를 받을 우려가 없는 곳에 설치할 것

② 상용전원으로부터 전력의 공급이 중단된 때에는 자동으로 비상전원으로부터 전력을 공급받을 수 있도록 할 것

③ 비상전원의 설치장소는 다른 장소와 방화구획 할 것. 이 경우 그 장소에는 비상전원의 공급에 필요한 기구나 설비 외의 것(열병합 발전설비에 필요한 기구나 설비는 제외한다)을 두어서는 아니된다.

④ 비상전원을 실내에 설치하는 때에는 그 실내에 비상조명등을 설치할 것

⑤ 비상전원은 비상조명등을 20분 이상 유효하게 작동시킬 수 있는 용량으로 할 것. 다만, 다음 각 목의 소방대상물의 경우에는 그 부분에서 피난층에 이르는 부분의 비상조명등을 60분 이싱 유효하세 작동시킬 수 있는 용량으로 하여야 한다.

㉮ 지하층을 제외한 층수가 11층 이상의 층

㉯ 지하층 또는 무창층으로서 용도가 도매시장·소매시장·여객자동차터미널·지하역사 또는 지하상가·도로터널

6. 비상조명등 외함 및 재질

비상조명등의 외함 및 부품재질은 다음과 같이 구성되어야 한다.

① 두께 0.5[mm] 이상의 방청 가공된 금속판, 다만 20[W]용 형광램프를 내장하는 경우에는 두께 0.7[mm] 이상, 40[W]용 형광램프를 내장하는 경우에는 두께 1.0[mm] 이상의 방청 가공된 금속판을 사용한다.

② 난연재료 또는 방염 성능이 있는 두께 3[mm] 이상의 합성수지로서 80[℃] 온도에서 열로 인한 변형이 생기지 않아야 하며, 자기소화성이 있을 것

③ 비상조명등의 조사면의 재질 및 두께는 1[mm] 이상(다만 20[W] 형광램프 내장시는 2[mm] 이상, 40[W] 형광램프 내장시는 3[mm] 이상)의 난연재료 또는 방염 성능이 있는 합성수지이거나 이와 동등 이상의 것으로 쉽게 파손되거나 변형·변질 또는 변색되지 않아야 한다.

④ 절연저항, 반복시험 등은 유도등 시험과 동일하다.

7. 용어의 정의

① '비상조명등'이라 함은 화재발생 등에 따른 정전시에 안전하고 원활한 피난활동을 할 수 있도록 거실 및 피난통로 등에 설치되어 자동점등되는 조명등을 말한다.

② '휴대용 비상조명등'이라 함은 화재발생 등으로 정전시 안전하고 원활한 피난을 위하여 피난자가 휴대할 수 있는 조명등을 말한다.

제Ⅲ편

소화활동설비

화재발생시 소화활동을 위한 고정설비로 비상콘센트설비, 무선통신설비, 옥내소화전설비, 옥외소화전설비, 제연설비가 있다. 그 이외 소화활동설비로는 스프링클러, 물분무소화설비, 포소화설비, 이산화탄소소화설비, 할로겐소화설비, 분말소화설비 등이 있다.

제10장 비상콘센트설비

건물 내에 설치된 일반 전력배선은 화재에 대한 피해대책이 충분하지 않아 화재시 연소되어 전력공급이 차단될 우려가 많다. 전력공급 차단시 소방대의 소화활동장비에 전원을 공급하기 위해서는 소방용 발전차를 사용해야 하는데 고층건물이나 지하층은 소방발전차로 전원을 공급하기가 불가능하다.

그러므로 일정 규모 이상의 건물에 화재발생시 소화활동에 필요한 비상조명이나 비상동력전원을 전용으로 공급받을 수 있는 설비를 설치하도록 하고 있는데 이를 비상콘센트라고 한다.

이 설비는 일반전원이 차단되어도 비상콘센트에 전원이 확보될 수 있도록 전원에서 비상콘센트까지는 전용배선으로 하고 전선은 내화배선과 내열배선으로 설치한다.

1. 비상콘센트 설치대상

① 층수가 11층 이상인 경우에는 11층 이상의 층

② 지하층의 층수가 3개층 이상이고 지하층의 바닥면적의 합계가 1,000[㎡] 이상인 것은 지하층의 전층

③ 지하가 중 터널로서 길이가 500[m] 이상인 것

2. 비상콘센트 구성

비상콘센트설비는 비상전원 · 전용배선(내화배선) · 콘센트 · 보호함 · 분기개폐기 · 표시등으로 구성되어 있다.

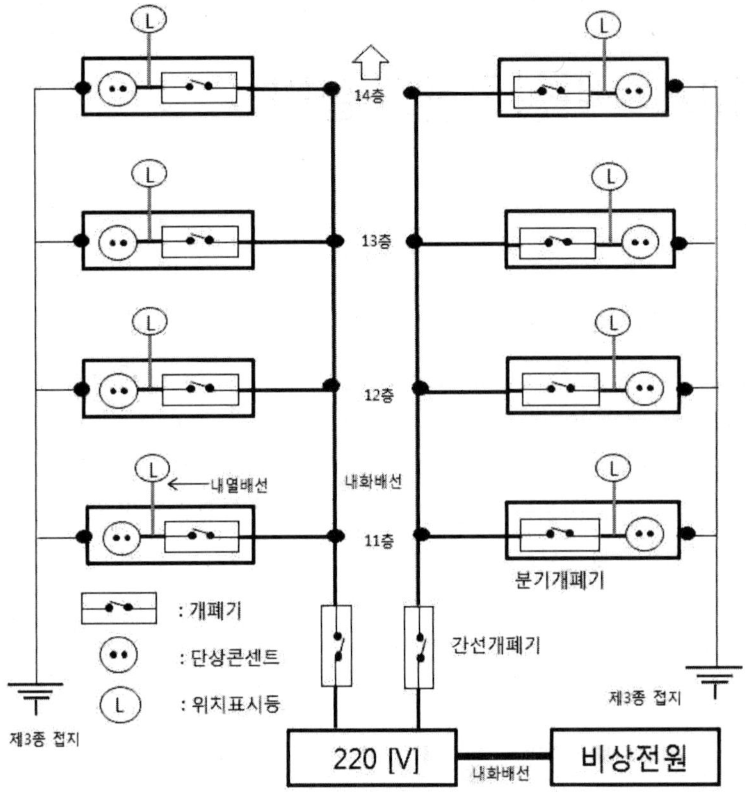

[그림 10-1] 비상콘센트 구성

3. 비상콘센트 전원구성

① 상용전원 회로의 배선은 저압수전인 경우에는 인입개폐기의 직후에서, 특별고압수전 또는 고압수전인 경우에는 전력용변압기 2차측의 주차단기 1차측 또는 2차측에서 분기하여 전용배선으로 한다.

② 지하층을 제외한 층수가 7층 이상으로서 연면적이 2,000[㎡] 이상이거나 지하층의 바닥면적(차고 · 주차장 · 보일러실 · 기계실 또는 전기실의 바닥면적을 제외한다)의 합계가 3,000[㎡] 이상인 소방대상물의 비상콘센트설비에는 자가발전설비, 전기저장장치 또는 비상전원수전설비를 비상전원으로 설치할 것. 다만, 2 이상의 변전소에서 전력을 동시에 공급받을 수 있거나 하나의 변전소로부터 전력의 공급이 중단되는 때에는 자동으로 다른 변전소로부터 전력을 공급받을 수 있도록 상용전

원을 설치한 경우에는 비상전원을 설치하지 아니할 수 있다.

③ 제②호의 규정에 따른 비상전원 중 자가발전설비는 다음기준에 따라 설치한다.

㉮ 점검에 편리하고 화재 및 침수 등의 재해로 인한 피해를 받을 우려가 없는 곳에 설치할 것

㉯ 비상콘센트설비를 유효하게 20분 이상 작동시킬 수 있는 용량으로 할 것

㉰ 상용전원으로부터 전력공급이 중단된 때에는 자동으로 비상전원으로부터 전력을 공급받을 수 있도록 할 것

㉱ 비상전원의 설치장소는 다른 장소와 방화 구획할 것. 이 경우 그 장소에는 비상전원의 공급에 필요한 기구나 설비 외의 것(열병합 발전설비에 필요한 기구나 설비는 제외한다)을 두어서는 아니된다.

㉲ 비상전원을 실내에 설치하는 때에는 그 실내에 비상조명등을 설치할 것

④ 비상전원 수전설비는 소방시설용 비상전원 수전설비의 화재안전기준(NFSC 602)에 따라 설치할 것

4. 비상콘센트 전원회로

① 비상콘센트설비의 전원회로는 단상교류 220[V]인 것으로서 그 공급용량은 1.5[kVA] 이상인 것으로 할 것

② 전원회로는 각 층에 있어서 2 이상이 되도록 설치할 것. 다만, 설치하여야 할 층의 비상콘센트가 1개인 때에는 하나의 회로로 할 수 있다.

③ 전원회로는 주배전반에서 전용회로로 할 것

④ 전원으로부터 각 층의 비상콘센트에 분기되는 경우에는 분기배선용 차단기를 보호함 안에 설치할 것

⑤ 콘센트마다 배선용 차단기를 설치하여야 하며 충전부가 노출되지 아니하도록 할 것

⑥ 개폐기에는 '비상콘센트'라고 표시한 표지를 할 것

⑦ '비상콘센트용'의 풀박스 등은 방청도장을 한 것으로서 두께 1.6[mm] 이상의 철판으로 할 것

⑧ 하나의 전용회로에 설치하는 비상콘센트는 10개 이하로 할 것. 이 경우 전선의 용량은 각 비상콘센트(비상콘센트가 3개 이상인 경우에는 3개)의 공급용량을 합한 용량 이상의 것으로 하여야 한다.

⑨ 비상콘센트의 플러그 접속기는 접지형 2극 플러그 접속기를 사용하여야 한다.

⑩ 비상콘센트의 플러그 접속기의 칼받이의 접지극에는 접지공사를 하여야 한다.

⑪ 비상콘센트는 다음 기준에 따라 설치하여야 한다.

㉮ 바닥으로부터 높이 0.8～1.5[m] 이하의 위치에 설치할 것

㉯ 비상콘센트의 배치는 아파트 또는 바닥면적이 1,000[m^2] 미만인 층에 있어서는 계단의 출입구(계단의 부속실을 포함하며, 계단이 2 이상 있는 경우에는 그 중 1개의 계단을 말한다)로부터 5[m] 이내에, 바닥면적 1,000[m^2] 이상인 층(아파트를 제외한다)에 있어서는 각 계단의 출입구 또는 계단부속실의 출입구(계단의 부속실을 포함하며 계단이 3 이상 있는 층의 경우에는 그 중 2개의 계단을 말한다)로부터 5[m] 이내에 설치하되 그 비상콘센트로부터 그 층의 각 부분까지의 거리가 다음 각 목의 기준을 초과하는 경우에는 그 기준 이하가 되도록 비상콘센트를 추가하여 설치할 것

㉠ 지하상가 또는 지하층의 바닥면적의 합계가 3,000[m^2] 이상인 것은 수평거리 25[m] 이내

㉡ ㉠목에 해당하지 아니하는 것은 수평거리 50[m] 이내

㉢ 도로터널의 경우 주행차로의 우측 측벽에 50[m] 간격으로 0.8[m] 이상 1.5[m] 이하의 높이에 설치할 것

⑫ 비상콘센트설비의 전원부와 외함 사이의 절연저항 및 절연내력은 다음 기준에 적합하여야 한다.

㉮ 절연저항은 전원부와 외함 사이를 500[V] 절연저항계로 측정할 때 20[MΩ] 이상일 것

㉯ 절연내력은 전원부와 외함 사이에 정격전압이 150[V] 이하인 경우에는 1,000[V]의 실효전압을, 정격전압이 150[V] 이상인 경우에는 그 정격전압에 2를 곱하여 1,000을 더한 실효전압을 가하는 시험에서 1분 이상 견디는 것으로 할 것

⑬ 비상콘센트설비의 전원회로 배선은 내화배선으로 그 밖의 배선은 내화배선 또는 내열배선으로 한다.

〈표 10-1〉 비상콘센트 공급용량

구 분	사용전압	공급용량	플러그 접속기
단 상	220[V]	1.5[kVA]	접지형 2극

5. 비상콘센트 보호함 설치

① 보호함에는 쉽게 개폐할 수 있는 문을 설치할 것

② 보호함 표면에'비상콘센트'라고 표시한 표지를 할 것

③ 보호함 상부에 적색의 표시등을 설치할 것. 다만, 비상콘센트의 보호함을 옥내소화전함 등과 접속하여 설치하는 경우에는 옥내소화전함 등의 표시등과 겸용할 수 있다.

④ 대부분의 비상콘센트함은 지하층과 11층 이상 층의 계단 부근의 소화전함과 상단부에 내장되어 있다.

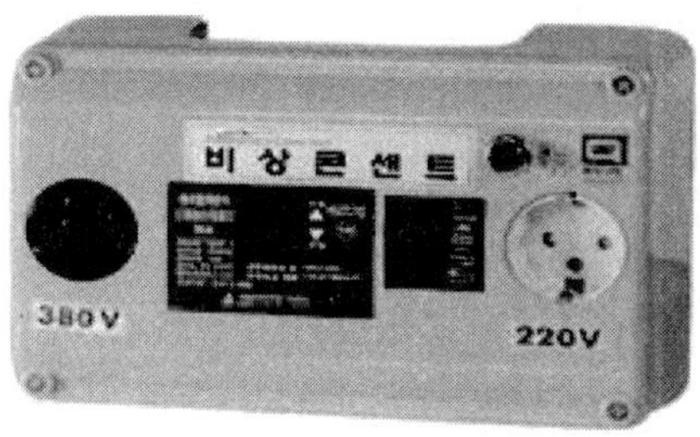

[그림 10-2] 비상콘센트 외함

6. 용어의 정의

① '인입개폐기'라 함은 전기설비기술기준 제190조의 규정에 따른 것을 말한다.

② '저압'이라 함은 직류는 750[V] 이하, 교류는 600[V] 이하인 것을 말한다.

③ '고압'이라 함은 직류는 750[V]를, 교류는 600[V]를 넘고 7,000[V] 이하인 것을 말한다.

④ '특별고압'이라 함은 7,000[V]를 넘는 것을 말한다.

제11장 무선통신보조설비

지하층이나 지하상가 등은 건축구조상 전파의 차폐로 반송특성이 저하되어 화재시 무선통신기기를 사용하여 지상의 소방대원과 교신할 경우 지상과 전파 전달이 어려워진다. 따라서 지하층과 지상과의 원할한 무선교신을 위하여 누설동축케이블이나 안테나를 설치하여 무선호출·방송수신·소방무선 등을 할 수 있도록 한 설비를 무선통신보조설비라 한다.

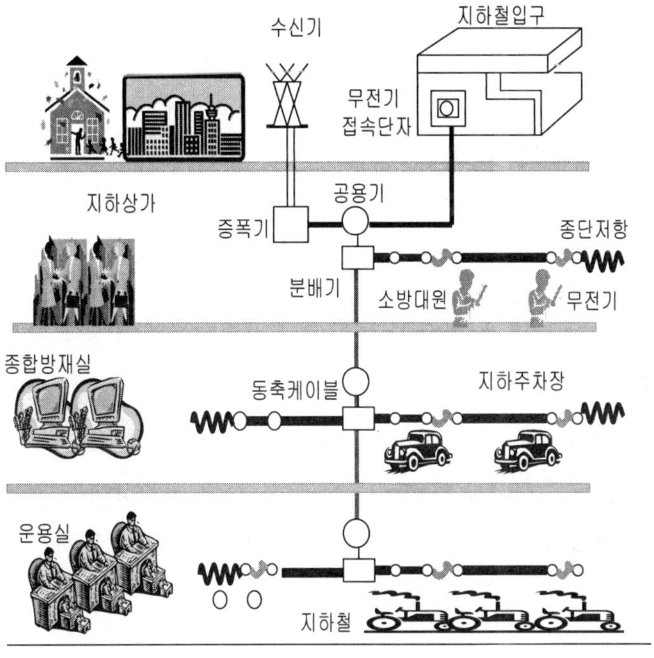

[그림 11-1] 무선통신보조설비 구성

1. 무선통신보조설비 설치대상

① 지하가(터널을 제외한다)로서 연면적 1,000[m^2] 이상인 것

② 지하층의 바닥면적의 합계가 3,000[m^2] 이상인 것 또는 지하층의 층수가 3개층 이상이고 지하층의 바닥면적의 합계가 1,000[m^2] 이상인 것은 지하층의 전층
③ 지하가 중 터널로서 길이가 500[m] 이상인 것
④ 지하구로서 규정에 의한 공동구
⑤ 30층 이상인 곳으로써 16층 이상 부분의 모든 층

설치제외

① 지하층으로서 소방대상물의 바닥부분 2면 이상이 지표면과 동일하거나 지표면으로부터의 깊이가 1[m] 이하인 경우에는 해당층에 한하여 무선통신보조설비를 설치하지 아니할 수 있다.
② 이동통신 구내선로설비 등을 행정자치부령에 정하는 기준에 적합하게 설치한 경우에는 무선통신보조설비를 설치하지 아니할 수 있다.

2. 무선통신보조설비의 종류

소방용 무선통신보조설비에는 누설동축케이블 방식 · 공중선(안테나) 방식 · 누설동축케이블과 공중선 혼합방식이 있으나 대부분 누설동축케이블 방식을 사용하고 있다

(1) 누설동축케이블 방식

이 방식은 동축케이블과 누설동축케이블을 조합한 것으로 터널 · 지하철 · 지하상가 등 폭이 좁고 긴 지하가나 건축물 내부 협소한 공간에 설치하기가 적합하다. 외관의 노출부분이 많아 유지보수가 용이하고 전파가 균일하여 통화범위가 넓다.

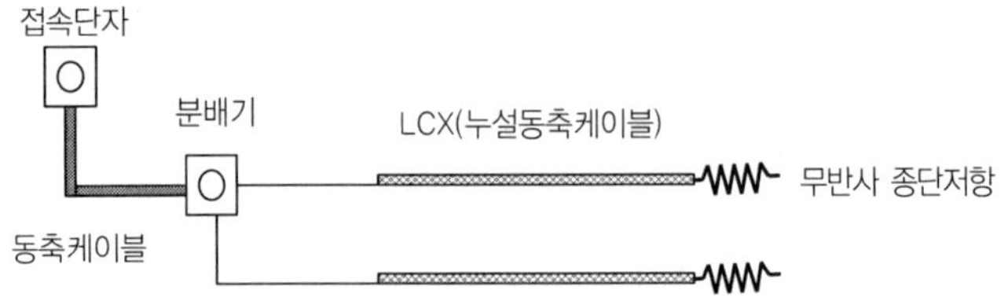

[그림 11-2] 누설동축케이블 방식

(2) 공중선 방식

공중선이란 전파를 발사하거나 흡수하기 위해 공중에 도선이 놓인 상태로서 안테나라고도 하며 사용장소에 따라 송신공중선과 수신공중선이 있다. 이 방식은 동축케이블과 안테나를 조합하여 동축케이블을 천장 내부에 은폐하여 배선할 수 있다. 그러므로 외관이 양호하고 화재로 인한 영향이 적다. 장애물이 적은 대강당, 극장 등에 적합하며 누설동축케이블보다 경제적이다. 말단에서는 전파의 강도가 떨어져 통화에 어려움이 있다.

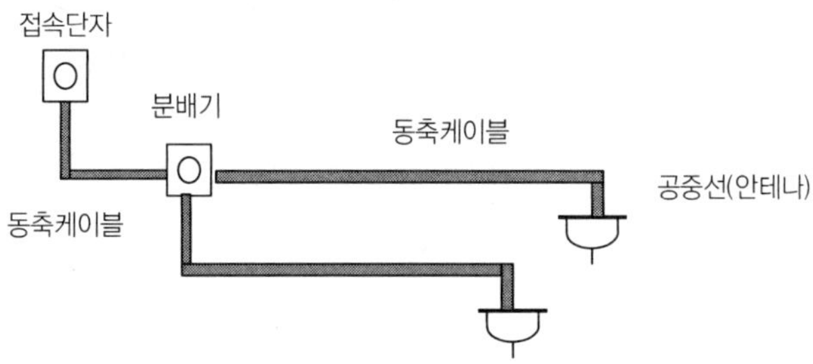

[그림 11-3] 공중선 방식

(3) 혼합 방식

누설동축케이블 방식과 공중선 방식을 조합하여 사용한 것이다.

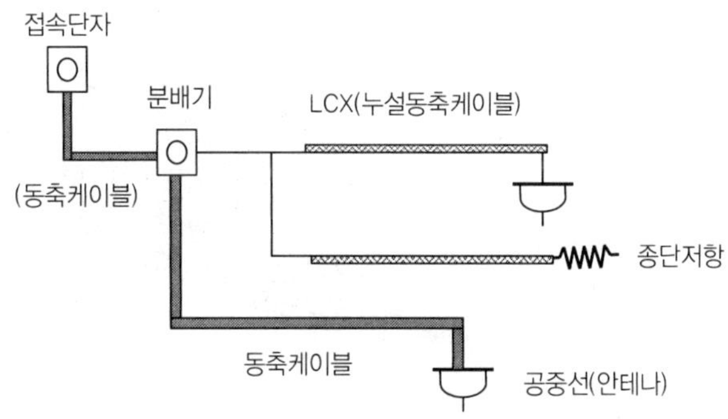

[그림 11-4] 혼합 방식

3. 구성요소

누설동축케이블 방식은 동축케이블 · 누설동축케이블 · 무선기기 접속단자 · 분배기 · 증폭기 · 케이블 커넥터 · 무반사 종단저항으로 구성된다.

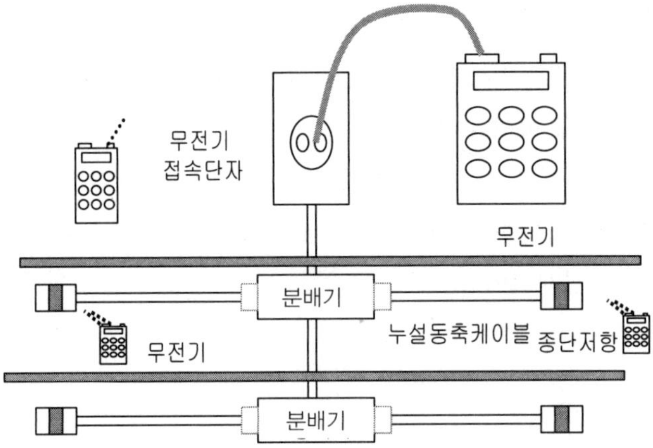

[그림 11-5] 누설동축케이블 구성

(1) 누설동축케이블

누설동축케이블(LCX : Leakage Co-Axial Cable)은 동축케이블과 안테나의 기능을 동시에 갖는 것으로 동축케이블 외부도체에 슬롯을 만들어 전파가 외부로 용이하게 누설되도록 한 케이블이다. 슬롯의 기울기와 길이로 주파수를 선택할 수 있다. 절연체 외부에 내열층을 두고 최외각에 난연성의 2차 시스를 감은 내열 누설동축케이블이 있다.

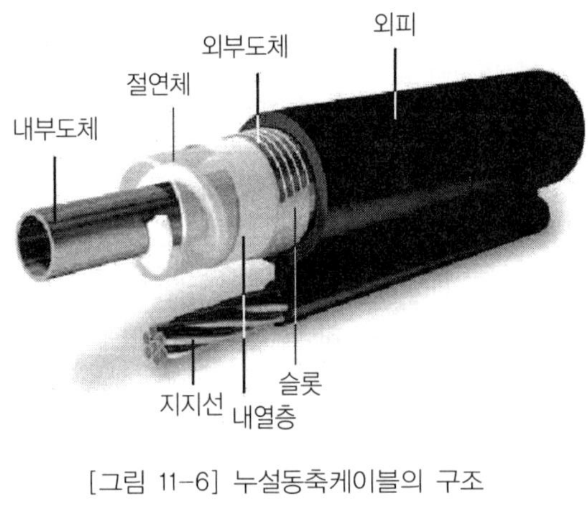

[그림 11-6] 누설동축케이블의 구조

누설동축케이블의 특징

① 균일한 전자계를 방사시킬 수 있다.
② 전자계의 방사량을 조절할 수 있다.
③ 유지보수가 용이하다.
④ 이동체 통신에 적합하다.
⑤ 전자파 방사특성이 우수하다.

(2) 동축케이블

동축케이블이란 일반케이블과는 달리 두 도체의 동심원 상에서 내부도체와 외부도체를 동일축으로 하여 배열한 케이블로 통신용 및 TV용 케이블을 말한다. 내부도체와 외부도체는 폴리에틸렌 또는 폴리스테롤 테이프에 의해 절연되어 있다. 회선수는 200회선 정도이며 외부 잡음에 거의 영향을 받지 않아 고주파 전송용 회로의 도체로 많이 사용된다.

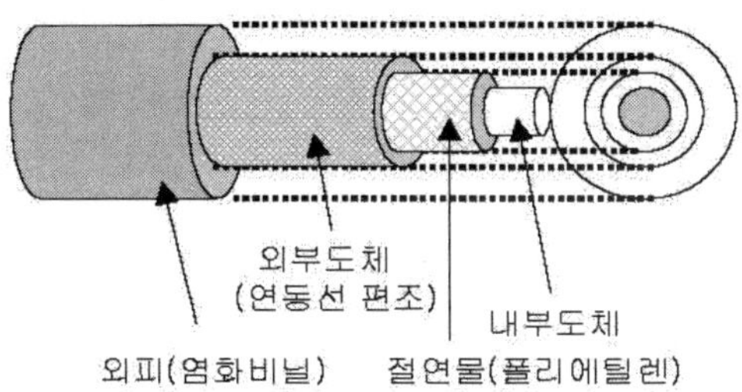

[그림 11-7] 동축케이블의 구조

(3) 무선기기 접속단자

소화활동을 지휘하는 소방대원의 휴대용 무전기를 접속하기 위한 것으로 무선기기 접속함은 지상 또는 방재센터에 설치되며 외함과 접속단자로 구성되어 있다.

(4) 분배기

분배기는 신호의 전송로가 분기되는 장소에 설치하여 임피던스 매칭(matching)과 신호균등 분배를 위해서 사용한다. 또한 신호의 최대 전력 전달을 유도한다.

(5) 증폭기

누설동축케이블의 길이가 길어짐에 따라 선로저항 증가로 출력이 약해지므로 이를 위해 증폭기를 사용한다. 전파의 출력을 높이기 위해서 증폭기에는 전원이 설치되는 데 전원은 상용전원과 축전지가 사용된다. 상용전원 차단시 비상전원으로 절체되는데 비상전원의 용량은 무선통신보조설비를 유효하게 30분 이상 작동시킬 수 있는 것으로 한다.

(6) 무반사 종단저항

빛이 공기중을 통과하다가 공기와 밀도가 다른 유리에 도달하면 일부는 유리를 투과하고 일부는 반사한다. 전압・전류 전송시 임피던스가 다른 지점에 도달하면 그 점에서 전자파는 반사되고 일부는 투과된다. 마찬가지로 누설동축케이블로 전송된 전자파는 동축케이블의 끝에 도달하면 임피던스가 무한대로 되므로 그 지점에서 반사되어 정방향 진행파와 합성되어 교신을 방해한다.

즉, 특성임피던스 Z_1인 케이블에 전압의 입사파 V_i가 진행하다가 임피던스가 Z_2인 점에 도달하면 반사파 V_r은 $V_r = \frac{Z_2 - Z_1}{Z_2 + Z_1}$이며, $Z_1 = Z_2$이면 반사파의 크기는 0이 되는데 이와 같이 반사파를 0으로 하기 위해서 케이블의 끝에 연결하는 저항을 무반사 종단저항이라 한다.

(7) 케이블 커넥터

동축케이블과 누설동축케이블, 누설동축케이블과 종단저항, 동축케이블과 분배기 등은 서로 규격이 다르므로 이들을 서로 결합하기 위하여 사용하는 접속기구이다.

(8) 동축케이블 그레이딩

동축케이블 내의 신호는 전송되어지는 데 따라 약해지고 외부로의 누설전계도 약해지기 때문에 이의 손실보상이 필요하다. 누설동축케이블인 경우 중계기나 증폭기를 설치하는 대신 신호레벨이 높은 곳에는 결합손실이 큰 케이블을 사용하고, 신호레벨이 낮은 곳에는 결합손실이 작은 케이블을 사용하여 평준화시켜주는 것을 그레이딩(grading)이라고 한다.

(9) 혼합기

혼합기란 두 개 이상의 입력신호를 원하는 비율로 조합한 출력이 생기도록 하는 회로이다.

(10) 분파기

분파기는 혼합기와 반대의 기능을 가지는 회로로서 서로 다른 주파수의 신호가 합성된 신호를 주파수에 따라서 분리하기 위하여 사용하는 장치이다.

4. 무선통신보조설비의 설치방법

(1) 누설동축케이블

① 소방전용 주파수 대역에서 전파의 전송 또는 복사에 적합한 것으로서 소방전용의 것으로 할 것. 다만, 소방대 상호간의 무선연락에 지장이 없는 경우에는 다른 용도와 겸용할 수 있다.

② 누설동축케이블과 이에 접속하는 공중선 또는 동축케이블과 이에 접속하는 공중선에 의한 것으로 할 것

③ 누설동축케이블은 불연 또는 난연성의 것으로서 습기에 따라 전기의 특성이 변질되지 아니하는 것으로 하고 노출하여 설치한 경우에는 피난 및 통행에 장애가 없도록 할 것

④ 누설동축케이블은 화재에 따라 당해 케이블의 피복이 소실된 경우에 케이블 본체가 떨어지지 아니하도록 4[m] 이내마다 금속제 또는 자기제 등의 지지금구로 벽·천장·기둥 등에 견고하게 고정시킬 것. 다만, 불연재료로 구획된 반자 안에 설치하는 경우에는 그러하지 아니한다.

⑤ 누설동축케이블 및 공중선은 금속판 등에 따라 전파의 복사 또는 특성이 현저하게 저하되지 아니하는 위치에 설치할 것

⑥ 누설동축케이블 및 공중선은 고압의 전로로부터 1.5[m] 이상 떨어진 위치에 설치할 것. 다만, 당해 전로에 정전기 차폐장치를 유효하게 설치한 경우에는 그러하지 아니한다.

⑦ 누설동축케이블의 끝부분에는 무반사 종단저항을 견고하게 설치할 것

⑧ 누설동축케이블 또는 동축케이블의 임피던스는 50[Ω]으로 하고 이에 접속하는 공중선·분배기, 기타의 장치는 당해 임피던스에 적합한 것으로 하여야 한다.

(2) 무선기기 접속단자

① 지상에서 유효하게 소방활동을 할 수 있는 장소 또는 수위실 등 상시 사람이 근무하고 있는 장소에 설치할 것

② 단자는 바닥으로부터 높이 0.8[m]~1.5[m] 위치에 설치할 것
③ 지상에 설치하는 접속단자는 보행거리 300[m] 이내마다 설치하고 다른 용도로 사용되는 접속단자에서 5[m] 이상의 거리를 둘 것
④ 지상에 설치하는 단자를 보호하기 위하여 견고하고 함부로 개폐할 수 없는 구조의 보호함을 설치하고, 먼지·습기 및 부식 등에 따라 영향을 받지 아니하도록 조치할 것
⑤ 단자의 보호함의 표면에 '무선기기 접속단자'라고 표시한 표지를 할 것
⑥ 도로터널의 무선통신보조설비의 무전기 접속단자는 방재실과 터널의 입구 및 출구, 피난연결통로에 설치하여햐 한다.
⑦ 라디오 재방송설비가 설치되는 터널의 경우에는 무선통신보조설비와 겸용으로 설치할 수 있다.

(3) 분배기·분파기 및 혼합기

① 먼지·습기 및 부식 등에 따라 기능에 이상을 가져오지 아니하도록 할 것
② 임피던스는 50[Ω]의 것으로 할 것
③ 점검에 편리하고 화재 등의 재해로 인한 피해의 우려가 없는 장소에 설치할 것

(4) 증폭기 및 무선 이동중계기

① 전원은 전기가 정상적으로 공급되는 축전지, 전기저장장치 또는 교류전압 옥내간선으로 하고 전원까지의 배선은 전용으로 할 것
② 증폭기의 전면에는 주회로의 전원이 정상인지 여부를 표시할 수 있는 표시등 및 전압계를 설치할 것
③ 증폭기에는 비상전원을 확보할 수 있도록 하고 당해 비상전원 용량은 무선통신보조설비를 유효하게 30분 이상 작동시킬 수 있는 것으로 할 것
④ 무선이동중계기를 설치하는 경우에는 전파법 제58조의2에 규정에 따른 적합성 평가를 받은 제품으로 설치할 것
⑤ 무선통신보조설비는 1[W] 정도의 휴대용 무전기의 사용을 고려하여 설계되었으므로 출력이 큰 차량적재 무전기는 직접 접속할 수 없다.
⑥ 1[W] 휴대용 무전기를 접속단자로 접속해서 지하가 내부에서 가장 최적 거리는 1.5[km] 정도이다. 그 이상 통화거리를 늘리려면 저손실 동축케이블을 시설하거나 증폭기를 설치해야 한다.

5. 무선통신보조설비의 손실특성

누설동축케이블은 광범위하게 전계를 방사할 수 있으며 케이블의 표면오염이나 경년변화에 대해 열효과가 적은 특징이 있다.

도체 내에 전류가 흐르는 경우 저항손실이 발생되는 것처럼 통신선로에서도 신호전송 손실이 발생되는데 누설동축케이블에서는 도체손실 · 절연체손실 · 복사손실이 있다. 또한 유선통신에 비해 무선통신은 송 · 수신 안테나 때문에 결합손실이 발생되며 결합손실이 작을수록 복사손실이 커져 전송손실이 증가된다.

예를 들면 전송손실과 결합손실이 각각 다른 3가지의 케이블을 [그림 11-8]과 같이 접속할 경우 케이블 A는 전송손실이 제일 적은 반면에 결합손실이 가장 많고, 케이블 C는 3가지의 케이블 중 전송손실이 가장 많은 반면에 결합손실이 가장 적으므로 케이블의 길이방향으로 거의 균일한 신호레벨을 얻을 수 있게 된다.

내열 누설동축케이블의 결합손실이란 누설동축케이블의 내부로 전송되는 송신전력(P_r)과 케이블에서 1.5[m] 떨어진 거리에서 표준 다이폴 안테나(Dipole antenna)의 수신전력(P_s)의 차이로서 다음 식으로 구한다.

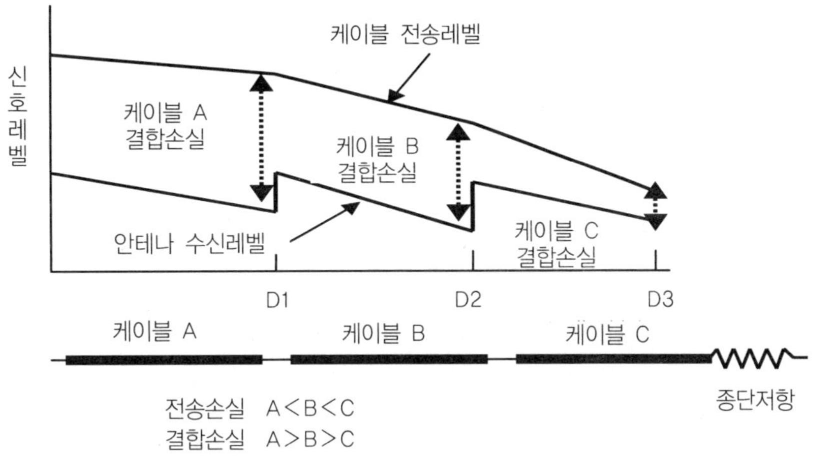

[그림 11-8] 무선통신 손실특성

$$결합손실 = -10\log \frac{P_r}{P_s} \text{[dB]}$$

6. 용어의 정의

① '누설동축케이블'이라 함은 동축케이블의 외부도체에 가느다란 홈을 만들어서 전파가 외부로 새어나갈 수 있도록 한 케이블을 말한다.

② '분배기'라 함은 신호의 전송로가 분기되는 장소에 설치하는 것으로 임피던스 매칭(matching)과 신호 균등분배를 위해 사용하는 장치를 말한다.

③ '분파기'라 함은 서로 다른 주파수의 합성된 신호를 분리하기 위해서 사용하는 장치를 말한다.

④ '혼합기'라 함은 두 개 이상의 입력신호를 원하는 비율로 조합한 출력이 발생하도록 하는 장치를 말한다.

⑤ '증폭기'라 함은 신호전송시 신호가 약해져 수신이 불가능해지는 것을 방지하기 위해서 증폭하는 장치를 말한다.

제12장 제연설비

화재발생시 생성되는 유독성 가스 및 연기는 질식에 의한 사망의 원인이 된다. 또한 연기란 화재에 의해 발생하는 연소생성물로서 화재발생 지점에 접근을 어렵게 하여 소화활동 작업에 막대한 지장을 초래하게 된다.

일반적인 건축물 내장재에서 사용되는 고분자 화학물질의 가연물질은 대부분 탄소로 구성되어 있다. 화재발생시 탄소가 불완전 연소하면 CO, 숯, 산소 결핍공기 등이 발생된다. CO는 일산화탄소 중독을 유발하고, 산소결핍 공기는 질식사의 원인이 된다. 화재발생시 화재공간 내에서 연기의 수평 이동속도는 0.5～1.0[m/s] 이고, 수직 상승속도는 2～3[m/s]의 빠른 속도로 이동한다. 그러므로 화재발생시 피난경로(복도 · 계단 · 전실)에 연기가 침입하는 것을 방지하여 피난활동 및 소화활동에 도움을 주는 제연설비로 배연설비와 방연설비가 있다.

1. 제연구역 설치대상

① 문화 및 집회시설, 종교시설, 운동시설 중 무대부의 바닥면적이 200㎡ 이상인 경우에는 해당 무대부

② 문화 및 집회시설 중 영화상영관으로 수용인원 100명 이상인 경우에는 해당 영화상영관

③ 지하층, 무창층에 설치된 근린생활시설, 판매시설, 운수시설, 숙박시설, 위락시설, 의료시설, 노유자 시설 또는 창고시설(물류터미널로 한정한다)로서 해당 용도로 사용되는 바닥면적의 합계가 1천㎡ 이상인 경우 해당 부분

④ 운수시설 중 시외버스정류장, 철도 및 도시철도 시설, 공항시설 및 항만시설의 대기실 또는 휴게시설로서 지하층 또는 무창층의 바닥면적이 1천㎡ 이상인 경우에는 모든 층

⑤ 지하가(터널은 제외한다)로서 연면적 1천㎡ 이상인 것

⑥ 지하가 중 예상교통량, 경사도등 터널특성을 고려하여 행정안전부령으로 정하는 터널
⑦ 특정소방대상물(갓복도형 아파트 등은 제외한다)에 부설된 특별피난계단, 비상용 승강기의 승강장 또는 피난용 승강기의 승강장

제연설비 설치면제

① 공기조화 설비를 화재안전기준의 제연설비 기준에 적합하게 설치하고 공기조화 설비가 화재시 제연설비 기능으로 자동 전환되는 구조로 설치되어 있는 경우
② 외기로 통하는 배출구 면적의 합계가 당해 제연구역 바닥면적의 1/100 이상이며, 배출구로부터 각 부분의 수평거리가 30[m] 이내이고 자연 유입할 경우에 유입구의 크기가 배출구의 크기보다 큰 경우
③ 제연설비를 설치하여야 할 소방대상물중 화장실, 목욕실 또는 사람이 상주하지 아니하는 50[㎡] 미만의 창고 등으로 사용되는 부분에 대하여는 제연설비, 공기유입구의 설치 등은 배출량 산정에서 이를 제외한다.

2. 제연설비 구성

제연설비는 연기의 수평 및 수직이동을 막기 위해 제연구역을 설정하여 연기를 화재구역에 제한함으로서 화재시 인명의 대피 및 소화활동을 원활하게 하기 위한 설비이다.

제연설비의 구성은 화재발생시 예상되는 제연구역에 연기배출과 동시에 공기유입이 될 수 있도록 하고 배출구역이 거실인 경우에는 통로에 공기가 유입될 수 있도록 하여야 한다. 제연설비 기동용으로 사용되는 감지기는 주로 연기감지기를 사용하는 것이 적당하며 주로 지하층, 무창층등 개구부가 없는 건물이나 바닥면적에 비하여 개구부가 작은 건축물에 중점을 두고 관리하고 있다.

가동식의 벽, 제연경계벽, 댐퍼 및 배출기의 작동은 자동화재감지기와 연동되어야 하며, 예상 제연구역(또는 인접장소) 및 제어반에서 수동으로 기동이 가능하도록 하여야 한다.

(1) 제연구역 구획

① 하나의 제연구역의 면적은 1,000[㎡]이내로 할 것
② 거실과 통로(복도를 포함한다) 각각 제연구획 할 것

③ 통로상의 제연구역은 보행중심선의 길이가 60[m]를 초과하지 아니할 것
④ 하나의 제연구역은 직경 60[m] 원내에 들어갈 수 있을 것
⑤ 하나의 제연구역은 2개 이상 층에 미치지 아니하도록 할 것

또한 제연구역의 구획은 보, 제연경계벽 및 벽(가동벽, 셔터, 방화문)으로 다음 기준에 적합하여야 한다.

① 재질은 내화재료, 불연재료 또는 제연경계벽으로 성능을 인정받은 것으로서 화재시 쉽게 변형·파괴되지 아니하고 연기가 누설되지 않는 기밀성 있는 재료로 할 것
② 제연경계는 제연경계의 폭이 0.6[m] 이상이고, 수직거리는 2[m] 이내이어야 한다. 다만, 구조상 불가피한 경우는 2[m]를 초과할 수 있다.
③ 제연경계벽은 배연시 기류에 따라 그 하단이 쉽게 흔들리지 아니하여야 하며, 또한 가동식의 경우에는 급속히 하강하여 인명에 위해를 주지 아니하는 구조일 것

(2) 제연방식

① 예상 제연구역에 대하여는 화재시 연기배출과 동시에 공기유입이 될 수 있게 하고, 배출구역이 거실일 경우에는 통로에 동시에 공기가 유입될 수 있도록 하여야 한다.
② 통로와 인접하고 있는 거실의 바닥면적이 50[㎡] 미만으로 구획되고 그 거실에 통로가 인접하여 있는 경우에는 화재시 그 거실에서 직접 배출하지 아니하고 인접한 통로의 배출만으로 갈음할 수 있다. 다만, 그 거실이 다른 거실의 피난을 위한 경유거실인 경우에는 그 거실에서 직접 배출하여야 한다.
③ 통로의 주요 구조부가 내화구조이며 마감이 불연재료 또는 난연재료로 처리되고 가연성 내용물이 없는 경우에 그 통로는 예상 제연구역으로 간주하지 아니할 수 있다. 다만, 화재발생시 연기의 유입이 우려되는 통로는 그러하지 아니하다.

(3) 제연구역 선정

① 계단실 및 그 부속실을 동시제연
② 부속실만 단독제연(피난층)
③ 계단실 단독제연
④ 비상용승강기 승강장 단독제연

3. 연기의 유해성

(1) 유해가스의 종류

1) 일산화탄소(CO)

화재발생시 화재중독사의 주원인이 되는 치명적인 가스이다. 중독증상이 가벼울 때는 두통 · 현기증 등을 나타내고 중독이 진행되면서 의식상실 · 경련 · 사망 등에 이른다. 1[%]의 농도에서 1분 내에 치사할 수 있고 1.4[%] 이상의 농도에서는 몇 번의 호흡으로 사망할 수 있다.

2) 이산화탄소(CO_2)

무색무취의 가스로 유기물이 연소할 때 주로 발생한다. 탄산가스라고 하며 그 자체는 독성이 없으나 산소농도를 저하시키고 호흡심도를 빠르게 해서 유독성가스가 공존하면 그 유독성을 들여마시는 속도가 빨라져 산소결핍증을 일으킨다.

(2) 연기 농도표시법

연기의 농도표시법에는 절대 농도표시법과 상대 농도표시법이 있다. 그리고 절대 농도표시법에는 중량농도법과 입자농도법이 있고 상대 농도표시법으로는 투과율법을 주로 사용하고 있다.

1) 중량농도법

연기입자를 채취해 중량을 측정하는 방법으로 단위체적당 연기입자의 중량 [mg/㎥]을 나타내는 방식으로 입자의 크기와는 관계가 없다.

2) 입자농도법

단위체적당 연기입자의 개수[개/㎥]를 나타내는 방식이다.

3) 투과율법

연기 속을 투과한 빛의 양으로 연기의 농도를 평가하는 농도표시방법으로 감광계수를 이용한다.

4. 연기의 제어

화재발생시 온도상승으로 인한 가스의 팽창과 굴뚝효과, 외부바람의 영향, 건물의 급・배기닥트를 통한 연기의 유동 등으로 연기는 점차 확산된다. 이러한 연기를 제어하기 위한 방법으로 배기(Exhaust), 차단(Confinement), 희석(Dilution)등이 있다.

(1) 배 기

효과적인 연기배출을 위하여 제연샤프트를 설치하거나 연기배출기를 설치한다. 제연샤프트는 공기를 옥외로 배출시키는 통로로 건물바닥에서 지붕꼭대기 까지 이어진 수직관통부로 매 층마다 댐퍼가 설치되며 평상시에는 폐쇄된다. 배연력은 굴뚝효과에 의해 얻어지며 보조팬을 설치하기도 한다. 이 방식은 운영상 여러 단점이 있어 제연용 배출기를 설치하거나 또는 공조설비(HVAC:Heating Ventilating Air Conditioning)를 비상시 제연용으로 전환하여 배기한다.

(2) 차 단

문이나 벽, 댐퍼 등과 같이 물리적인 차단물을 설치하여 연기가 들어오지 못하도록 차단하고 차단된 구역내에 신선한 공기를 주입하는 가압 배연방식을 채용한다. 구역 내의 압력이 연기쪽의 압력보다 약간 높아야 하며 계단전실, 승강기샤프트 등에 채용된다.

(3) 희 석

사람은 공기 중에 섞인 1[%]의 연기에 장기간 견딜 수 있으며 아주 짧은 시간에서는 2~3[%]의 연기에서도 견딜 수 있다. 그러므로 화재시 생성된 연기나 연소생성물을 외부로 배출하거나 신선한 공기를 유입시켜 오염된 공기를 위험수준 이하의 농도로 저하시키는 방식을 희석이라 한다.

5. 제연설비의 종류

① 밀폐제연방식 : 제연의 기본방식
② 자연제연방식 : 지하층,유창층
③ 스모그타워제연방식 : 통기력을 이용하는 방식

④ 기계제연방식 : 지하층, 무창층, 고층건물
- 제1종 기계제연방식
- 제2종 기계제연방식
- 제3종 기계제연방식

(1) 밀폐제연방식

제연의 기본으로 화재발생시 문이나 벽으로 화재실을 은폐하여 공기유입과 연기유출을 억제하는 제연방식이다. 공동주택이나 호텔등과 같이 구획이 작은 건물에 적합하다.

(2) 자연제연방식

화재시 온도상승에 의한 부력이나 외부공기의 흡출효과에 의해 배연구 또는 창문을 통해 연기를 외부로 배출시키는 방식이다. 이 방식은 별도의 기계장치가 필요하지 않아 평상시에도 환기장치로 이용할 수 있다. 실내에 화재가 발생되면 천장 상부쪽의 온도가 상승하고 기체팽창에 의해 실내・외의 동일 수평면상의 정압차이가 나타난다. 이때 천장쪽은 정압이 높고 바닥쪽은 정압이 낮은데 천장과 바닥사이의 어느 점에서 실내와 외부의 정압이 동일한 수평면이 존재하는데 이면을 중성대(Neutral Zone)라고 한다. 따라서 연기 배출구는 중성대보다 위쪽에 있어야 한다.

배출구의 크기는 설계기준에 따라 계산되며 일반적으로 자연배출구는 건축물 바닥면적의 1/50를 확보하여야 한다. 그러나 자연배연구는 외부의 바람의 영향을 받아 화세가 강해지면 상층부로의 연소확대가 되는 단점이 있다. 배연창에 의한 연기유출량은 연기의 팽창압력, 배연창 면적, 외부공기 풍압, 외부공기, 내부공기, 비중차에 따라 다르다.

자연배연에 영향요소는 굴뚝효과, 풍압, 공급흡출 효과, 연기체적 팽창 등이 있다.

(3) Smoke Tower 제연방식

화재시 온도상승에 의한 부력 및 상층부의 루프모니터 등의 외풍에 의한 흡인력으로 제연하는 방식으로 주로 고층건물에 채용되면 어느 정도의 고온까지의 연기도 제연할 수 있는 장점이 있다. 제연은 피난시간 동안만 가동하는 시스템이며 그 이후는 화재확산에 치명적이므로 일정시간만 가동하여야 하므로 Smoke Tower 시스템에서는 이 문제가 고려되어야 한다.

(4) 기계 제연방식

제연하고자 하는 계단실 및 부속실에 옥외의 신선한 공기를 공급하여 제연구역의 기압을 옥내보다 높게 하되 일정한 기압 차이를 유지하여 옥내로부터 제연구역내로 연기가 침투하지 못하도록 한다. 급기량은 배기량보다 적게 하여 화재실의 내압을 부압으로 유지하고 화재실로부터 누연을 방지한다.

1) 제1종 기계제연방식(거실제연 : 가압/흡입제연방식)

다중이용시설의 지하층, 무창층 등의 거실 제연방식으로 안전구획 등급이 높을수록 정압력을 유지하고 화재예상 거실은 부압력을 유지한다. 정압력 유지시 급기팬〉배기팬으로 된다. 1000[㎡]이상, 지하가 1000[㎡] 이상에 적용한다.

① 하부급기, 상부배기
  ㉮ 연기의 상향특성 이용
  ㉯ 피난방향 쪽에서 신선 공기유입
  ㉰ 천장배출
  ㉱ 제연풍량은 연기가 일정높이 이상(0.6m) 하강하지 않도록 함
② 통로급기, 거실배기
  ㉮ 소점포가 다수 있을 경우 적합
  ㉯ 통로부분 급기, 점포배기
  ㉰ 연기방향은 통로에서 거실
  ㉱ 통로부분 안전구획 확보
③ 존제연(상호제연)
  ㉮ 화재존은 배기, 비화재존은 급기
  ㉯ 급・배기 풍량은 동일 산정하나 연기발생과 온도팽창으로 배기풍량을 크게 함 단, 송풍기 풍량은 틈새풍량과 방연풍량의 합으로 계산한다.

화재실내 개구부에서 유출된 기체분자는 외부기류에 의해 다시 유입되지 않으므로 유출된 기체분자수 만큼의 진공이 발생하며 다른 개구부에 동일분자수 만큼 새로운 공기가 유입된다.

2) 제2종 기계제연방식(가압제연방식)

피난경로 제연으로 특별피난계단전실, 비상용엘리베이터 승강장 제연이다. 최고안전구획을 가장 정압을 높게 하고 순차적으로 가압력을 낮춘다.

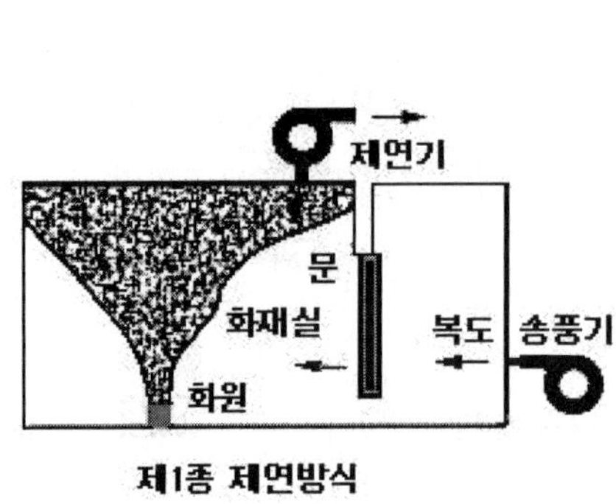

[그림 12-1] 제1종 기계제연방식

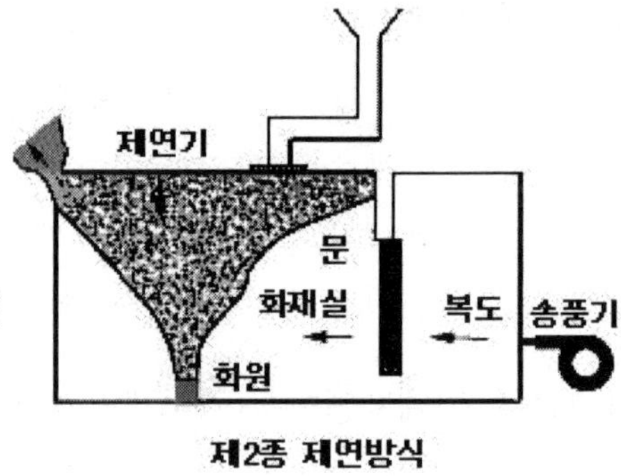

[그림 12-2] 제2종 기계제연방식

3) 제3종 기계제연방식(흡입제연방식, 터널)

화재발생시 상부에 설치되어 있는 제연기로 연기를 외부로 방출하는 방식으로 연기가 다른구역으로 이동하지 않는 장점이 있어 터널 등에서 현재 많이 사용되고 있다. 화재예상구역을 부압으로 유지하기 위해 배연만을 실시하는 방식으로 다른실로의 확산을 방지한다. 피난이 완료된 이후에는 휴즈댐퍼를 사용하여 배연을 중지한다.

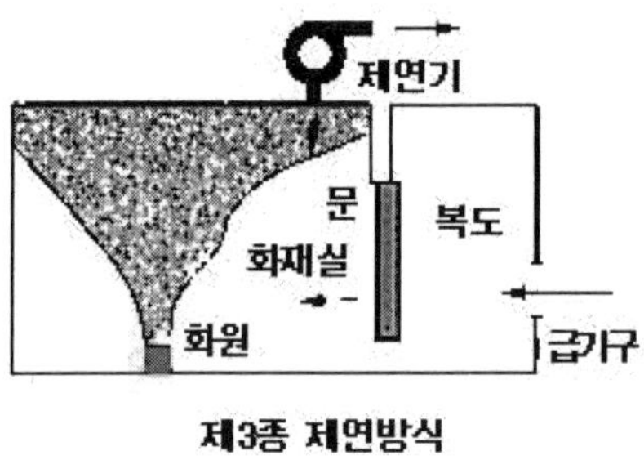

[그림 12-3] 제3종 기계제연방식

6. 피난계획과 제연계획

피난은 화재실 → 복도 → 전실 → 계단 → 옥외의 경로로 이루어지며 피난하는 방향으로 갈수록 연기의 침입이 적어지도록 계획하여야 한다. 그러므로 화재실에서 직접 계단이 연결되지 않아야 하며 각 안전구획의 경계는 방연성능이 있는 문으로 구획하는 것이 바람직하다.

각 구획에서 고차 안전구획으로 연기가 유동하기 않도록 계획하기 위해서는 각 구획마다 별도의 제연기와 급기경로를 확보하고 급기는 고차 안전구획에서 저차 안전구획으로 공기가 유동하도록 하여야 한다. 이렇게 함으로서 화재시 사람들이 신선한 공기가 있는 방향으로 피난할 수 있게 된다. 피난방향과 제연방향은 반대방향이다.

【급기 설치기준】

① 부속실을 제연하는 경우 동일 수직선상의 모든 부속실은 하나의 전용 수직풍도에 의해 동시 급기할 것
② 계단실 및 그 부속실을 동시에 제연하는 경우 계단실에 대해서는 그 부속실의 수직풍도에 의하여 급기할 수 있다.
③ 계단실만 제연하는 경우에는 전용 수직풍도를 설치하거나 계단실에 급기풍도 또는 급기 송풍기를 직접 연결하여 급기하는 방식으로 할 것
④ 하나의 수직풍도 마다 전용의 송풍기로 급기 할 것
⑤ 급기용 수직풍도와 직접면하는 벽체 또는 천장에 고정 설치한다.
⑥ ②③항의 경우 급기구는 계단실 매 3층 이하 높이마다 설치한다. 다만 계단실 높이가 31m 이하로 계단실만 제연하는 경우 급기풍도 또는 급기송풍기를 계단실에 직접 연결하여 급기할 수 있다.

계단전실은 안전구획 중 특별피난계단 다음으로 중요한 구역이다. 특별피난계단은 화재장소나 복도보다 신선한 공기에 의해 정압이 확보되어야 하기 때문에 복도와 직접적으로 연결되어서는 안되고 전실을 통하여 신선한 공기를 공급받도록 구획되어야 한다. [그림 12-4]는 각 부분별 정압선도를 나타낸다.

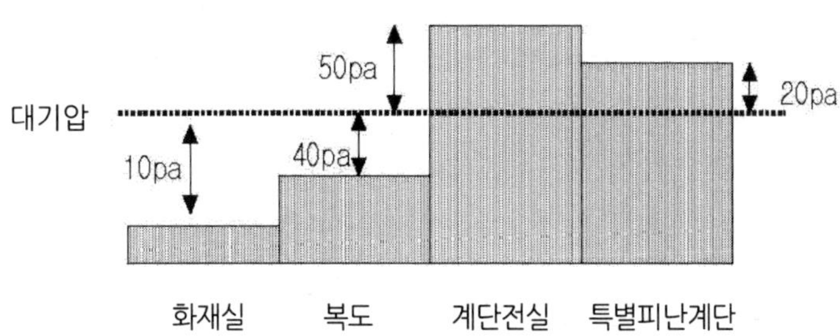

[그림 12-4] 안전구획별 정압선도

7. 제연구역 연기제어

(1) 연기배출량

① 최저 배출량은 5,000[㎥/hr] 이상으로 할 것
② 40[m]인 원의 범위 안에 있을 경우에는 배출량이 40,000[㎥/hr] 이상으로 할 것
③ 직경 40[m]인 원의 범위를 초과할 경우에는 배출량이 45,000[㎥/hr] 이상으로 할 것

(2) 연기배출구 설치기준

① 바닥에서 2m 이상
② 10[m]인 원의 범위

(3) 공기유입구

① 공기유입구와 배출구간의 직선거리는 5[m] 이상
② 바닥으로부터 1.5[m] 이하의 높이에 설치
③ 주변 2[m] 이내에는 가연성 내용물이 없도록 할 것
④ 유입되는 순간의 풍속은 5[㎧] 이하
⑤ 공기유입구의 크기는 당해 예상 제연구역 배출량 1[㎥/min]에 대하여 35[㎠] 이상

(4) 유입공기배출

① 수직풍도에 의한 배출(자연배출, 기계배출)
② 배출구에 의한 배출(외벽)
③ 제연설비에 의한 배출

(5) 배출풍도

① 배출기와 배출풍도의 접속부분에 사용하는 캔버스는 내열성(석면재료는 제외한다)이 있는 것으로 할 것
② 배출기의 전동기와 배풍기 부분은 분리하여 설치하여야 하며, 배풍기 부분은 유효한 내열처리를 할 것
③ 배출풍도는 아연도금강판 또는 이와 동등 이상의 내식성·내열성이 있는 것으로 하며, 내열성(석면재료를 제외한다)의 단열재로 유효한 단열 처리
④ 배출기의 흡입측 풍도안의 풍속은 15[㎧] 이하로 하고 배출측 풍속은 20[㎧] 이하

8. 방연방식과 댐퍼의 종류

건물 내에 있는 냉·난방설비, 주방배기 등 닥트설비는 화재 발생시 연기와 화염을 전파하는 통로 구실을 하게 된다. 그러므로 화재시 샤프트, 닥트를 통한 연기확산을 방지하기 위하여 닥트 내에 설치하는 자동셔터로 화재발생시 연기와 열을 자동으로 차단하는 방화·방연 댐퍼설비가 있다.

(1) 방화댐퍼(Fire Damper)

방화구역으로 설정된 방화벽이나 덕트 내부에 설치하는 것으로 화재 발생시 열감지기에 의해 또는 휴즈의 용융(72[℃]정도)과 동시에 자동적으로 닫혀 연소를 방지하는 댐퍼이다.

(2) 방연댐퍼(Smoke Damper)

연기감지기에 의해 연기가 검출 되었을 때 자동적으로 폐쇄되는 댐퍼로서 전자식이나 전동기에 의해 작동되며 수동으로 복구된다.

(3) 풍량조절댐퍼

덕트속의 풍량조절 및 개폐에 사용하는 댐퍼이다.

(4) 휴즈댐퍼

폐쇄형 head의 휴즈 볼링크의 작동원리와 같이 온도에 의해서 휴즈가 용융되어 자동으로 폐쇄되는 댐퍼이다.

(5) 모타댐퍼

모터에 의해 기계적으로 폐쇄되는 댐퍼로서 자동으로 복구된다. 방화댐퍼 설치는 다음과 같은 기준에 의해 실시한다.

① 방화댐퍼는 온도상승 및 연기발생에 자동차단되어야 하고, 차단후 방화상 틈새가 없어야 할 것
② 덕트가 수직샤프트, 방화구획 벽체를 관통하는 경우 댐퍼를 벽체에 매입고정하고 시멘트, 모르타르 등 불연재료로 충진하여야 할 것
③ 방화댐퍼의 두께는 1.5[mm]이상의 강판 또는 이와 동등 이상의 강도가 있는 것으

로 설치하여야 하며 비내식성 재료의 경우에는 부식방지 조치를 할 것

④ 옥내에 설치된 감지기에 의해 모든 제연구역의 댐퍼가 개방되도록 할 것

⑤ 자동차압,과압조절형 댐퍼를 설치하는 경우

개구율 자동조절 기능이 있고 온도,습도 변화가 없고 수동조절이 가능하여야 한다. 부속실내의 차압을 압력센서 등이 감지하여 제연구역에 공급되는 풍량을 조절한다.

9. 전실제연방식

전실은 각 층 복도와 특별피난계단의 중간에 설치되는 공간으로 화재시 연기가 계단 쪽으로 유입되는 것을 방지하기 위해 주로 특별피난계단에 설치된다.

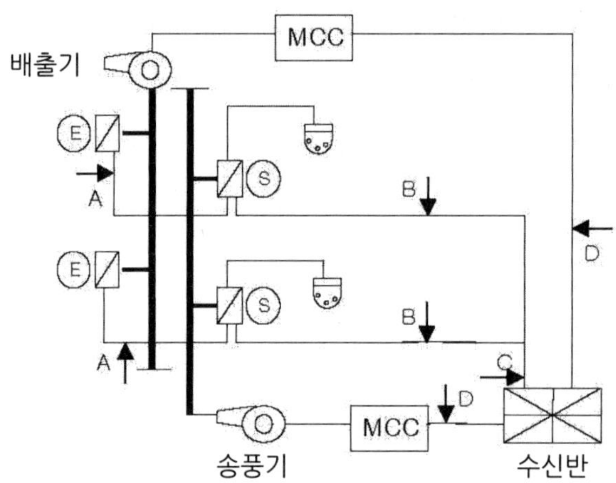

[그림 12-5] 전실제연설비

〈표 12-1〉 전실 제어전선 내역

구 분	연결선	전선수	전선굵기	용 도
A	배기탬퍼 ↔ 급기댐퍼	4	HFIX 2.5mm^2	전원 +－, 기동, 댐퍼기동 확인
B	배기탬퍼 ↔ 수신반	7	HFIX 2.5mm^2	지구, 공통, 기동, 급·배기댐퍼 동작확인, 전원 +－
C	2경계	12	HFIX 2.5mm^2	(지구, 기동, 급·배기댐퍼동작확인, 공통) × 5, 전원 +－
D	MCC ↔ 수신반	5	HFIX 2.5mm^2	기동2, 기동확인, 전원감시 표시등, 표시등 공통

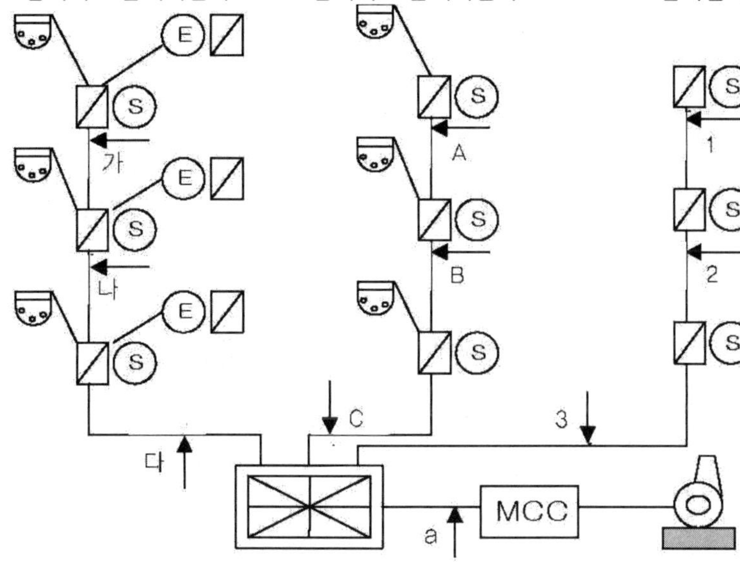

[그림 12-6] 전실 제연설비 계통도(구분별)

〈표 12-2〉 댐퍼 제어종류별 제어전선 내역

구분	연결선	전선수	전선굵기	용 도
가	4층 → 3층	7	HFIX 2.5mm^2	지구, 공통, 급·배기댐퍼 동작확인 기동, 전원+ −
나	3층 → 2층	12	HFIX 2.5mm^2	(지구, 공통, 급·배기댐퍼 동작확인 기동) × 2, 전원 +−
다	2층 → 방재센터	17	HFIX 2.5mm^2	(지구, 공통, 급·배기댐퍼 동작확인 기동) × 3, 전원 +−
A	4층 → 3층	6	HFIX 2.5mm^2	지구, 공통, 급기댐퍼 동작확인 기동, 전원 +−
B	3층 → 2층	9	HFIX 2.5mm^2	(지구, 공통, 급기댐퍼 동작확인 기동) × 2, 전원 +−
C	2층 → 방재센터	12	HFIX 2.5mm^2	(지구, 공통, 급기댐퍼 동작확인 기동) × 3, 전원 +−
1	4층 → 3층	4	HFIX 2.5mm^2	급기댐퍼 동작확인, 기동, 전원 +−
2	3층 → 2층	6	HFIX 2.5mm^2	(급기댐퍼 동작확인, 기동) × 2, 전원 +−
3	2층 → 방재센터	8	HFIX 2.5mm^2	(급기댐퍼 동작확인, 기동) × 3, 전원 +−
a	방재센터 → MCC	5	HFIX 2.5mm^2	기동2, 기동확인등, 전원감시등, 표시등 공통, 전원 +−

10. 상가제연설비

개방형 제연방식으로 제연구획 설정을 위해 고정식 또는 전동식 배연케텐이 사용된다. A구역에 화재 발생시 감지기동작으로 A구역 배기댐퍼 동작과 동시에 B구역 급기댐퍼가 동작되면서 공기의 흐름이 B구역에서 A구역으로 이동하게 된다.

또한 B구역으로 연기 유입이 억제되어 효과적인 제연기능을 발휘하게 된다.

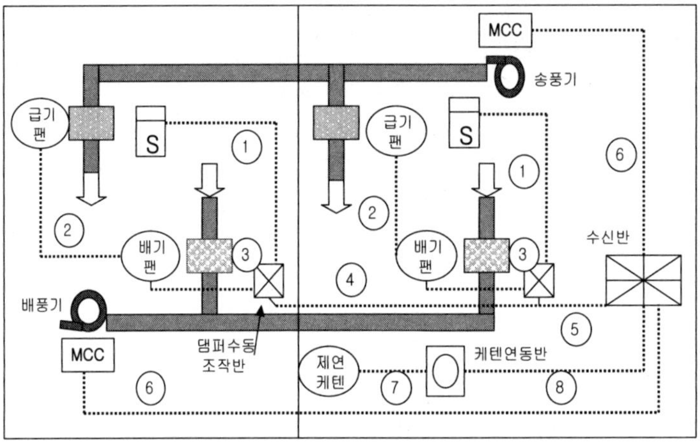

[그림 12-7] 개방형 상가제연설비 계통도

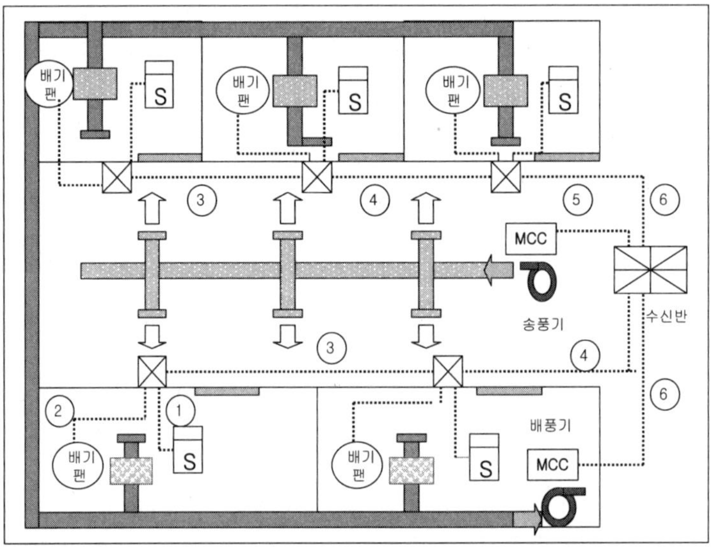

[그림 12-8] 밀폐형 상가제연설비 계통도

밀폐형 상가제연방식으로 매장이 천장면까지 구획되어 있는 경우 매장에 화재가 발생하면 매장의 배기댐퍼와 배출기가 동작한다.

이와 동시에 복도측의 송풍기가 작동하면 화재발생구역의 연기가 복도측으로 새어나오는 것을 방지함과 동시에 복도측에서 화재발생지역으로 공기가 유입되어 효과적인 제연기능이 발휘된다.

11. 자동방화문

화재시 연기가 계단측으로 유입되면 피난활동에 막대한 지장을 초래한다. 평상시에는 자동방화문 설비(전실출입문, 피난계단출입문)를 열어 놓고 화재가 발생하면 연동으로 문을 폐쇄시켜 연기가 유입되지 않도록 하는 설비이다. 방화문 자동폐쇄기(Door Release)는 전자석이나 영구자석을 이용하는 방식을 사용하여 왔으나 정전, 자력감소 등 사용상 단점이 많아 근래에는 걸고리 방식이 주로 사용되고 있다. [그림 12-9]에서 D는 자동폐쇄장치를 나타낸다.

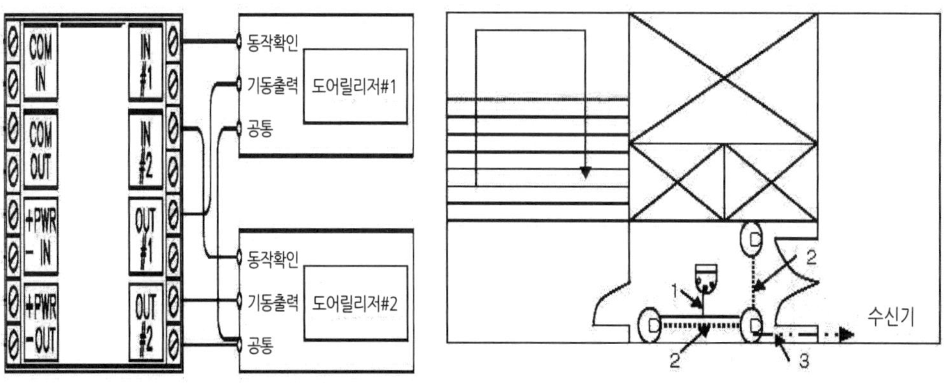

[그림 12-9] 자동방화문 결선도

〈표 12-3〉 자동방화문 전선내역

구분	연결선	전선수	전선굵기	용 도
A	감지기 ↔ 자동폐쇄기	4	HFIX 1.5mm^2	지구1, 지구1, 지구공통1, 지구공통1,
B	자동폐쇄기 ↔ 자동폐쇄기	3	HFIX 2.5mm^2	공통, 기동스위치, 기동확인표시
C	자동폐쇄기 ↔ 수신반	9	HFIX 2.5mm^2	지구1, 지구1, 지구공통1, 지구공통1, 기동스위치, 기동확인표시3, 공통

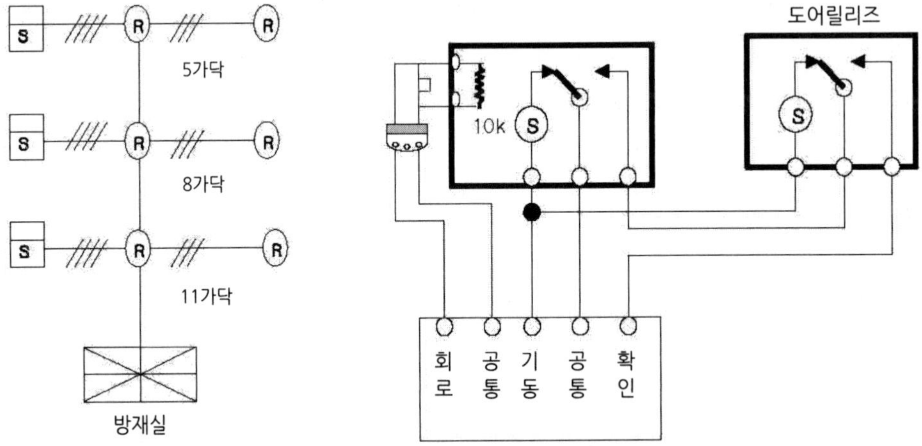

(a) 계통도 (b) 자동방화문 제어회로

[그림 12-10] 자동방화문 계통도

12. 방화셔터

방화셔터는 넓은 공간에서 화재시 문을 폐쇄시켜 화재의 확산을 방지하는 설비로 고정벽을 설치하기 곤란한 큰 개구부의 층간, 지역별 방화구획을 경계하기 위해 통로등에 시설된다.

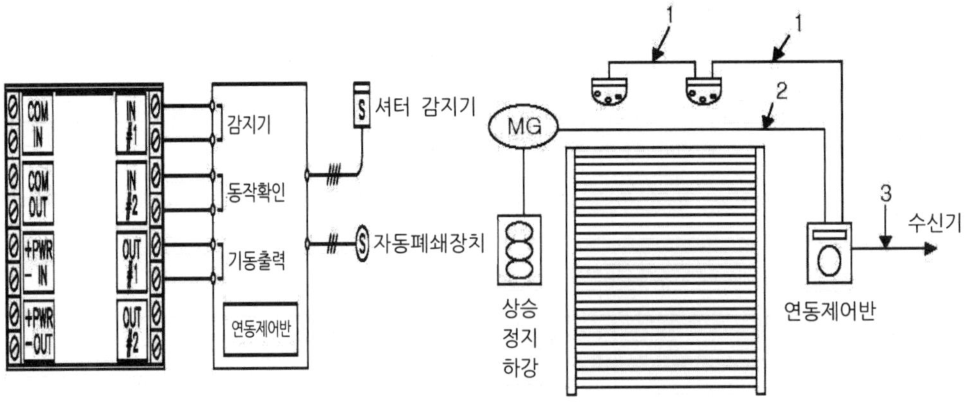

[그림 12-11] 방화셔터 결선도

〈표 12-4〉 방화셔터 전선내역

구분	연결선	전선수	전선굵기	용 도
A	감지기 ↔ 연동제어반	4	HFIX $1.5mm^2$	지구1, 지구1, 지구공통1, 지구공통1
B	폐쇄장치 ↔ 연동제어반	3	HFIX $2.5mm^2$	공통, 기동스위치, 기동확인표시
C	연동제어반 ↔ 수신반	6	HFIX $2.5mm^2$	지구, 지구공통, 기동스위치2, 기동확인표시2

13. 배연창

배연창 설비는 6층 이상 고층건물에 시설하는 것으로 화재시 발생되는 연기를 신속하게 외부로 유출시켜 피난 및 소화활동에 도움을 주는 설비이다. 배연창 설비의 구동방식으로는 솔레노이드 방식과 모터방식이 있다.

(1) 솔레노이드 방식

배연창 솔레노이드 방식은 화재감지기가 작동되거나 수동조작함의 스위치를 on시키면 배연창이 동작되어 수신기에 동작상태를 표시하게 된다. [그림 12-12]의 솔레노이드 전동 구동장치를 사용하므로 원상 복구시에는 현장에 설치된 수동손잡이를 회전시켜 조작한다.

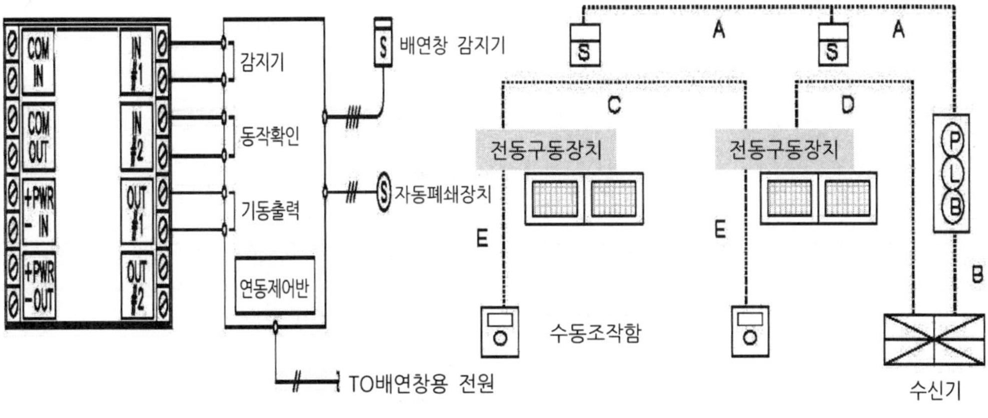

[그림 12-12] 솔레노이드 기동방식

〈표 12-5〉 배연창 솔레노이드방식 전선내역

구분	연결선	전선수	전선굵기	용 도
A	감지기 ↔ 감지기	4	HFIX $1.5mm^2$	지구1, 지구1, 지구공통1, 지구공통1
B	발신기 ↔ 수신기	7	HFIX $2.5mm^2$	응답확인, 지구, 지구공통, 전화벨,표시등, 벨표시등 공통
C	전동구동장치 ↔ 전동구동장치	3	HFIX $2.5mm^2$	공통, 기동, 기동확인
D	전동구동장치 ↔ 수신기	5	HFIX $2.5mm^2$	공통, (기동, 기동확인) × 2
E	전동구동장치 ↔ 수동조작함	3	HFIX $2.5mm^2$	공통, 기동, 기동확인

(2) 모터방식

배연창 모터방식은 원격스위치에 의해 배연창의 개방, 폐쇄, 각도조정이 가능하다. [그림 12-13]에서 전동 구동장치로 모터를 사용함으로 소비전력이 많이 소모되어 별도의 전원장치가 필요하다.

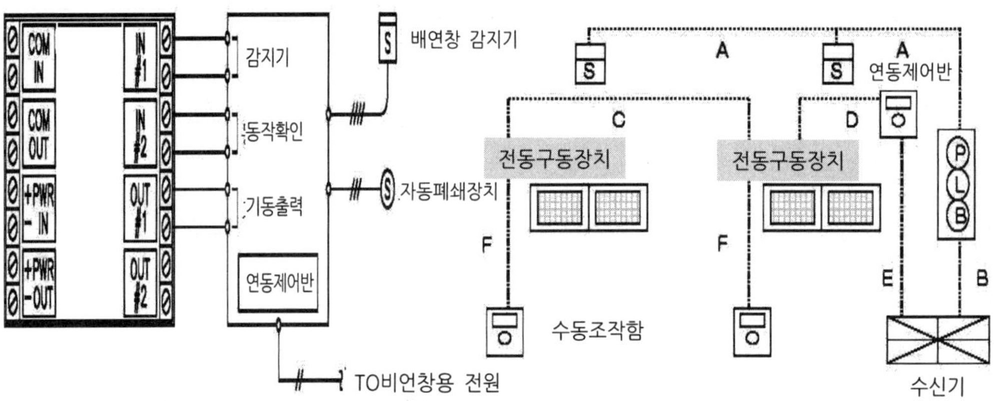

[그림 12-13] 모터 기동방식

〈표 12-6〉 배연창 모터방식 전선내역

기호	연결선	전선수	전선굵기	용 도
A	감지기 ↔ 감지기, 발신기	4	HFIX $1.5mm^2$	지구 1, 지구 1, 지구공통 1, 지구공통 1
B	발신기 ↔ 수신기	7	HFIX $2.5mm^2$	응답확인, 지구, 지구공통, 전화, 표시등, 벨, 표시등 공통
C	전동구동장치 ↔ 전동구동장치	5	HFIX $2.5mm^2$	+−, 기동, 복구, 기동확인

D	전동구동장치 ↔ 연동제어반	6	HFIX 2.5mm^2	+－, 기동, 복구, 기동확인2
E	연동제어반 ↔ 수신기	8	HFIX 2.5mm^2	+－, 기동, 복구, 기동확인2, AC 전원
F	전동구동장치 ↔ 수동조작함	5	HFIX 2.5mm^2	+－, 기동, 복구, 정지

14. 터널의 제연설비 설치기준

제연설비를 설치하는 경우 각 호의 사양을 만족하도록 설계해야 한다.

① 설계화재강도 20메가와트를 기준으로 하고, 이 때 연기발생률은 초당 80세제곱미터로 하며, 배출량은 발생된 연기와 혼합된 공기를 충분히 배출할 수 있는 용량 이상을 확보 할 것

② 제1호에도 불구하고 화재강도가 설계화재강도 보다 높을 것으로 예상될 경우 위험도분석을 통하여 설계화재강도를 설정하도록 할 것

터널에 배기닥트를 설치하는 방식으로 종방향 제연과 횡방향 제연방식이 있다.

(1) 터널 종방향 제연

터널상부에 배기닥트를 설치하는 방식으로 차량들이 화재장소에서 양쪽방향으로 대피하는 가장 효과적인 방식이다. 그러나 터널내부에 닥트공간을 만들어 터널직경이 커야 하는 등 투자비가 상승한다.

(2) 터널 횡방향 제연

배기닥트를 설치하지 않고 터널안의 연기를 터널을 따라 불어내는 방식이다. 일방통행용 터널에 주로 사용되며 화재지점의 전방으로 불어내어 후방차량들이 연기와 열기에 휩 쌓이지 않도록 하는 방식이다. 횡류방식은 터널상부에 Jet Fan을 설치하며 팬의 크기, 터널구배, 화염크기에 따라 Back Layering현상이 발생할수 있다.

(3) 터널 제연설비 설치기준

① 종류환기방식의 경우 제트팬의 소손을 고려하여 예비용 제트팬을 설치하도록 할 것

② 횡류환기방식(또는 반횡류환기방식) 및 대배기구 방식의 배연용 팬은 덕트의 길이에 따라서 노출온도가 달라질 수 있으므로 수치해석 등을 통해서 내열온도 등

을 검토한 후에 적용하도록 할 것

③ 대배기구의 개폐용 전동모터는 정전 등 전원이 차단되는 경우에도 조작상태를 유지할 수 있도록 할 것

④ 화재에 노출이 우려되는 제연설비와 전원공급선 및 제트팬 사이의 전원공급장치 등은 섭씨 250도의 온도에서 60분 이상 운전상태를 유지할 수 있도록 할 것

⑤ 제연설비는 화재감지기 또는 수동조작스위치의 동작 등에 의하여 자동 및 수동으로 기동될 수 있도록 해야 한다.

⑥ 비상전원은 60분 이상 작동할 수 있도록 해야 한다.

(4) 터널 자동화재탐지설비 설치기준

① 터널에는 차동식분포형감지기, 정온식감지선형감지기(아날로그식에 한한다) 또는 중앙기술심의위원회의 심의를 거쳐 터널화재에 적응성이 있다고 인정된 감지기를 설치해야 한다.

② 하나의 경계구역의 길이는 100미터 이하로 해야 한다.

③ 제1항에 의한 감지기의 설치기준은 다음 각 호와 같다.

㉮ 감지기의 감열부(열을 감지하는 기능을 갖는 부분을 말한다. 이하 같다)와 감열부 사이의 이격거리는 10미터 이하로, 감지기와 터널 좌·우측 벽면과의 이격거리는 6.5미터 이하로 설치할 것

㉯ 제1호에도 불구하고 터널 천장의 구조가 아치형의 터널에 감지기를 터널 진행방향으로 설치하고자 하는 경우에는 감열부와 감열부 사이의 이격거리를 10미터 이하로 하여 아치형 천장의 중앙 최상부에 1열로 감지기를 설치해야 하며, 감지기를 2열 이상으로 설치하고자 하는 경우에는 감열부와 감열부 사이의 이격거리는 10미터 이하로 감지기 간의 이격거리는 6.5미터 이하로 설치할 것

㉰ 감지기를 천장면(터널 안 도로 등에 면한 부분 또는 상층의 바닥 하부면을 말한다. 이하 같다)에 설치하는 경우에는 감지기가 천장면에 밀착되지 않도록 고정금구 등을 사용하여 설치할 것

㉱ 형식승인 내용에 설치방법이 규정된 경우에는 형식승인 내용에 따라 설치할 것

④ 제2항에도 불구하고 감지기의 작동에 의하여 다른 소방시설 등이 연동되는 경우로서 해당 소방시설 등의 작동을 위한 정확한 발화 위치를 확인할 필요가 있는 경우에는 경계구역의 길이가 해당 설비의 방호구역 등에 포함되도록 설치해야 한다.

⑤ 발신기 및 지구음향장치는 NFSC603 제7조를 준용하여 설치해야 한다.

15. 제연설비의 전원

제연설비 비상전원은 자가발전설비, 축전지설비 또는 전기저장장치로서 다음 각 호의 기준에 따라 설치해야 한다.

① 점검에 편리하고 화재, 침수 등의 재해로 인한 피해를 받을 우려가 없는 곳에 설치할 것
② 제연설비를 유효하게 20분 이상 작동할 수 있도록 할 것
③ 상용전원으로부터 전력의 공급이 중단된 때에는 자동으로 비상전원으로부터 전력을 공급
받을 수 있도록 할 것
④ 비상전원의 설치장소는 다른 장소와 방화구획 할 것
⑤ 비상전원을 실내에 설치하는 때에는 그 실내에 비상조명등을 설치할 것
⑥ 가동식의 벽 · 제연경계벽 · 댐퍼 및 배출기의 작동은 화재감지기와 연동되어야 하며, 예상 제연구역(또는 인접장소) 및 제어반에서 수동으로 기동이 가능하도록 해야 한다.

16. 용어의 정의

① '제연구역'이라 함은 제연경계(제연설비의 일부인 천장을 포함한다)에 의해 구획된 건물 내의 공간을 말한다.
② '예상제연구역'이라 함은 화재발생시 연기의 제어가 요구되는 제연구역을 말한다.
③ '제연경계의 폭'이라 함은 제연경계의 천장 또는 반자로부터 그 수직하단까지의 거리를 말한다.
④ '수직거리'함은 제연경계의 바닥으로부터 그 수직하단까지의 거리를 말한다.
⑤ '공동 예상 제연구역'이라 함은 2개 이상의 예상 제연구역을 말한다.
⑥ '방화문'이라 함은 건축법 시행령 제64조의 규정에 따른 갑종방화문 또는 을종방화문으로서 언제나 닫힌 상태를 유지하거나 화재로 인한 연기의 발생 또는 온도의 상승에 따라 자동적으로 닫히는 구조를 말한다.
⑦ '유입풍도'라 함은 예상 제연구역으로 공기를 유입하도록 하는 풍도를 말한다.
⑧ '배출풍도'라 함은 예상 제연구역의 공기를 외부로 배출하도록 하는 풍도를 말한다.

제IV편

방재전원설비

화재발생시 전원설비 소손으로 발생되는 정전은 소화 · 경보 · 피난설비 등의 소방설비 동작에 지장을 주어 피난유도뿐만 아니라 소화활동 등에도 매우 큰 위험을 초래한다. 그러므로 소방법에서는 화재발생시에도 소방시설이 정상적으로 비상전원을 확보할 수 있도록 법규를 규정하고 있다.

제13장 비상전원설비

1. 비상용 예비전원의 필요성

빌딩 · 공장 등 모든 분야에서 전기설비는 중요한 기능을 발휘하고 있다. 그러나 전력회사로부터 공급받고 있는 상용전원에 정전사고가 발생하면 생활에 불편뿐만 아니라 안전에도 큰 위협을 미치고 있다. 상용전원의 신뢰도는 설비 개선을 통해서 향상되고 있지만 태풍이나 풍수해 등 천재에 의한 정전사고와 기기교체 등 보수작업으로 인한 정전 등을 생각한다면 완전한 무정전 공급이란 도저히 불가능하다.

따라서 상용전원이 정전된 경우에 자위상 최소한의 전력을 확보하기 위해서 소방법, 건축법을 통하여 비상용 예비전원 설비확보를 규정하고 있다.

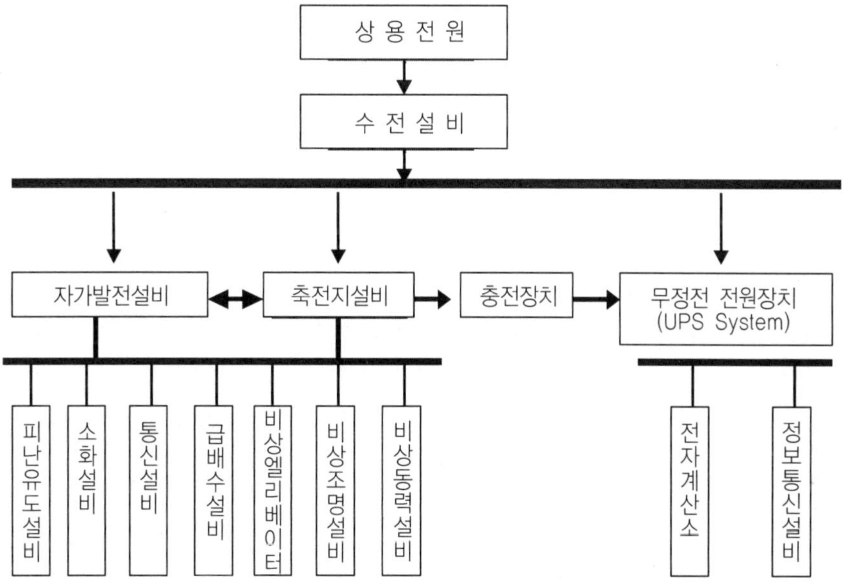

[그림 13-1] 비상용 예비전원설비의 개념도

법규에 의한 비상전원설비로서는 자가용 발전설비 · 축전지설비 · 전기저장장치 · 비상전원 전용수전설비 등이 인정되고 있다.

(1) 자가발전설비

자가발전설비는 상용전원이 차단된 경우에만 사용하는 것으로 내연기관 또는 가스터빈(이하 원동기라 한다)에 의하여 발전기를 구동하여 부하에 전력을 공급하는 장치로 원동기 · 발전기 · 제어장치 및 부속장치로 구성된다.

(2) 축전지설비

수변전설비의 조작용 전원 · 비상용 조명장치 · 방송통신장치의 예비전원으로 사용되는 것으로 상용전원 정전시 즉시 전원을 공급할 수 있어 병원이나 소방법의 비상용 전원 설비로 사용된다.

(3) 전기저장장치

전기저장장치(ESS : Energy Storage System)는 전력계통 및 타전원으로부터 전기를 축전지에 에너지로 저장했다가 필요할 때 사용하는 장치로써 전력변환장치 · 전력관리장치 · 축전지관리장치 등으로 구성된다.

(4) 비상전원수전설비

연면적 1,000[m^2] 이하 제한적 건축물에 시설하는 설비로서 특별 고압 · 고압 및 저압으로 수전할 수 있으며 화재안전기준의 소방시설용 비상전원 수전설비 설치규정에 따라 설치해야 한다.

예비전원은 〈표 13-1〉과 같이 법규상(소방법, 건축법) · 자위상 · 영업상 필요로 하며 법규상 필요한 예비전원은 반드시 설치하여야 한다.

비상용 예비전원으로 축전지와 자가발전장치가 주로 사용되는데 축전지는 장시간의 전력공급과 전력용량의 한계 등으로 발전설비와 조합하여 시설된다.

발전설비는 초기투자비는 크지만 연료공급에 의하여 장시간 전력공급이 가능하다. 따라서 축전지는 단시간의 공급전원으로 발전설비는 장기간 공급전원으로 사용되며, 그 외 법규상 전기저장장치와 비상전원수전설비 등이 소방용 비상전원으로 인정되고 있다.

〈표 13-1〉 예비전원을 필요로 하는 부하

구 분 \ 용 도	예비전원 필요부하
법규상 필요전원	소방법, 건축법에 의한 설비 자탐설비 · 경보설비 · 비상조명 · 소화설비 · 제연설비 방화셔터 · 비상용 승강기
자위상 필요전원	승강기용(대피 · 구조), 조명용(운전조작) 공조용 · 환기용 · 위생용(급 · 배수펌프) · 제어용(중앙감시반) 보안 · 방재용(항공장애등 자가발전 보조기기)
영업용 대상전원	필요한 영업장소 은행 · 온라인 영업업체 · 대중음식점 · 체육시설 · 양어장 등 필요한 영업장소

2. 비상전원의 분류

(1) 소방용 비상전원

예비전원은 사용자의 분류에 따라 상용 예비전원과 비상용 예비전원으로 나누며 비상용 예비전원은 소방법, 건축법에 따라 용어와 전원 분류방법이 조금씩 다르다.

① 상용 예비전원

② 비상용 예비전원

㉮ 예비전원(건축법) : 자가발전설비 · 축전지설비 · UPS · 전기저장장치

㉯ 비상전원(소방법) : 자가발전설비 · 축전지설비 · 전기저장장치 · 비상전원수전설비

- 일반 비상전원 : 상용전원 정지시 40초 이내 전력공급(자가발전설비)
- 특별 비상전원 : 상용전원 정지시 10초 이내 전력공급(자가발전설비)
- 순간특별 비상전원 : 상용전원 정지시 순간적으로 전력공급(자가발전설비+축전지설비)

비상전원이 비상시 그 기능을 완전히 발휘할 수 있게 하려면 나음과 같은 특성을 구비하여야 한다.

① 자가발전설비를 단독으로 운전하는 경우에는 비상시에 10초 이내에 기동하여 규

정전압을 유지하고 30분 이상 안전하게 전력을 공급할 수 있어야 한다.

② 축전지를 단독 운전하는 경우에는 축전지를 충전을 하지 않는 상태에서 30분 이상 방전할 수 있어야 한다.

③ 충전기를 갖춘 축전지와 자가발전설비가 병용하는 경우에는 정전 후 10분간은 축전지가 담당하고 자가발전설비는 40초 이내에 기동하여 30분 이상 안정된 전력을 공급할 수 있어야 한다.

〈표 13-2〉 법령상 인정되는 비상전원 설비

법령 / 예비전원	소방법상 분류	건축법상 분류
자가발전설비	30분 이상 연속운전	비상사태 후 10초 이내 전원 확보하고 30분 이상 연속 공급 용량일 것
축전지설비	정전 후 충전하지 않고서 1시간 이상 감시상태 지속 후 30분 이상 방전할 수 있을 것	자동충전장치 및 시한 충전장치를 가진 것으로 충전하지 않고 계속적으로 30분 이상 방전할 수 있을 것
축전지설비와 자가발전설비 공용	자가발전기는 정전 후 40초 이내 정격전압을 확보하고 30분 이상 계속 운전할 수 있을 것	정전 후 순간적으로 10분간은 축전지가 담당하고 40초 이내에 발전기 전압을 확립하여 30분 이상 연속 운전이 가능할 것
비상전원 전용 수전설비	연면적 1000[㎡] 미만	인정하지 않음

※ 비상용 엘리베이터인 경우 120[분], 병원설비는 10[시간]의 자가발전 시설용량을 요구한다. 병원 전기설비 안전규정이 제일 엄격하게 적용되고 있다.

(2) 소방법, 건축법 구분 해석

건축법에 규정된 예비전원은 비상용 엘리베이터와 방화문에 관한 규정만이 명시되어 있고, 배연설비 및 비상용 조명장치에 관한 예비전원 사항은 소방법에 명시되어 있다.

소방법에서는 소방대상물에 화재가 발생하는 경우에 화재를 조기에 발견하여 소화·통보·피난 등을 신속하게 하기 위해 소방설비 설치와 함께 비상전원을 의무화하고 있다. 소방법에 의거한 비상전원은 자가발전설비·축전지설비·전기저장장치·비상전원수전설비로 규정되어 있으며, 건축법에 비해 비상전원수전설비가 추가로 포함되어 있다.

그러나 자동화재 탐지설비·비상경보 및 비상 방송설비·유도등·무선통신보조설비 등은 축전지 설비와 전기저장장치가 비상전원으로 인정된다.

국가화재안전기준에서 규정하는 비상전원 설치기준은 다음과 같다.

① 점검에 편리하고 화재 및 침수 등의 재해로 인한 피해를 받을 우려가 없는 곳에 설치하여야 한다.

② 옥내소화전 설비를 유효하게 20분 이상 작동할 수 있어야 한다.

③ 상용전원으로부터 전력이 중단된 때에는 자동으로 비상전원으로부터 전력을 공급 받을 수 있도록 하여야 한다.

④ 비상전원 설치장소는 다른 장소와 방화구획 되어야 하며, 그 장소에는 비상전원 공급에 필요한 기구나 설비 외의 것을 두어서는 아니된다. 다만 열병합발전설비에 있어서 필요한 기구나 설비는 그렇지 아니하다.

⑤ 비상전원을 실내에 설치할 때에는 그 실내에 비상조명등을 설치하여야 한다.

⑥ 옥내에 설치하는 비상전원실은 옥외로 직접 통하는 충분한 용량의 급배기 설비를 설치하여야 한다.

⑦ 비상전원실의 출입구 외부에는 실의 위치와 비상전원의 종류를 식별할 수 있도록 표지판을 부착하여야 한다.

3. 비상전원 출력용량

자가발전설비는 용량계산은 부하의 용도와 조건에 따라 다음 각목 중 하나를 선택하고 부하 용도별 표지를 부착하여야 한다. 다만, 자가발전설비의 정격출력 용량은 하나의 건축물에 있어서 소방부하의 설비용량을 기준으로 하고, ②의 경우 비상부하는 건축전기설비 설계기준의 수용률 범위 중 최대값 이상으로 적용한다.

① 소방전용 발전기

소방부하 용량을 기준으로 정격출력 용량을 산정하고 소방부하와 비상용 부하를 별도의 발전기로 설치하는 방법이다. 각각의 부하에 대한 출력용량 확보의 장점은 있지만 설치 댓수 증가에 따른 투자비 증가와 공간 확보의 단점을 지닌다.

② 소방부하 겸용발전기

소방 및 비상부하를 겸용하는 발전기로써 소방부하와 비상부하의 전원용량을 합산하여 정격 출력용량을 산정하는 방식이다. 소방부하와 비상부하를 동시에 운전할 수 있는 장점은 있지만 정격 출력용량 증대로 비효율적 운영의 단점이 있다.

③ 소방전원 보존형 발전기(소방부하 우선용 발전기)

소방부하 우선용 발전기는 소방 및 비상부하를 겸용하는 발전기로써 소방부하의 전원용량을 기준으로 정격 출력용량을 산정하여 사용하는 발전기이다. 상용전원 정전시 소방부하 및 비상부하에 비상전원이 자동 공급되고 소방부하가 증가되어 발전기가 과부하에 도달하게 되면 과부하에 해당하는 만큼 비상부하를 순차적으로 차단함으로써 소방부하를 연속적으로 공급하는 발전방식이다. 이 방식은 발전기 과부하에 따른 소방시설 미동작의 피해를 예방할 수 있고 투자비 절감에 따른 경제성도 확보된다.

4. 자가발전설비

자가발전설비는 사용목적에 따라 법령으로 정해진 소방용과 사용상 필요한 보안용 부하에 공급된다.

대부분 사용되는 디젤발전기는 연료를 직접 내부에서 연소시켜 그 압력을 출력측에 전달하여 동력을 얻는 장치이다. [그림 13-2]는 디젤발전기의 구성도를 나타낸다.

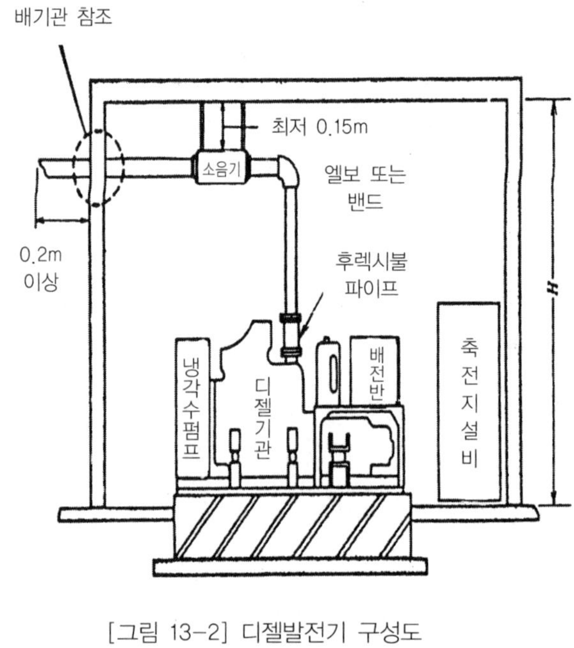

[그림 13-2] 디젤발전기 구성도

〈표 13-3〉 설비별 비상전원 종류

관계법	소방설비의 종류	비상전원의 종류				전원용량
		축전	발전	ESS	수전	
소방법	옥내소화전 · 스프링클러	○	○	○		1~29층 : 20분 30~49층 : 40분 50층이상 : 60분
	차고 · 주차장으로SP설치 바닥 1,000m^2미만	○	○	○	○	20분
	간이스프링클러	○	○	○	○	10(근생20)분
	물분무 등 소화설비	○	○	○		20분
	폼헤드 · 고정포방출설비 바닥 1,000m^2미만	○	○	○	○	20분
	자동화재탐지설비 · 비상경보 · 방송설비	○		○		60분 감시 10분 경보 (30층 이상은 30분 경보)
	유도등(11층 이상, 지하층, 무창층)	○		○		60분
	기타 시설 유도등	○		○		20분
	비상조명등(11층 이상, 지하층, 무창층)	○	○	○		60분
	기타 시설 비상조명등	○	○	○		20분
	제연설비(특별피난계단, 비상승강장 로비)	○	○	○		20분
	비상콘센트		○	○	○	20분
	무선통신 보조설비(증폭기 설치한 경우)	○		○		30분
건축법	비상용 엘리베이터		○	○		120분
	방화문	○	○	○		30분

- 옥내소화전 · 비상콘센트 설비는 7층 이상 연면적 2,000[m2]이상이거나, 지하층 바닥면적 3,000[m^2] 이상인 경우 비상전원을 설치한다. 다만, 2 이상의 변전소에서 전력을 동시에 공급받을 수 있거나 하나의 변전소로부터 전력공급이 중단되는 때에는 자동으로 다른 변전소로부터 전원을 공급 받을 수 있도록 상용전원을 설치한 경우에는 그러하지 아니한다.
- 비상전원전용수전설비는 특정소방대상물(여관 · 호텔 · 백화점 · 병원 · 영화관)에서 연면적 1000[m^2] 이상인 장소에서는 사용할 수 없다.
- 비상용 승강기의 예비전원은 정전시에 60초 이내에 정격용량을 발생하는 자동전환 방식으로 하되 수동기동이 가능하도록 하고 2시간이 작동되어야 한다.

(1) 자가발전설비 출력

발전기 출력은 부하의 종류와 용량을 산정하고 장래 예상되는 부하를 고려하여 여유를 두고 결정한다. 일반적인 부하인 경우에는 발전기에 걸리는 총부하 용량에 수용률 또는 부하율을 곱한 값 이상으로 한다.

발전기용량[kVA] ＞ 총부하용량 × 수용률 × 여유률

수용률은 전등・동력 중 최대설비에서 최초 적용부하 1대는 100[%]를 적용하고 기타 부하는 80[%]를 적용한다.

기동용량이 큰 부하가 있는 경우 상시전원에서 공급시에는 기동전류가 커도 전원용량이 크기 때문에 문제가 없었지만 자가발전기인 경우에는 전동기의 기동전류가 발전기에 걸리게 되므로 발전기의 단자전압이 순간적으로 저하하여 접촉자가 개방되거나 엔진이 정지하는 등 사고를 유발하기도 한다. 그러므로 비상전원 출력용량은 다음 각 목의 기준에 충족하도록 선정되어야 한다.

① 비상전원 설비에 연결된 모든 부하가 동시에 운전될 수 있는 합계 입력용량을 기준으로 정격출력을 산정 할 것
② 기동전류가 가장 큰 부하가 기동될 때에는 부하의 허용 최저입력전압 이상의 출력전압을 유지하도록 할 것
③ 단시간 과전류에 견디는 내력은 입력용량이 가장 큰 부하가 최종 기동할 경우에도 견딜 수 있을 것

이러한 것을 고려하여 발전기의 정격용량은 다음과 같이 구할 수 있다.

$$P_n \geq \left(\frac{1}{\Delta V} - 1\right) \times X_L \times P_m$$

P_n : 발전기 정격용량[kVA]
ΔV : 부하투입시 허용 전압강하(0.2～0.25)
X_L : 발전기 과도 리액턴스(0.25～0.3)
P_m : 발전기 기동용량[kVA]

(2) 발전기 기동용량

2대 이상의 전동기를 동시에 기동하는 경우 2대 이상의 기동전력을 합한 값과 1대의 기동용량을 비교하여 큰 값을 적용한다. 발전기 기동용량은 다음 식에 의해 구할 수 있다.

$$\text{기동용량} = \sqrt{3} \times \text{정격전압} \times \text{기동전류} \times 10^{-3}[\text{kVA}]$$

발전기의 차단기 용량은 다음과 같다.

$$P_S > \frac{P_n}{X_L} \times 1.25(\text{여유율})$$

발전기실의 넓이는 다음 식으로 구할 수 있다.

$$S > 1.7\sqrt{P_n}\ [\text{m}^2]\ (\text{추천값} = 3\sqrt{P_n}\ [\text{m}^2])$$

예제 1

유도전동기에 사용할 비상발전기를 설치하려고 한다. 이 설비에 사용된 발전기의 조건을 보고 물음에 답하시오. 기동용량은 700[kVA]이고, 기동시 허용전압강하는 20[%], 과도 리액턴스는 25[%]이다. 발전기 차단용량은 얼마인가?

【풀이】 $P_n \geq \left(\frac{1}{\Delta V} - 1\right) \times X_L \times P_m$ 에서 $\left(\frac{1}{0.2} - 1\right) \times 0.25 \times 700 = 700[\text{kVA}]$

발전기용 차단기 용량은 다음과 같이 구할 수 있다.

$P_S > \frac{P_n}{X_L} \times 1.25$ (여유율) 이므로 $P_S > \frac{700}{0.25} \times 1.25$

5. 축전지설비

축전지설비는 소방설비의 비상전원에 있어서 중요한 설비로 인정되고 있다. 일본에서는 소방법에서 소방청 고시로 축전지설비의 기준을 규정해 놓았지만 우리나라에서는 아직 별도로 고시되어 있지 않다. 예비전원으로 축전지설비는 상용전원이 정전되었을 경우 자가발전설비가 기동하여 정격전압을 확보할 때까지 중간전원으로 사용되며 소방설비 중 경보설비에서는 축전지설비만 인정하므로 방재전원으로 매우 중요하다.

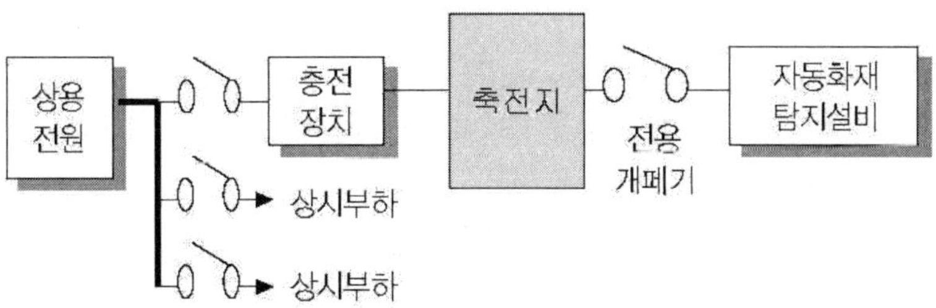

[그림 13-3] 축전지설비 구성

(1) 축전지설비 기능

축전지와 충전장치를 복합시킨 부동 충전방식은 사용전원이 정전된 경우 무정전으로 다른 장치들과 조합하면 융통성있게 사용할 수 있다. 비상전원으로서의 축전지 설비는 중앙감시설비의 전원이나 수·변전설비의 각종 차단기의 조작전원, 감시용 표시등 전원으로 이용되고 있다. 또한 주전원이 정전되었을 때 자가발전설비가 기동되어 정격전압이 확보될 때까지 보조전원으로서, 혹은 처리중인 작업의 응급조치에 필요한 최소한의 전원으로 사용된다. 축전지 용량에 대해서는 건축법이나 소방법의 각 부하설비마다 사용할 시간이 정해져 있다.

그러나 축전지설비는 교류 비상설비보다 담당하는 부하의 종류가 적은데 그것은 축전지 자체만으로는 비용이나 공간적 제약으로 인하여 용량이 제한되기 때문이다. 따라서 비상용 직류설비는 비상조명·감시 및 제어장치·화재경보·비상발전기 시동 및 통신용 전원으로 사용범위가 제한되는 것이 일반적이다. 또한 축전지설비를 효과적으로 사용하기 위해서는 법규 내에서 다른 전원으로 변경, 혹은 다른 전원과 병용을 검토한다.

예를 들면 비상용 예비전원설비로서 축전지와 발전기의 병용이 가능하다. 축전지 용량은 일반적으로 발전기 설치 유무가 결정조건이 된다. 발전기가 설치되어 있을 경우 정전에서 발전기의 송전까지 40～60초가 걸리므로 그 동안 축전지에서 전력공급을 할 수 있는 용량이면 좋다.

그러므로 발전기와 공용하는 경우에는 축전지가 10분간 전력을 담당한다. 그러나 발전기가 없는 경우는 다른 법규 설비와의 겸용으로 30분간의 용량이 확보되어야 한다. 축전지설비는 축전지·충전장치·보안장치·제어장치·역변환장치로 구성되어 있다.

(2) 축전지의 종류

전기를 발생하는 장치 중 화학에너지를 전기에너지로 변환해서 외부 회로에 전류를 공급하는 장치를 전지라 하며, 1차 전지와 2차 전지로 나눈다.

1) 1차 전지

한번 방전이 되면 충전을 하여도 구성물질의 재생이 불가능한 전지를 말하며 양극·음극·감극제·전해액으로 구성된다.

2) 2차 전지

전기에너지를 화학에너지로 변환해서 저장하고 필요시 전기에너지를 뽑아 쓸 수 있는 장치이다. 즉, 1차 전지와는 다르게 2차 전지는 충전과 방전이 가능한 장치이다. 이것은 장기간 전지교환 없이 사용할 수 있기 때문에 용량이 큰 축전지는 방재설비, 자동차 등에 용량이 작은 Ni-Cd이나 소형알칼리 축전지는 라디오 · 카세트 · 핸드폰 등 소형 전자제품에 이용된다.

대표적인 2차 축전지는 연축전지와 알칼리 축전지가 있으며 〈표 13-4〉와 같은 특징이 있다.

〈표 13-4〉 축전지 특성

종 별		연 축 전 지		알칼리 축전지	
형식별		클래식 (CS형)	페이스트식 (HS형)	포켓식 (AL, AM, AMH, AH형)	소결식 (AH, AHH형)
작용물질	양극	PBO_2(이산화납)		NiooH(수산화니켈)	
	음극	Pb(납)		Cd(카드뮴)	
	전해액	H_2SO_4(황산)		KOH(수산화칼륨)	
기대수명		10~15년	5~7년	15~20년	
반응식		$PbO_2 + 2H_2SO_4 + Pb \underset{충전}{\overset{방전}{\rightleftarrows}} PbSO_4 + 2H_2O + PbSO_4$		$2NiOOH + 2H_2O + Cd \underset{충전}{\overset{방전}{\rightleftarrows}} 2Ni(OH)_2 + Cd(OH)_2$	
충전시간		길다		짧다	
기전력		2.05~2.08[V]		1.32[V]	
공칭전압		2.0[V]		1.2[V]	
공칭용량		10시간율[Ah]		5시간율[Ah]	
특징		· 축전지의 셀 수가 적다. · AH당 단가가 낮다. · 기계적 강도가 약하다.		· 수명이 길다. · 기계적 강도가 강하다. · 과방전, 과전류에 대해 강하다. · 온도특성이 양호하다. · 가격이 비싸다.	

연축전지는 거치용 및 엔진시동용으로 주로 사용되고 있으며 기술진보에 의하여 현재는 이동식 장치도 널리 이용되고 있다.

알칼리 축전지는 연축전지에 비하여 초기투자비가 많이 드나 수명이 길고 구조가 튼튼하며 정비면에서 유리하기 때문에 경우에 따라서는 초기비용을 상쇄시킬 수도 있다. 특히 현장에서 문제가 발생되는 직류 및 교류 차단기의 선정에 있어서는 기술적인 세

심한 검토가 요구되며 특히 직류차단기 선정에 있어서는 잘 검토하여 적용하여야만 축전지의 파손을 방지할 수 있다.

예제 2

다음 그림에서 전지의 기전력은 몇 [V]인가? (단, 외부저항 R을 10[Ω]으로 교체하면 7[A]의 전류가 흐른다.)

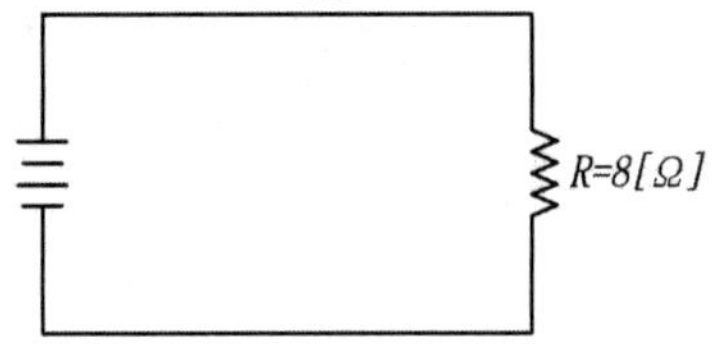

【풀이】 전지기전력을 E[V], 전지 내부저항을 r[Ω]이라 하면

$E = I(r+R)$[V]

8[A]일 때와 7[A]일 때의 기전력은 E[V]로서 일정하므로,

$8\times(r+8)=7\times(r+10)$

$8r+64=7r+70$

$8r-7r=70-64$

$r=6$[Ω]

$\therefore\ E=8\times(6+8)=7\times(6+10)=112$[V]

(3) 축전지 용량산출

축전지는 직류전원이므로 디젤발전기에 비하여 부하 종류가 한정되어 있으며 사용 부하설비는 정전기간 중 연속적으로 사용되는 정상부하(비상등, 표시등) 이외에 차단기의 릴레이 조작전원 같은 변동부하가 있다. 축전지 용량은 다음과 같은 순서로 산출한다.

① 축전지 대상부하를 결정하고 동시 소비 가능한 최대 방전전류를 구한다.

$$\text{방전전류[A]} = \frac{\text{부하용량[VA]}}{\text{정격전압[V]}}$$

② 방전시간[t]을 결정한다. 소방법, 건축법에 의한 전원공급인 경우 약 30분으로 정하고, 교류발전기와 동시 기동되는 경우는 약 10분으로 한다.

③ 방전전류・방전시간 특성곡선을 작성한다. 비상조명・릴레이 조작전원・표시램프 등의 방전전류 및 방전시간 특성곡선을 작성한다. 여기서 유의사항은 방전의 마지막 시간에 큰 방전전류가 사용됨을 가정해두는 것이 좋다. 왜냐하면 방전 말기의 최저 조건시에 대전류가 필요한 경우에도 작동할 수 있어야 하기 때문이다.

④ 축전지 종류 결정하는 경우 가격면에서는 연축전지의 급방전형(HS형)이 적정하고 성능・보수 면에서 선정할 경우 알칼리 축전지의 포켓식 표준형(AM형)이 적정하고, 순간 대전류가 많을 때에는 알칼리 축전지의 포켓식 급방전형(AMH형)이 적당하다.

⑤ 축전지 표준 셀 수로는 연축전지의 경우 54셀(cell), 알칼리 축전지는 86셀로 한다.

- 연축전지 : 54셀×2.0[V]=108[V]
- 알칼리 축전지 : 86셀×1.2[V]=103[V]

〈표 13-5〉 연축전지의 용량 환산계수 K(상단은 900~2000[Ah], 하단은 900[Ah] 이하)

형 식	온도[℃]	10분			30분		
		1.6[V]	1.7[V]	1.8[V]	1.6[V]	1.7[V]	1.8[V]
CS	25	0.9 0.8	1.15 1.06	1.6 1.42	1.41 1.34	1.6 1.55	2.0 1.88
	5	1.15 1.1	1.35 1.25	2.0 1.8	1.75 1.75	1.85 1.8	2.45 2.35
	−5	1.35 1.25	1.6 1.5	2.65 2.25	2.05 2.05	2.2 2.2	3.1 3.0
HS	25	0.58	0.7	0.93	1.03	1.14	1.38
	5	0.62	0.74	1.05	1.11	1.22	1.54
	−5	0.68	0.82	1.15	1.2	1.35	1.68

⑥ 용량 환산계수 K는 전지의 최저온도 및 허용할 수 있는 최저전압에 의하여 결정되는 용량환산 시간으로 〈표 13-5〉는 연축전지의 경우 용량 환산계수를 나타낸다.

⑦ 축전지는 온도가 낮음에 따라 방전특성이 낮아지며, 온도가 상승하면 특성이 양호해지지만 45[℃] 이상이 되면 다시 저하한다. 축전지의 최저온도는 실내에서는 5[℃], 옥외큐비클은 최저 5[℃]~10[℃], 추운 지방에서는 −5[℃]로 하는 것이 좋다.

⑧ 허용 최저전압[V]

$$V = \frac{V_a + V_b}{n} \text{ [V/cell]}$$

V_a : 부하허용 최저전압

V_b : 축전지와 부하간의 전압간의 전압강하

n : 총 셀 수

예제 3

부하허용 최저전압이 95[V] 축전지와 부하간 접속선의 전압강하가 3[V]일 때 직렬로 접속한 축전지의 갯수가 50개이면 축전지 1개의 허용 최저전압은 몇 [V]인가?

【풀이】 $V = \frac{V_a + V_b}{n} \text{[V/cell]} = \frac{95+3}{50} = 1.96 \text{[V/cell]}$

V_a : 부하허용 최저전압

V_b : 축전지와 부하간의 접속선 전압강하

n : 축전지 개수

전해액으로는 순수한 묽은황산을 쓰고 그 농도는 비중을 나타낸다. 비중은 방전초기에 높고, 방전종기에 가서 낮으며 그 변화가 직선적이다. 충전종료시의 비중은 1.21~1.22가 되어야 하며 방전에 의해서 0.03~0.05 정도의 변동이 생긴다.

축전지가 충전상태로부터 규정된 방전종지전압이 될 때까지 낼 수 있는 전기량을 그 축전지의 용량이라 하고 이것의 단위는 Ah로 나타낸다. 또한 우리 나라에서는 방전시간에 대한 시간방전율은 10시간 방전율을 표준으로 삼고 있다.

비상부하가 일정부하(정전류 부하)인 경우 축전지의 용량(C)은 아래와 같이 구할 수 있다.

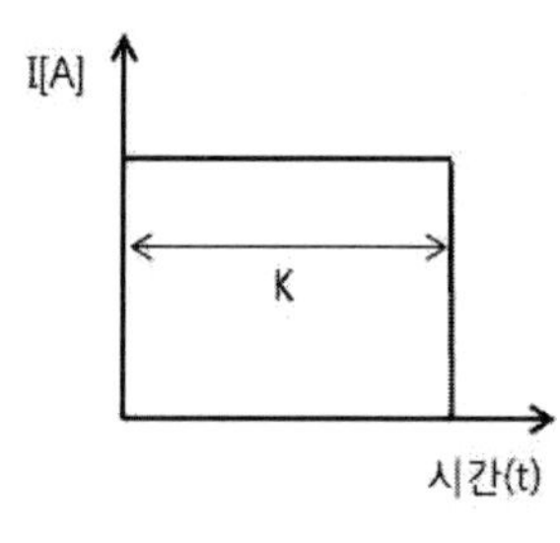

[그림 13-4] 정전류부하 특성곡선

$$C = \frac{1}{L} KI\ [Ah]$$

L : 보수율(0.8)

I : 방전전류

K : 방전용량 환산계수

비상부하가 [그림 13-5] (a)~(c)와 같이 축전지의 방전전류가 증가하거나 감소하는 변동부하인 경우 축전지의 용량은 아래와 같이 구할 수 있다.

방전전류가 증가하는 경우, 감소 후 증가하는 경우, 계속 감소하는 경우에 주어진 환산계수값(K)에 따라 계산방법을 다르게 한다.

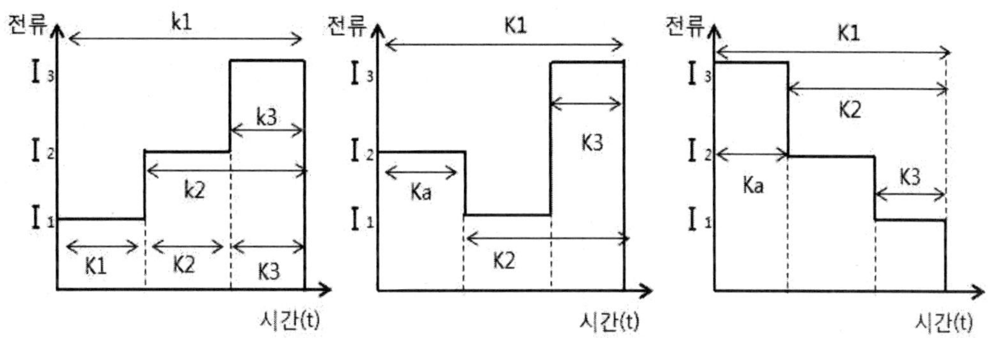

(a) 방전전류 증가　　(b) 방전전류 감소후 증가　　(c) 방전전류 감소

[그림 13-5] 변동부하 특성곡선

① 방전전류 증가 시 주어진 환산계수 값에 따라 아래 2가지 방식으로 축전지의 용량을 구할 수 있다.

$$C = \frac{1}{L}[k_1 I_1 + k_2(I_2 - I_1) + k_3(I_3 - I_2)]\ [\mathrm{Ah}]$$

또는 $C = \frac{1}{L}[K_1 I_1 + K_2 I_2 + K_3 I_3]\ [Ah]$

② 방전전류 감소 후 증가 시에는 주어진 K값에 따라 아래 3가지 방식으로 축전지의 용량을 계산한 후 가장 큰 용량 값을 선정한다.

$$C_1 = \frac{1}{L}[K_a I_1]\ [Ah], \qquad C_2 = \frac{1}{L}[K_1 I_1 + K_2(I_2 - I_1)]\ [Ah]$$

$$C_3 = \frac{1}{L}[K_1 I_1 + K_2(I_2 - I_1) + K_3(I_3 - I_2)]\ [Ah]$$

③ 방전전류 감소시에는 주어진 K값에 따라 아래 3가지 방식으로 축전지의 용량을 계산한 후 가장 큰 용량 값을 선정한다.

$$C_1 = \frac{1}{L}[KaI_1]\ [Ah],\quad C_2 = \frac{1}{L}[K_1 I_1 + K_2(I_2 - I_1)]\ [Ah]$$

$$C_3 = \frac{1}{L}[K_1 I_1 + K_2(I_2 - I_1) + K_3(I_3 - I_2)]\ [Ah]$$

예제 4

그림과 같은 부하특성일 때 소결식 알칼리 축전지 용량 저하율 $L=0.8$, 최저 축전지 온도 5[℃], 허용 최저전압 1.06[V/cell]일 때 축전지 용량은 얼마인가? (단, 여기서 용량 환산시간 $K_1 = 1.45$(30분), $K_2 = 0.69$(20분), $K_3 = 0.25$(10분)이다.)

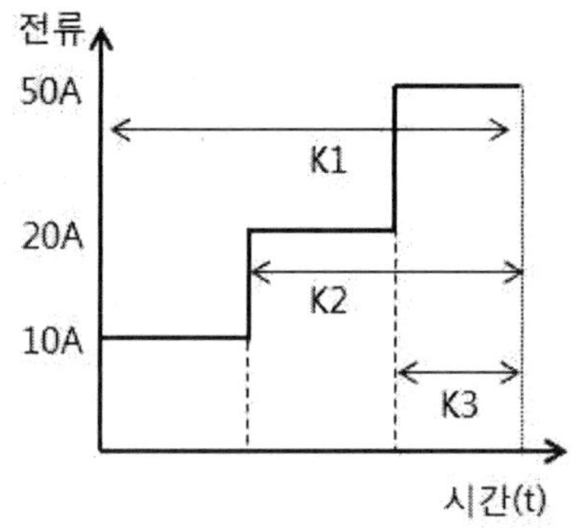

【풀이】 축전지의 용량(C)

$$C = \frac{1}{L}\ [K_1 I_1 + K_2(I_2 - I_1) + K_3(I_3 - I_2)]$$

여기서 L : 보수율(용량 저하율)

K : 용량환산 시간[hr]

I : 방전전류[A]($I_1 = 10$[A], $I_2 = 20$[A], $I_3 = 50$[A])

$$\therefore\ C = \frac{1}{0.8}[1.45\times10 + 0.69\times(20-10) + 0.25\times(50-20)] = 36.125[Ah]$$

예제 5

비상용 축전설비의 축전지로서 밀폐형 니켈 카드뮴 전지를 사용하고 있다. 부하가 25[V], 1.3[A]일 때 축전지의 필요한 용량은 몇 [Ah]인가? (단, 사용온도 20[℃], 보수율 0.8, 30분 정격에서의 용량환산 시간율 K는 0.7이며, 이 조건에서의 축전지 용량을 구하도록 한다.)

【풀이】 축전지의 용량

$$C = \frac{1}{L}KI\,[\mathrm{Ah}]$$

여기서 L : 보수율(용량 저하율)

K : 용량 환산시간율[hr]

I : 방전전류[A]

$$\therefore\ C = \frac{1}{0.8} \times 0.7 \times 1.3 = 1.14[\mathrm{Ah}]$$

예제 6

비상용 조명부하, 표시등 총 7800[W] 부하가 있다. 방전시간 30분, 축전지 HS형 54셀, 허용 최저전압 90[V], 최저 축전지 온도 5[℃] 때의 축전지 용량을 구하시오(단, 정격전압은 100[V]이고, 보수율은 0.8이다).

【풀이】 셀당 최저전압은 90[V] / 54 = 1.7[V / cell]이고, 방전전류는 I = 7800 / 100 = 78[A]이다. 표에서 K = 1.22이므로,

$$C = \frac{1}{L}[KI] = \frac{1}{0.8}(1.22 \times 78) = 118.95[\mathrm{Ah}]$$

그러므로 118.95[Ah] 이상의 HS형 120[Ah], 54셀을 사용한다.

예제 7

그림과 같은 특성 부하인 경우 아래 용량환산계수를 보고 사용 축전지의 용량(C)을 구하시오. 단, 보수율 L=0.8로 한다.

[용량환산계수]

시간(min)	10분	20분	30분	60분	100분	110분	150분	170분	180분	200분
용량환산계수(K)	1.30	1.45	1.75	2.55	3.45	3.65	4.45	4.85	5.05	5.30

【풀이】

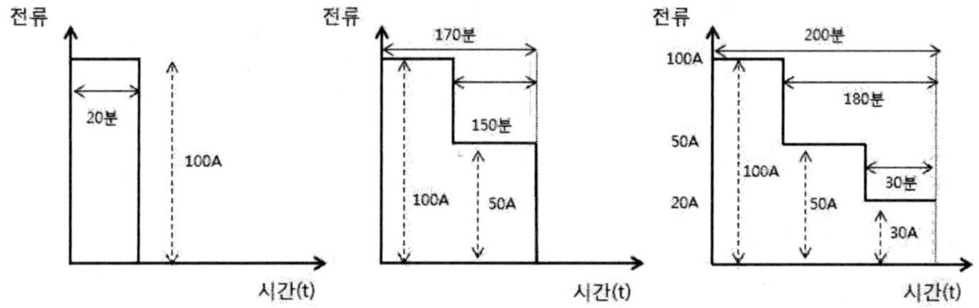

(a) C1 용량계산 (b) C2 용량계산 (c) C3 용량계산

방전전류가 감소하는 부하패턴을 갖는 부하이므로 아래와 같이 계산하고 최대값을 선정한다.

① C_1 용량계산

$$C_1 = \frac{1}{L}[KaI_1] = \frac{1}{0.8} \times 1.45 \times 100 = 181.25\,[Ah]$$

② C_2 용량계산

$$C_2 = \frac{1}{L}[K_1 I_1 + K_2(I_2 - I_1)] = \frac{1}{0.8}[4.85 \times 100 + 4.45 \times (50 - 100)] = 328.125[Ah]$$

③ C_3 용량계산

$$\begin{aligned} C_3 &= \frac{1}{L}[K_1 I_1 + K_2(I_2 - I_1) + K_3(I_3 - I_2)] \\ &= \frac{1}{0.8}[5.3 \times 100 + 5.05 \times (50 - 100) + 1.75 \times (30 - 50)] \\ &= 303.125[Ah] \end{aligned}$$

C_1, C_2 ,C_3 값 중 제일 큰 용량값 328.125[Ah]를 선정한다.

예제 8

정격용량 60[Ah]인 연축전지를 상시부하 6[kW], 표준전압 100[V]인 소방설비에 부동충전방식으로 시설하고자 한다. 충전기 2차 전류(충전전류)는 몇 [A]인가? (단, 연축전지 방전율은 10시간율로 한다.)

【풀이】 2차 충전전류 = 충전전류 + 상시 부하전류

$$= \frac{\text{축전지의 정격용량(정격용량)}}{\text{축전지의 방전시간율(공칭용량)}} + \frac{\text{상시부하}}{\text{표준전압}}$$

$$= \frac{60}{10} + \frac{6000}{100} = 66[A]$$

연축전지의 공칭용량(방전시간율) : 10[Ah]

알칼리 축전지의 공칭용량(방전시간율) : 5[Ah]

예제 9

알칼리 축전지의 정격용량은 60[Ah], 상시부하 3[kW], 표준전압 100[V]인 부동충전방식인 충전기의 2차 출력은 몇 [kVA]인가?

【풀이】

$$\text{2차 충전전류} = \frac{\text{축전지정격용량}}{\text{축전지공칭용량}} + \frac{\text{상시부하}}{\text{표준전압}}$$

$$= \frac{60}{5} + \frac{3000}{100} = 42[A]$$

충전기 2차 출력 = 표준전압×2차 충전전류 = 100×42 = 4.2[kVA]

시간경과에 따라 방전전류가 감소하는 부하는 감소하기 직전까지의 부하특성마다 분리하여 필요한 축전지 용량을 구한 다음 이 중 가장 큰 값의 용량이 전체부하에 필요한 정격방전율 환산용량이 된다.

〈표 13-6〉 소방기기별 축전지 종류

소방기기	축전지 종류
· 수신기	원통밀폐형 니켈카드뮴축전지 또는 무보수밀폐성 연축전지
· 중계기	알칼리계 2차 축전지 또는 리튬계 2차 축전지
· 비상조명등 · 자동화재속보설비	알칼리계 2차 축전지 또는 리튬계 2차 축전지 또는 무보수밀폐성 연축전지

(4) 축전지의 충전방식

방전한 축전지에 방전 전류와 반대방향으로 외부에서 전류를 보내면 축전지 내에 화학변화를 일으켜 용량이 회복되어 다시 방전 전과 같은 상태로 된다. 이와 같이 외부에

서 전기적 에너지를 주어 이것을 화학적 에너지로서 축전지에 축전하는 것을 충전이라 한다. 충전은 초기충전과 일상충전으로 나눌 수 있다.

1) 초기충전

초기충전이란 축전지에 아직 전해액을 넣지 않은 미충전 상태의 축전지에 전해액을 주입하여 처음으로 행하는 충전을 말한다.

2) 일상충전

사용과정에서 충전하는 것으로 다음과 같은 방식이 있다.

① 보통충전

필요할 때마다 표준시간율로 충전하는 방식이다.

② 급속충전

비교적 단시간에 이루어지며 보통충전 전류의 2~3배의 전류로 충전하는 방식이다.

③ 부동충전

축전지의 자기방전을 보충함과 동시에 상용부하에 대한 전력공급은 충전기가 부담하도록 하되 부담하기 어려운 일시적인 대전류 부하는 축전지로 하여금 부담케 하는 방식이다. 일반적으로 거치용 축전지설비에서 가장 많이 채용하는 방식으로 다음과 같은 장점을 갖는다.

㉮ 축전지가 항상 완전 충전상태에 있으므로 방전전압을 일정하게 유지할 수 있다.
㉯ 정류기의 용량이 작아도 된다.
㉰ 축전지 수명에 좋은 영향을 준다.

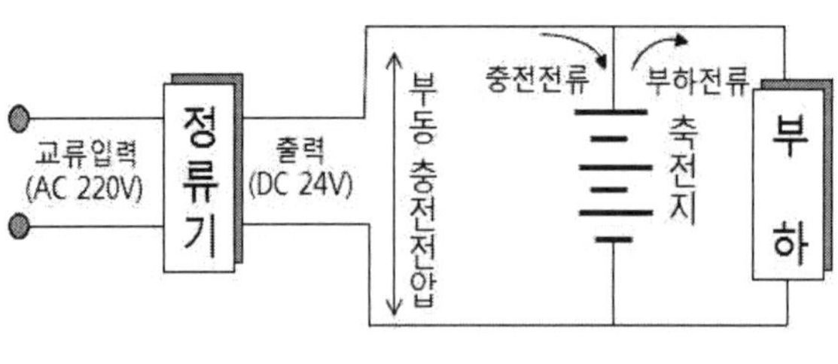

[그림 13-6] 부동충전방식

④ 균등충전

장기간에 걸친 충·방전으로 인하여 각 축전지간에는 전압이 불균일하게 된다. 그러므로 각 전지간의 전압을 균등하게 하기 위해 3주에 1회 정도 정전압(연축전지 : 2.4～2.5[V/cell], 알칼리축전지 : 1.45～1.5[V/cell])으로 10～12시간 충전하는 방식이다.

⑤ 세류충전

자기방전량만을 충전하는 방식이다.

⑥ 전자동충전

정전압 충전의 초기에 대전류가 흐르는 결점을 보완하여 일정한 전류 이상은 흐르지 않도록 자동전류 제한장치를 달아 충전하는 방식으로 보수・관리를 쉽게 하기 위해서 적용하는 방식이다.

⑦ 교호충전

축전지, 전류기를 그대로 하여 충・방전을 시행하는 방식이다.

⑧ 회복충전

축전지의 과방전 및 방전상태나 가벼운 셀페이션 현상 등이 생겼을 때 기능회복을 위하여 실시하는 충전방식이다. 셀페이션이란 충전이 부족할 때 축전자의 극판에 백색 황산연이 생기는 현상이다.

(5) 축전지실

과거에는 연축전지의 산무에 의한 부식을 방지할 목적으로 내산처리를 하기 위해 축전실이 필요했다. 그러나 현재는 연축전지의 경우 실드형・벤디드형 등 밀폐화된 구조이므로 산무의 발산이 거의 문제시되지 않고 있다.

또한 알칼리 축전지도 유해한 가스를 발산하지 않으므로 축전지실이 필요하지 않는 경향이 있다. 따라서 근래에는 축전지와 충전지를 동일 금속 케이스 속에 수납한 큐비클식 전원장치가 널리 채용되고 있으며 변전실・기계실 등에 다른 기기와 함께 설치되고 있다.

예제 10

자동화재탐지설비의 중계기 64개가 감지전류 15[mA]로 감시를 하고 있다가, 동작시 중계기 38개가 75[mA]로 동작하고 경종 39개가 50[mA]로 동작하면서 시각경보기 38개가 80[mA]로 동작한다. 이 때 축전지 용량을 구하시오. 단, 부하특성곡선에서 용량환산계수는 K1(60분)=2.4, K2(10분)=1.1, K3(70분)=3.77이다.

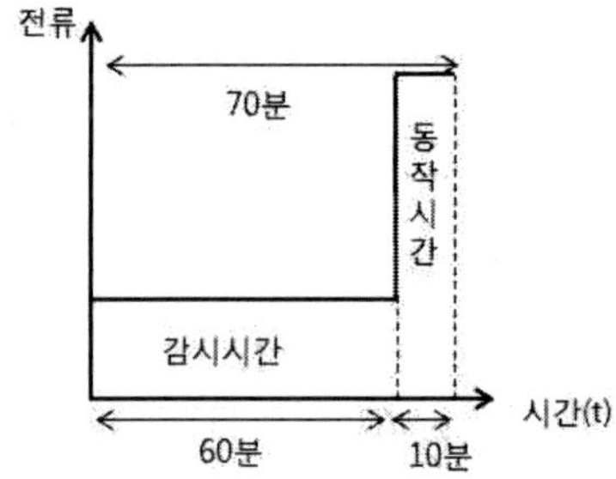

【풀이】 감시전류 15[mA]×64=960[mA]

동작전류 중계기 38개×75[mA]=2,850[mA]

경종 39개×50[mA]=1,950[mA]

시각경보기 38개×80[mA]=3,040[mA]으로 총 동작전류는 7,840(mA]이다.

감시전류 0.96[A], 동작전류 7.84[A]이므로 아래와 같이 부하특성곡선을 구할 수 있다.

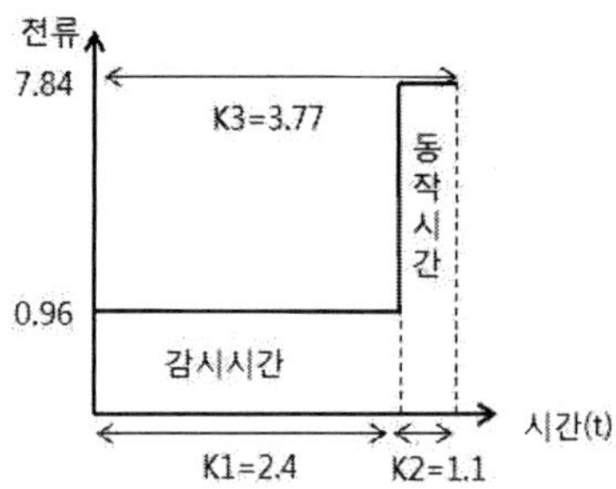

C1=60분(K1)+10분(K2)으로 구하면

$$C=\frac{1}{0.8}(2.4\times 0.96+1.1\times 7.84)=13.66[Ah]$$

C2=70분(K3)+10분(K2)으로 구하면

$$C=\frac{1}{0.8}(3.77\times 0.96+1.1\times 6.88)=13.98[Ah]$$

이므로 13.96[Ah] 축전지 용량을 선정한다.

6. 비상전원수전설비

비상전원수전설비에 관한 기준은 우리나라 소방법에만 유일하며 소방기술기준에서 비상전원설비로 고시되어 있다. 이 설비는 상용전원 수전방식과 같지만 별도의 전용선로로 구성되어야 하며, 특정 소방대상물의 연면적 1,000[㎡] 이하의 소방대상물로 한정되어 있다. 일반 전기사업자(한전)로부터 특고압으로 수전하는 비상전원수전설비와 저압으로 수전하는 방식이 있다.

비상전원 인입선은 화재가 발생할 경우에도 화재로 인한 손상을 받지 않도록 가능한 지중으로 설치하고, 가공으로 인입하는 경우에는 건축물의 개구부를 피하고 옥측 부분에서 인입하며 내화내선으로 하여야 한다. 비상전원수전설비는 화재시의 전원확보의 한계성으로 스프링클러설비 설치대상 중 일부분과 비상콘센트설비의 비상전원으로 사용할 수 있다.

특고압, 고압으로 수전하는 비상전원수전설비는 방화구획형·옥외개방형·큐비클형(cubicle)으로 하여야 한다.

(1) 방화구획형 설치기준

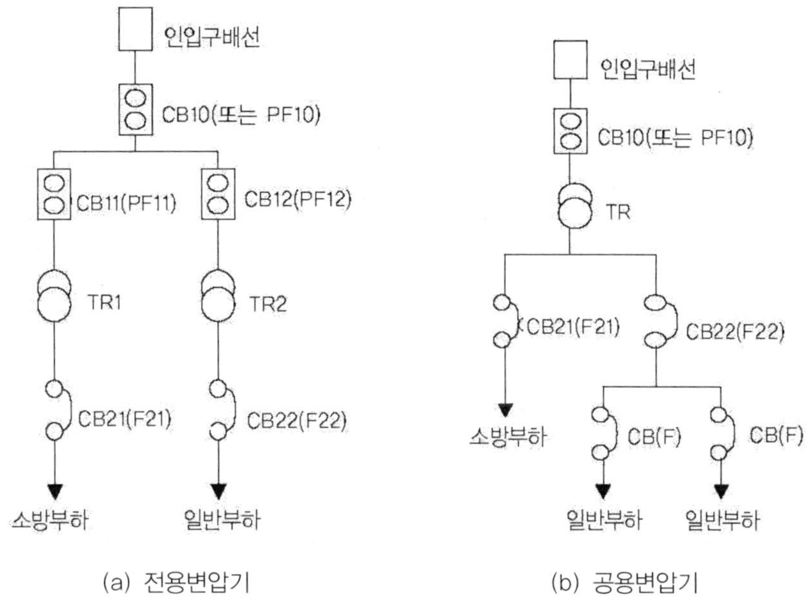

[그림 13-7] 특고압 비상전원수전설비

㈜ 1. 일반회로의 과부하 또는 단락사고시에 CB10(또는 PF10)이 CB12(또는 PF12) 및 CB22(또는 PF22)보다 먼저 차단되어서는 아니된다.
2. CB11(또는 PF11)은 CB12(또는 PF12)와 동등 이상의 차단용량일 것
3. 일반회로의 과부하 또는 단락사고시에 CB10(또는 PF10)이 CB12(또는 PF12) 및 CB(또는 F)보다 먼저 차단되어서는 아니된다.
4. CB21(또는 PF21)은 CB12(또는 PF12)와 동등이상의 차단용량일 것

① 전용의 방화구획 내에 설치할 것

② 소방회로 배선은 일반회로 배선과 불연성 벽으로 구획할 것. 다만, 소방회로 배선과 일반회로 배선을 15[cm] 이상 떨어져 설치한 경우는 그러하지 아니한다.

③ 일반회로에서 과부하, 지락 또는 단락사고가 발생한 경우에도 이에 영향을 받지 아니하고 계속하여 소방회로에 전원을 공급시켜줄 수 있어야 할 것

④ 소방회로용 개폐기 및 과전류 차단기에는 '소방시설용'이라 표시할 것

⑤ 전기회로는 다음과 같이 결선할 것

(2) 옥외개방형 설치기준

① 건축물의 옥상에 설치하는 경우에는 그 건축물에 화재가 발생할 경우에도 화재로 인한 손상을 받지 않도록 설치할 것

② 공지에 설치하는 경우에는 인접 건축물에 화재가 발생한 경우에도 화재로 인한 손상을 받지 않도록 설치할 것

(3) 큐비클형 설치기준

① 전용큐비클 또는 공용큐비클식으로 설치할 것

② 외함은 두께 2.3[mm] 이상의 강판과 이와 동등 이상의 강도와 내화성능이 있는 것으로 제작하여야 하며, 개구부에는 갑종방화문 또는 을종방화문을 설치할 것

③ 다음 각 목(옥외에 설치하는 것에 있어서는 가목 내지 다목)에 해당하는 것은 외함에 노출하여 설치할 수 있다.

㉮ 표시등(불연성 또는 난연성재료로 덮개를 설치한 것에 한한다)

㉯ 전선의 인입구 및 인출구

㉰ 환기장치

㉱ 전압계(퓨즈 등으로 보호한 것에 한한다)

㉲ 전류계(변류기의 2차측에 접속된 것에 한한다)

㉳ 계기용 전환스위치(불연성 또는 난연성재료로 제작된 것에 한한다)

④ 외함은 건축물의 바닥 등에 견고하게 고정할 것

⑤ 외함에 수납하는 수전설비·변전설비 그밖의 기기 및 배선은 다음 각 목에 적합하게 설치할 것

㉮ 외함 또는 프레임(frame) 등에 견고하게 고정할 것

㉯ 외함의 바닥에서 10[cm](시험단자, 단자대 등의 충전부는 15[cm]) 이상의 높이

에 설치할 것

⑥ 전선 인입구 및 인출구에는 금속관 또는 금속제 가요전선관을 쉽게 접속할 수 있도록 할 것

⑦ 환기장치는 다음에 적합하게 설치할 것

㉮ 내부의 온도가 상승하지 않도록 환기장치를 할 것

㉯ 자연환기구의 개부구 면적의 합계는 외함의 한면에 대하여 당해 면적의 3분의 1 이하로 할 것. 이 경우 하나의 통기구의 크기는 직경 10[mm] 이상의 둥근 막대가 들어가서는 아니된다.

㉰ 자연 환기구에 따라 충분히 환기할 수 없는 경우에는 환기설비를 설치할 것

㉱ 환기구에는 금속망, 방화댐퍼 등으로 방화조치를 하고, 옥외에 설치하는 것은 빗물 등이 들어가지 않도록 할 것

⑧ 공용 큐비클식의 소방회로와 일반회로에 사용되는 배선 및 배선용기기는 불연재료로 구획할 것

(4) 저압으로 수전하는 경우

전기사업자로부터 저압으로 수전하는 비상전원설비는 전용배전반(1・2종), 전용분전반(1・2종) 또는 공용분전반(1・2종)으로 하여야 한다.

① 제1종 배전반 및 제1종 분전반은 다음 각 호에 적합하게 설치하여야 한다.

㉮ 외함은 두께 1.6[mm](전면판 및 문은 2.3[mm]) 이상의 강판과 이와 동등 이상의 강도와 내화성능이 있는 것으로 제작할 것

㉯ 외함의 내부는 외부의 열에 의해 영향을 받지 않도록 내열성 및 단열성이 있는 재료를 사용하여 단열할 것. 이 경우 단열부분은 열 또는 진동에 따라 쉽게 변형되지 아니하여야 한다.

㉰ 다음 각 목에 해당하는 것은 외함에 노출하여 설치할 수 있다.

- 표시등(불연성 또는 난연성 재료로 덮개를 설치한 것에 한한다)
- 전선의 인입구 및 입출구

㉱ 외함은 금속관 또는 금속제 가요전선관을 쉽게 접속할 수 있도록 하고, 당해 접속부분에는 단열조치를 할 것

㉲ 공용배전반 및 공용분전반의 경우 소방회로와 일반회로에 사용하는 배선 및 배선용기기는 불연재료로 구획되어야 할 것

② 제2종 배전반 및 제2종 분전반은 다음 각 호에 적합하게 설치하여야 한다.

㉮ 외함은 두께 1[mm](함 전면의 면적이 1,000[cm^2]를 초과하고 2,000[cm^2] 이하인 경우에는 1.2[mm], 2,000[cm^2]를 초과하는 경우에는 1.6[mm]) 이상의 강판과 이와 동등 이상의 강도와 내화성능이 있는 것으로 제작할 것

㉯ 120℃의 온도를 가했을 때 이상이 없는 전압계 및 전류계는 외함에 노출하여 설치할 것

㉰ 단열을 위해 배선용 불연전용실 내에 설치할 것

(5) 기타 사항

① 일반회로에서 과부하·지락 또는 단락사고가 발생한 경우에도 이에 영향을 받지 아니하고 계속하여 소방회로에 전원을 공급시켜줄 수 있어야 할 것

② 소방회로용 개폐기 및 과전류 차단기에는 '소방시설용'이라는 표시를 할 것

③ 전기회로는 다음와 같이 결선할 것

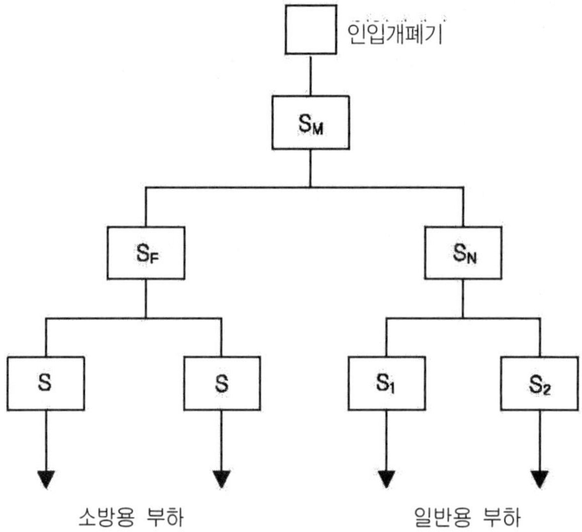

[그림 13-8] 저압수전인 경우

㈜ 1. 일반회로의 과부하 또는 단락사고시 S_M이 S_N, S_1 및 S_2보다 먼저 차단되어서는 아니된다.
2. SF는 SN과 동등 이상의 차단용량일 것

약 호	명 칭
CB	전력차단기
PF	전력퓨즈(고압 또는 특별고압용)
F	퓨즈(저압용)
Tr	전력용 변압기
S	저압용 개폐기 및 과전류 차단기

7. 용어의 정의

① '인입구배선'이란 인입선 연결점으로부터 특정소방대상물 내에 시설하는 인입개폐기에 이르는 배선을 말한다.

② '소방회로'란 소방부하에 전원을 공급하는 전기회로를 말한다.

③ '일반회로'란 소방회로 이외의 전기회로를 말한다.

④ '수전설비'란 전력수급용 계기용변성기·주차단장치 및 그 부속기기를 말한다.

⑤ '변전설비'란 전력용변압기 및 그 부속장치를 말한다.

⑥ '전용큐비클식'이란 소방회로용의 것으로 수전설비·변전설비 그 밖의 기기 및 배선을 금속제 외함에 수납한 것을 말한다.

⑦ '공용큐비클식'이란 소방회로 및 일반회로 겸용의 것으로서 수전설비·변전설비 그 밖의 기기 및 배선을 금속제 외함에 수납한 것을 말한다.

⑧ '전용배전반'이란 소방회로 전용의 것으로서 개폐기·과전류차단기·계기 그 밖의 배선용 기기 및 배선을 금속제 외함에 수납한 것을 말한다.

⑨ '공용배전반'이란 소방회로 및 일반회로 겸용의 것으로서 개폐기·과전류차단기·계기 그 밖의 배선용기기 및 배선을 금속제 외함에 수납한 것을 말한다.

⑩ '전용분전반'이란 소방회로 전용의 것으로서 분기개폐기·분기과전류차단기 그 밖의 배선용기기 및 배선을 금속제 외함에 수납한 것을 말한다.

⑪ '공용분전반'이란 소방회로 및 일반회로 겸용의 것으로서 분기개폐기·분기과전류차단기 그 밖의 배선용기기 및 배선을 금속제 외함에 수납한 것을 말한다.

제14장 방재배선설비

1. 전선구성

전선에 사용되는 도체재료는 동과 알루미늄이 주로 사용된다.

동선은 연동선과 경동선이 있으며 연동선은 경동선보다 도전율은 좋지만 기계적인 강도가 떨어져 옥외전선으로 사용되지는 않는다. 알루미늄 전선은 동선에 비해 중량이 가볍고 가격이 저렴하여 송·배전 계통 전선에 대부분 사용된다.

전선 구조에 따라 분류하면 단선과 연선이 있는데 단선은 장력이 부족하고 굵기가 커지면 시공이 어려워 3.2[mm]까지만 사용하고 그 이상에서는 연선을 사용한다. 옥내배선에서는 대부분 연선을 사용한다. 전선 선정시 전류용량뿐만 아니라 기계적 강도, 경제성 등을 고려하여 다음과 같은 조건이 구비되어야 한다.

- 도전율이 클 것
- 기계적 강도가 클 것
- 가격이 낮을 것
- 가선작업이 용이할 것
- 내구성이 있을 것
- 신장률이 클 것
- 비중이 낮을 것

예제 1

전선 굵기 선정시 고려해야 하는 3가지 조건에 대하여 쓰시오.

【풀이】 전선 굵기 3요소

① 전선의 기계적 강도

② 전선의 허용전류

③ 전압강하

(1) 연선구성

연선 구성에 대하여 단선의 지름이 모두 같을 경우 다음 관계식이 성립된다.

① 연선을 구성하는 단선의 총수

$N=3n(n+1)+1$ [개] n : 소선 층수

② 연선의 바깥지름

$D=(2n+1)d$ [mm] d : 소선의 지름

전선은 절연피복 유・무에 따라 절연전선과 나전선이 있다. 절연전선은 도체 위에 비닐・고무・석면 등으로 절연피복을 하였거나 절연피복을 전기적・기계적으로 보호하기 위하여 폴리에틸렌 등으로 외피를 씌운 전선도 있다.

나전선은 도체에 절연피복을 아니한 도체로 절연피복물이 부식되기 쉬운 장소나 일반인의 접근이 어려운 장소에 사용되며 배선공사로는 애자사용 노출공사를 사용한다.

(2) 전선공사

배선에 사용되는 도체는 비닐전선・케이블・버스덕트 및 나도체가 있으며 부설장소의 상황・전기방식・용량・경제성 등을 고려하여 선정하여야 한다.

1) 절연전선

대부분의 장소(조명용・동력용・제어용)에 사용되는 전선으로 경동선・연동선 등을 염화비닐로 절연한 전선이다.

〈표 14-1〉 전선명칭 및 최고허용온도

전 선 명 칭	최고허용온도
OW 전선(옥외용 비닐절연전선)	60℃
DV전선(인입용 비닐절연전선)	60℃
HFIX전선(450/750V 저독성 난연 가교 폴리올레핀 절연전선)	90℃
CV전선(가교폴리에틸렌 절연비닐 외장케이블)	90℃
HIV전선(300/500V 내열비닐 절연전선)	95℃
MI전선(미네랄 인슐레이션 케이블)	90℃

2) 케이블

케이블은 절연재료 및 외장(sheath) 재료에 따라 여러 종류로 나누어진다. 절연재료는 대부분 폴리에틸렌을 사용하고 그 위에 염화비닐수지로 외장한 것이다. 〈표 14-2〉는 각종 케이블 종류와 용도를 나타낸다.

〈표 14-2〉 케이블 종류

전선명칭	절연구성 및 용도
EV케이블 (폴리에틸렌 절연비닐 외장케이블)	절연재료 : 폴리에틸렌 외장 : 염화비닐수지 전기특성이 우수하여 저압에서 특고압까지 널리 사용
CV케이블 (가교 폴리에틸렌 케이블)	절연재료 : 가교 폴리에틸렌(내열성 · 내방수성 강화) 외장 : 염화비닐수지 대표적인 전력케이블이고 저압에서 고압에 사용
CN/CV케이블 (동심 중성선 가교 폴리에틸렌 케이블)	절연재료 : 가교 폴리에틸렌 외장 : 염화비닐수지 CV케이블 사용이 곤란한 중성점 다중 접지방식에 사용
BN케이블 (부틸 고무절연 클로로프렌 외장케이블)	절연재료 : 합성고무 외장 : 클로로프렌 내열성이 우수하여 광범위하게 사용
RN케이블 (고무절연 클로로프렌 외장케이블)	절연재료 : 천연고무 외장 : 클로로프렌 기계적 특성이 우수하여 가혹한 장소에서 사용
VV케이블 (비닐절연 외장케이블)	절연재료 : 염화비닐 외장 : 염화비닐 600[V] 이하 저압옥내 배선에 사용(VVR, VVF)

3) 소방용 전선

비상전원으로부터 동력제어반 및 가압송수장치에 이르는 전원회로 배선은 내화배선으로 하여야 한다. 또한 상용전원으로부터 동력제어반에 이르는 배선, 그밖의 옥내소화전설비의 감시 · 조작과 표시등 회로의 배선은 내화배선 또는 내열배선으로 하여야 한다. 내화전선은 연동선, 주석도금 연동선이 사용되며 내열전선은 경동선 · 연동선이 사용된다.

〈표 14-3〉은 소방용 전선의 종류와 특징을 나타낸다.

〈표 14-3〉 소방용 전선

종류 / 항목	소 방 용 절 연 전 선			제어용케이블
	HFIX전선	내화전선(FR-8)	내열전선(FR-3)	FR CVV-SB
내열온도	90[℃]	840[℃]	380[℃]	60[℃]
사용용도	- 감지기간 및 경종 - 댐퍼 · 알람 · 밸브 배선 - 수신기 및 제어반 내의 배선	- 수신기 및 소화설비 제어반에 인입전원 배선 - 비상전원 설비로 부터 가압 송수장치 동력제어반 전원회로 배선 - 비상콘센트 · 비상방송 설비 전원회로 배선	- 감지기를 제외한 경보발신 · 통보장치 기동장치에서 수신기 및 제어반으로의 배선 - 유도등 배선 및 비상조명등 배선	- 편조형 제어용비닐 절연비닐시스케이블 - 600V이하 정전 차폐제어용케이블 - 아날로그감지기 - 다신호식감지기 - R형설비 네트워크 통신 배선
도체구성	도체+내열성 염화비닐	도체+내화수지+절연체	도체+내열수지 +절연체	실드체+절연체

[그림 14-1]은 배선공사에 사용되는 옥외용 · 내열 · 내화 · 제어용 전선의 종류를 나타낸다.

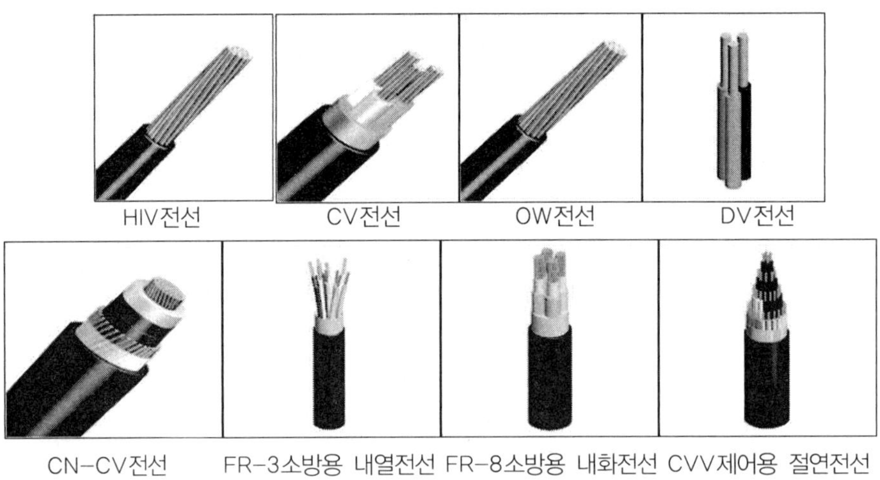

[그림 14-1] 전선의 종류

일반전선관 공사시 내화 처리방법은 다음과 같다.

① 금속관공사

풀박스를 타 일반회로와 공용시 철판으로 격벽 또는 유리테이프, 석면테이프 등으로 감는다.

② 금속덕트공사

덕트 내면에 불연재료를 첨부하고 배선은 유리테이프 또는 석면테이프로 감는다.

③ 전선관

표면에 내열처리(모르타르 · 암면)하고 그 위에 알루미늄박을 감은 후 철선으로 감는다.

4) 전선 · 케이블의 접속

① 전선의 허용전류에 의하여 접속부분의 온도상승값이 접속부분 이외의 온도상승값을 넘지 않도록 한다.

② 전선 접속기류를 사용하여 접속하고 전선 상호간을 직접 접속하는 경우에는 접속부를 납땜한다.

③ 전선의 강도를 20[%] 이상 감소시키지 않는다. 단, 점퍼선은 제외한다.

④ 접속부분을 절연전선의 절연물과 동등 이상의 절연효력이 있는 것으로 충분히 피복한다.

⑤ 구리와 알루미늄 등 다른 종류의 금속 상호간을 접속할 때는 접속부에 전기적 부식이 생기지 않도록 한다.

⑥ 코드 상호간, 캡타이어 상호간의 접속은 코드 커넥터 · 접속함 · 기타 기구를 사용한다.

[그림 14-2]는 일반 배선공사시 도면에 나타난 배선표시의 예이다.

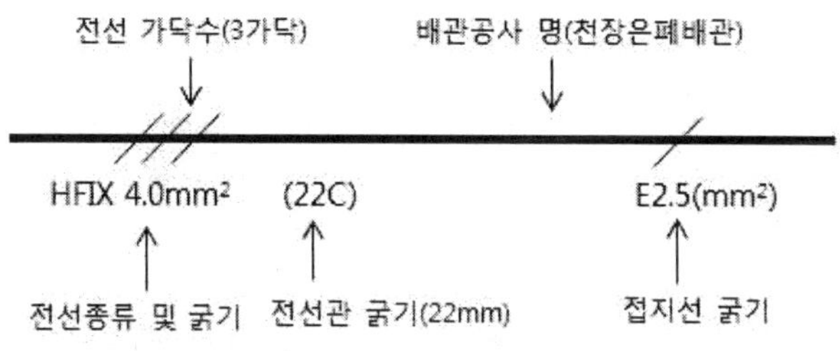

[그림 14-2] 배선기호 구성

〈표 14-4〉 배선그림 기호

명 칭	그림기호	적 요
천장은폐배관	————————	이중천장 속에 배관하는 공사를 말한다.
바닥매입배관	— — — — ·	콘크리트 속에 매설하는 공사를 말한다.
노출배관	················	조영재 표면에 금속관을 노출하여 부설하는 공사를 말한다.
지중매설배관	—— · —— · ·	땅속에 배관하는 공사를 말한다.

예제 2

그림과 같이 비상콘센트가 설치된 건물이 있다. 사용전압은 단상 220[V] 및 3상 380[V]이며, 공사방법은 금속관공사를 하고 사용전선은 동선을 사용한다. 주어진 조건 및 표를 참조하여 다음 각 물음에 답하시오.

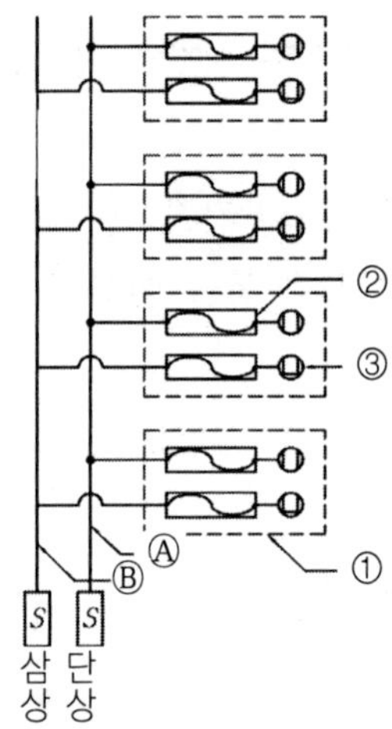

【조 건】

① 주위온도는 30[℃] 이하로 하며, 최고 허용온도는 60[℃]이다.
② 접지선은 별도의 공사를 한다.
③ 단상 및 3상은 별도의 관에 배관한다.
④ 역률은 각 100[%]로 한다.

(1) ①~③의 명칭은 무엇인가?
(2) ③의 설치 높이는?
(3) Ⓐ부분의 간선의 최소 굵기는?
(4) Ⓑ부분의 간선의 최소 굵기는?
(5) 후강전선관 사용시 Ⓐ부분의 전선관의 최소 굵기는?
(6) 후강전선관 사용시 Ⓑ부분의 전선관의 최소 굵기는?

【풀이】 (1) ① 보호함 : 전원으로부터 각 층의 비상콘센트에 분기되는 경우 분기배선용 차단기를 보호함 안에 설치

② 분기배선용 차단기 : 콘센트마다 설치

③ 접지형 3극 플러그 접속기 : 3상교류 380[V]에 사용

(2) 바닥으로부터 높이 0.8[m] 이상 1.5[m] 이하의 위치에 설치하여야 한다.

(3) ① 단상교류의 공급용량은 1.5[kVA] 이상인 것으로 할 것

② 전선의 용량은 각 비상콘센트(비상콘센트가 3개 이상인 경우에는 3개)의 공급용량을 합한 용량 이상의 것으로 하여야 한다.

단상전력 $P = VI\cos\theta$[kW]

전류 $I = \dfrac{P}{V\cos\theta} = \dfrac{1.5\times10^3\times3}{100\times1} = 45$[A]

허용전류 감소계수 $K = \sqrt{\dfrac{60-\theta}{30}} = \sqrt{\dfrac{60-30}{30}} = 1$($\theta$: 주위 온도)

허용전류 감소계수를 적용한 전선의 허용전류는

$\dfrac{I}{K} = \dfrac{45}{1} = 45$[A]

【저압옥내 간선의 허용전류】

전동기 등의 정격전류의 합계	전선의 허용전류
50[A] 이하인 경우	전동기 등의 정격전류의 합계×1.25배
50[A]를 초과하는 경우	전동기 등의 정격전류의 합계×1.1배

45×1.25 = 56.3[A]이므로 전선 수 2본 1회로를 적용하여 〈표 14-6〉에서 근사값을 찾으면 2본 1회로 61[A]의 10[mm²]이다.

(4) ① 3상교류의 공급용량은 3.0[kVA] 이상인 것으로 할 것

② 전선의 용량은 각 비상콘센트(비상콘센트가 3개 이상인 경우에는 3개)의 공급용량을 합한 용량 이상의 것으로 하여야 한다.

3상전력 $P = \sqrt{3}\,VI\cos\theta$ [kW]

전류 $I = \dfrac{P}{\sqrt{3}\,V\cos\theta} = \dfrac{(3\times10^3)\times3}{\sqrt{3}\times200\times1} \fallingdotseq 26$ [A]

허용전류 감소계수 $K = \sqrt{\dfrac{60-\theta}{30}} = \sqrt{\dfrac{60-30}{30}} = 1$

허용전류 감소계수를 적용한 전선의 허용전류는

$\dfrac{I}{K} = \dfrac{26}{1} = 26$[A]

26×1.25 = 32.5[A]

〈표 14-6〉에서 전선 수 3본 1회로를 적용하여 32.5[A] 이상의 근사값을 찾으면 3본 1회로 40[A]의 6[mm²]이다.

(5) 〈표 14-7〉에서 10[mm²] 2가닥을 넣을 수 있는 후강전선관의 최소 굵기는 22[mm]가 된다.

(6) 〈표 14-7〉에서 6[mm²] 3가닥을 넣을 수 있는 후강전선관의 최소 굵기는 22[mm]가 된다.

전동기 등의 부하전류를 포함한 회로의 간선용 차단기의 선정은 〈표 14-5〉와 같이 결정한다.

〈표 14-5〉 전동기회로 간선용 차단기 선정

부하의 종류	조 건	전선의 허용전류(I_W)	Breaker의 정격전류(I_N)
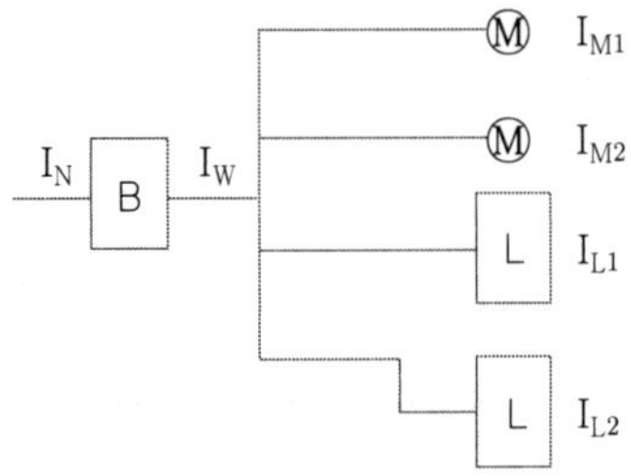	$\Sigma I_M \le \Sigma I_L$	$I_W \ge \Sigma I_M + \Sigma I_L$	$I_N \le 3\Sigma I_M + \Sigma I_L$ 또는 $I_N \le 2.5 I_W$ 두 개의 식 중에서 작은 값으로 한다. $I_W > 100[A]$일 때 Break의 표준정격 전류값에 해당하지 않을 경우는 가장 가까운 바로 위의 정격으로 해도 좋다.
	$50[A] \ge \Sigma I_M > \Sigma I_L$	$I_W \ge 1.25\Sigma I_M + \Sigma I_L$	
I_M : 전동기 등의 부하전류 I_L : 전동기 등 이외의 부하전류	$50[A] \le \Sigma I_M > \Sigma I_L$	$I_W \ge 1.1\Sigma I_M + \Sigma I_L$	

〈표 14-6〉은 내열 PVC 절연전선(HIV) 허용전류(A)를 나타낸다.

〈표 14-6〉 내열 PVC 절연전선(HIV) 허용전류[A]

공칭단 단면적 [mm²]	전 선 수									
	2본(2본 회로는 단상을 의미)					3본(3본 회로는 3상을 의미)				
	1회로	2회로	3회로	4회로	5회로	1회로	2회로	3회로	4회로	5회로
1.5	19	15	13	12	11	17	13.5	11.5	11	10
2.5	26	20.5	18	16.5	15.5	23	18	16	15	13.5
4	35	28	24	22	21	31	24	21	20	18.5
6	45	36	31	29	27	40	32	28	26	24
10	61	48	42	39	36	54	43	30	35	32
16	81	64	56	52	48	73	58	51	47	43
25	106	84	74	68	63	95	76	66	61	57
35	131	104	91	85	78	117	93	81	76	70
50	158	126	110	102	94	141	112	98	91	84
70	200	160	140	130	120	179	143	125	116	107
95	241	192	168	156	144	216	172	151	140	129
120	278	222	194	180	166	249	199	174	161	149
150	318	254	222	206	190	285	228	199	185	171
185	362	289	253	235	217	324	259	226	210	194
240	424	339	296	275	254	380	304	266	247	228
300	486	388	340	315	291	435	348	304	282	261

(주위온도 : 30℃, 내열성 PVC 절연전선(IV), 허용온도 : 90℃)

2. 배관공사

전선을 보호하는 배관공사는 부설장소의 조건, 전선의 종류에 따라 금속전선관·합성수지관·금속덕트·케이블 랙 등이 있다. 비닐전선 등은 피복을 보호하기 위해 금속전선관·합성수지관·금속덕트 등을 사용하고 케이블인 경우에는 금속덕트나 케이블 트레이를 사용한다. 간선계통 부설은 배선용 샤프트나 벽 내부를 통하여 부설하며 가스관·약전선관 등과의 병행 또는 교차시 안전상의 이격거리 확보 등을 충분히 검토하여야 한다.

전선관에는 금속관·합성수지관·가요전선관 등이 있으며, 이들 중 금속관이 가장 흔하게 사용된다.

〈표 14-7〉 금속관(후강전선관) 굵기

전선굵기		전 선 수(본)									
난선 [mm^2]	연선 [mm^2]	1	2	3	4	5	6	7	8	9	10
		전선관 최소굵기[mm]									
1.5	1.5	16	16	16	16	22	22	22	22	28	28
2.5	2.5	16	16	16	16	22	22	22	28	28	28
4	4	16	16	16	22	22	22	28	28	28	28
6	6	16	16	22	22	22	28	28	28	36	36
-	10	16	22	22	28	28	36	36	36	42	42
-	16	16	22	28	28	36	36	36	42	42	54
-	25	22	28	28	36	42	42	54	54	54	54
-	35	22	28	36	42	54	54	54	70	70	70
-	50	28	36	42	54	54	70	70	70	70	82
-	70	28	42	54	54	70	70	70	82	82	82
-	95	36	54	54	70	70	82	82	92	92	104
-	120	36	54	70	70	82	82	92	104	-	-
-	150	36	70	70	82	92	92	104	104	-	-
-	185	42	70	82	92	92	401	-	-	-	-
-	240	54	82	82	104	104	-	-	-	-	-

[비고] 1. 전선 1본에 대한 숫자는 접지선 및 직류회로의 전선에도 적용한다.
2. 단선은 원형이 아닌 경우를 상정하여 단면적[mm^2]으로 표시한다.
3. 이 표는 KS C IEC 60227-3의 450/750[V] 일반용 단심 비닐절연전선 기준임

(1) 금속관공사

금속관을 콘크리트 내 시설시 두께 1.2[mm] 이상으로 하여야 하며 금속관 선정 시 전

선관이 동일 굵기인 경우 〈표 14-7〉에 의해 선정한다.

전선 굵기가 다른 경우에는 〈표 14-8〉과 같은 전선단면적을 구하고 〈표 14-9〉의 보정계수를 고려하여 〈표 4-10〉의 금속관 내부단면적 선정기준에 따라 산정한다. 또한 〈표 14-10〉과 같이 전선이 동일 굵기인 경우에는 48[%], 다른 굵기인 경우에는 32[%]를 적용하여 전선관을 선정한다.

〈표 14-8〉 내열비닐절연전선(HIV)의 완성 단면적

전선굵기	완성 바깥지름		완성 단면적 [mm²]	비 고
연선[mm²]	하한값[mm]	상한값[mm]		
1.5	2.6 2.7	3.2 3.3	8 8	1. 완성 단면적은 전선의 완성 바깥지름의 상한값으로 계산한 것으로 소수점 이하를 절사하였다. 2. 도체등급에 따라 1등급은 상위값을 적용하고 2등급은 하위값을 적용한다.
2.5	3.2 3.3	3.9 4.0	11 12	
4	3.6 3.8	4.4 4.6	15 16	
6	4.1 4.3	5.0 5.2	19 21	
10	5.3 5.6	6.4 6.7	32 35	

〈표 14-9〉 보정계수

전선굵기	보정계수			
연선 [mm²]	금속 및 경질비닐 전선관		PF관, CD관	
	다른 굵기 전선사용	같은 굵기 전선사용	다른 굵기 전선사용	같은 굵기 전선사용
1.5	2.0	1.7	1.3	1.3
2.5		1.4		1.2
4		1.2		1.1
6 10	1.2	1.1	1.0	1.0
16 이상	1.0	1.0		

금속관의 종류에는 후강전선관과 박강전선관이 있으며 후강전선관은 내경에 가까운 짝수를 [mm]로, 박강전선관은 외경에 가까운 홀수를 [mm]로 나타내며, 금속관 1본 표준 길이는 3.66[m]이다. 구배 반지름은 관 안 지름의 6배 이상이 되도록 하여야 한다.

금속관공사는 기계적 강도가 강하여 단락사고 및 접지사고 등에 의한 화재발생 위험이 적고 단락되어도 불꽃이 외부에 전달되지 않아 전기사고의 위험성이 적은 장점이 있다.

〈표 14-10〉 금속관(후강전선관) 내부 단면적 선정기준

전선관 굵기 [mm]	내부 단면적의 32[%] [mm^2]	내부 단면적의 48[%] [mm^2]	전선관 굵기 [mm]	내부 단면적의 32[%] [mm^2]	내부 단면적의 48[%] [mm^2]
16	67	101	54	732	1,098
22	120	180	70	1,216	1,825
28	201	301	82	1,701	2,552
36	342	513	92	2,205	3,308
42	460	690	104	2,843	4,265

저압옥내배선의 금속관 공사는 다음 기준에 의하여 시설하여야 한다.

① 저압옥내배선의 사용전압이 400[V] 미만인 경우 관에는 제3종 접지공사를 하여야 한다. 다만, 다음 중 1에 해당하는 경우에는 그러하지 아니한다.
  - 관의 길이(2개 이상의 관을 접속하여 사용하는 경우에는 그 전체 길이를 말한다)가 4m 이하인 것을 건조한 장소에 시설하는 경우
  - 옥내배선의 사용전압이 직류 300V 또는 교류 대지전압 150[V] 이하인 경우에 그 전선을 넣는 관의 길이가 8[m] 이하인 것을 사람이 쉽게 접촉할 우려가 없도록 시설하는 때 또는 건조한 장소에 시설하는 때

② 저압옥내배선의 사용전압이 400[V[이상인 경우 관에는 특별 제3종 접지공사를 하여야 한다. 다만, 사람이 접촉할 우려가 없도록 시설하는 경우에는 제3종 접지공사에 의할 수 있다.

예제 3

금속관 끝에는 리밍을 하고 부싱을 끼운다. 그 이유를 설명하시오.

【풀이】 쇠톱·커터기로 절단한 금속관은 끝부분이 날카로우므로 전선 삽입시 피복에 손상을 줄 우려가 있어 절단부분을 부드럽게 한 후 부싱을 끼워 전선을 넣는다.

(2) 합성수지관공사

합성수지관은 대부분 경질 비닐전선관을 사용한다. 이 공사법은 금속관공사에 비해 중량이 가볍고 절연성이 있어 접지공사가 필요하지 않으며 내식성이 있으므로 부식성 가스가 체류하는 화학공장 등에 적합하며 저렴하다는 장점이 있다. 반면에 열에 약하며 기계적 충격 및 중량물에 의한 압력 등에 약한 단점을 갖는다.

합성수지관 크기는 내경에 가까운 [mm]로 나타내며 1본의 표준길이는 4[m]이다.

합성수지관 상호접속은 커플링 또는 슬리브를 사용하며 슬리브 사용시 접속부의 길이는 관 외경의 1.2배 이상이 되도록 한다(접착제인 경우 0.8 이상).

관의 지지점간의 거리는 1.5[m] 이하로 하고 그 지지점은 관의 양단·관과 박스와 접속점·관 상호접속점 가까운 곳에 시설하여야 한다.

〈표 14-11〉 경질비닐전선관(PVC) 굵기

도체 단면적 [mm^2]	전선본수									
	1	2	3	4	5	6	7	8	9	10
	경질비닐전선관(PVC)의 최소굵기[mm]									
2.5	14	14	16	16	16	22	28	28	28	36
4	14	16	16	22	22	28	28	28	36	36
6	14	16	22	28	28	36	36	36	36	42
10	14	22	28	28	36	36	42	42	54	54
16	16	28	28	36	42	42	54	54	54	54
25	16	28	42	42	54	54	54	54	70	70
35	16	36	42	54	54	54	70	70	70	70
50	22	42	54	54	70	70	70	82	82	
70	28	54	54	70	70	70	82	82		
95	28	54	70	70	82	82				
120	36	54	70	82	82					
150	36	70	70	82						
185	42	70	82							
240	54	82	82							

(주) 1. 전선 1본수는 접지선 및 직류회로의 전선에도 적용
2. 이 표는 실험결과와 경험을 기초로 결정한 것 임
3. 이 표는 KS C IEC 60227-3의 450/750[V] 일반용 단심 비닐절연전선 기준임

예제 4

합성수지관과 금속관 1본의 길이는 각각 얼마인가?

【풀이】

배 관	합성수지관	금 속 관
배관 1본의 길이	4[m]	3.66[m]

예제 5

가요전선관 공사에서 다음에 사용되는 재료 이름은 무엇인가?

① 가요전선관과 박스 연결

② 가요전선관과 금속전선관 연결

③ 가요전선관과 가요전선관 연결

【풀이】 ① 스트레이트 박스 커넥터

② 컴비네이션 커플링

③ 스프리트 커플링

(3) 가요전선관

가요전선관은 굴곡이 자유롭고 길이가 길어 부속품의 종류가 적게 들어 용이하게 시공할 수 있다. 굴곡이 많은 부분, 전동기와 전원박스간의 연결선로에 사용된다.

1종 가요전선관은 플렉시블관이라고 하며 이것은 아연 도금한 연강대를 사용한 것으로 건조하고 전개된 장소, 또는 건조하고 점검할 수 있는 은폐장소에 한하여 시설되며 400[V] 초과시에는 전동기 접속부분에 한하여 사용할 수 있다.

2종 가요전선관은 플리커 튜브라고 불리며 이것은 아연 도금한 강대, 강대 및 파이버를 3중으로 겹친 것으로 1종보다 기계적 강도 및 내수성이 강하므로 시설장소 및 사용전압에 제한을 받지 않고 굴곡부분이 많은 장소의 콘크리트 내의 매입배선으로 사용된다. 1종 금속제 가요전선관은 두께 0.8[mm] 이상으로 직경 1.6[mm] 이상의 나연동선을 전장에 걸쳐 삽입 또는 첨가하여 그 나연동선과 1종 금속제 가요전선관 양단에서 전기적으로 완전하게 접속하여야 한다.

금속관공사 자재명칭 및 용도는 다음과 같다.

1) 부 싱

전선의 절연피복 보호를 위하여 금속관 끝부분에 연결하는 자재

2) 유니온 커플링

금속관 상호접속용으로 관이 고정되어 있을 때 금속관 상호를 취부하는 자재

3) 노멀밴드

배관의 직각 굴곡부분에 사용하는 자재

4) 유니버설 엘보

노출배관공사에서 관을 직각으로 굽히는 곳에 사용하는 자재

5) 로크너트

금속관과 박스를 고정시킬 때 사용하는 재료로 1개소에 2개를 사용한다.

[그림 14-3] 전선관 공사에 사용하는 자재

(4) 전류 감소계수

한 개의 관 속에 넣을 수 있는 전선의 가닥 수는 10본 이하로 하는 것이 원칙이지만 조작회로 등 장기간에 걸쳐 계속 통전하지 않는 것은 10본 이상이어도 무방하다. 그러나 하나의 전선관 속에 여러 본이 구성되는 경우 전선의 허용전류는 〈표 14-12〉와 같이 감소된다.

〈표 14-12〉 전류 감소계수

동일관 내의 전선 수(본)	전류 감소계수[%]
3	0.7
4	0.63
5~6	0.56
7~15	0.49

예제 6

저압옥내배선의 합성수지관 공사에 있어서 관 및 박스, 그밖의 부속품은 다음 각 호에 의해서 시설하여야 한다. ( ) 안에 알맞은 것은?

- 관 상호 및 관과 박스와의 접속시 삽입하는 깊이를 관 바깥지름의 (㈎)배(접착제를 사용하는 경우에는 0.8배) 이상으로 하고, 또한 삽입접속으로 견고하게 접속하여야 한다.
- 관을 새들 등으로 지지하는 경우에는 그 지지점간의 거리는 (㈏)[m] 이하로 하고, 또한 그 지지점은 (㈐)관과 (㈑)와의 접속점 및 관 상호 접속점에서 가까운 곳에 시설하여야 한다.
- 습기가 많은 장소, 또는 물기가 있는 장소에 시설하는 경우에는 (㈒)장치를 할 것.
- 저압옥내배선의 사용전압이 400[V] 미만인 경우에 합성수지관을 금속제 박스에 접속하여 사용하는 때는 제 (㈓)종 접지공사를 할 것. 다만, 다음에 해당하는 경우에는 그렇지 아니한다.
  - 건조한 장소에 시설하는 경우
  - 옥내배신의 사용전압이 직류 300[V] 또는 교류 대지전압이 (㈔)[V] 이하인 경우에 쉽게 접촉할 우려가 없도록 시설할 경우

【풀이】 (가) 1.2 (나) 1.5 (다) 전선 (라) 박스 (마) 방습 (바) 3 (사) 150

(5) 배선용 피트공사

배선용 피트는 전기실·기계실 등 복잡한 배선이 필요한 경우 사용된다. 배선용 피트의 폭과 깊이는 전선 및 케이블의 굵기와 가닥 수에 의해 결정되며 피트 깊이는 대략 30[cm] 정도이다.

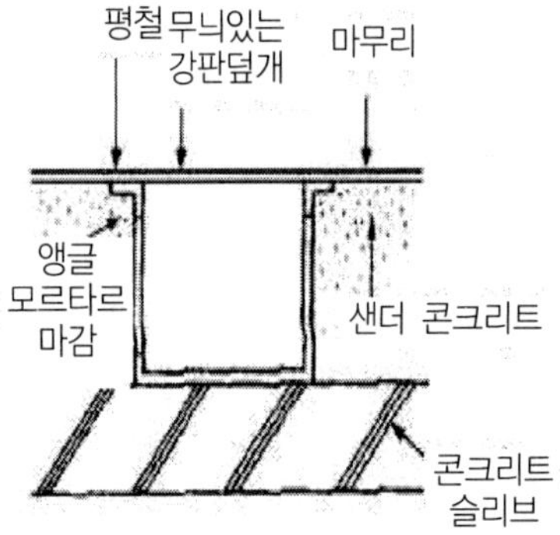

[그림 14-4] 배선용 피트공사

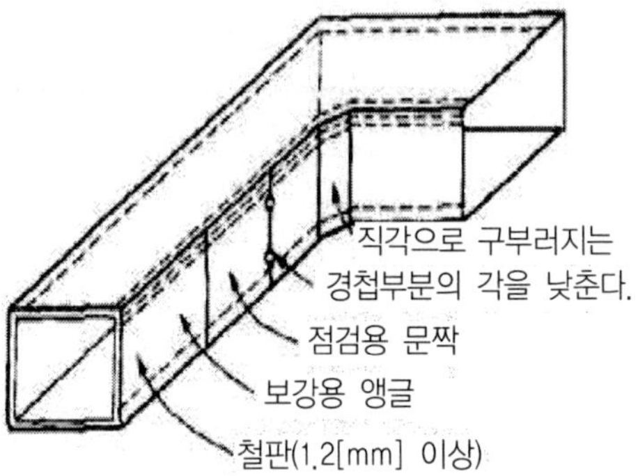

[그림 14-5] 금속덕트공사

(6) 금속덕트

금속덕트는 전기실에서 각 배전반 사이 또는 전기실에서 외부로 배선을 인출할 경우 전선을 수납하기 위해 사용되는 덕트이며 옥내의 건조한 부분으로 노출된 장소나 점검 가능한 은폐장소에 시설한다.

금속덕트의 폭은 5[cm]를 넘고 두께는 1.2[mm] 이상이 되는 철판으로 되어 있으며 덕트 내부는 전선에 손상을 입히는 돌출부분이 없도록 제작하여야 한다.

금속덕트 내부에는 절연전선 및 케이블 모두 설치 가능하며 설치 단면적은 절연피복을 포함하여 덕트 단면적의 20[%] 이내를 유지하여야 한다. 또한 덕트 내에서 전선이 포개지지 않도록 주의하고 덕트 내부에서 전선의 접속이 있어서는 안 되며 접속이 필요한 경우에는 풀박스(pull box)를 사용하거나 점검로를 설치하여 접속하여야 한다.

금속덕트 내의 전선을 외부로 인출하는 부분은 금속관공사 또는 가요전선관공사를 하여야 한다.

예제 7

소방설비의 배선을 금속관 배선공사로 시공할 때 다음 ( )안에 알맞은 것은?

- 금속관 상호간의 접속은 (㈎)으로 접속할 것. 이 경우 조임 등은 확실하게 할 것
- 금속관과 박스, 기타 이와 유사한 것과를 접속하는 경우로서, 틀어 끼우는 방법에 의하지 아니할 때는 (㈏) 2개를 사용하여 박스 또는 캐비닛 접속부분의 양측을 조일 것. 다만, 부싱 등으로 견고하게 부착할 경우에는 (㈏)를 생략할 수 있다.
- 금속관을 조영재에 따라서 시설하는 경우는 (㈐) 또는 (㈑) 등으로 견고하게 지지하고, 그 간격은 (㈒)[m] 이하로 하는 것이 바람직하다.
- 관의 굴곡개소가 많은 경우 또는 관의 길이가 30[m]를 초과하는 경우에는 (㈓)를 설치하는 것이 바람직하다.
- (㈔) 티, 크로스 등은 조영재에 은폐시켜서는 아니된다. 다만 그 부분을 점검할 수 있는 경우에는 그러하지 아니한다.

【풀이】 ㈎ 커플링 ㈏ 로크너트 ㈐ 새들 ㈑ 행거 ㈒ 2 ㈓ 풀박스 ㈔ 유니버설 엘보

또한, 금속덕트 산화방지를 위하여 아연도금을 하거나 에나멜 등으로 피복을 하여야 한다. 덕트 지지점간 거리는 3[m] 이하로 하고 덕트의 종단부는 폐쇄하여 덕트 내부에 먼지와 쥐 등이 침입하지 않도록 하여야 한다.

예제 8

금속관공사의 배관방법에 대한 설명이다. ( ) 안에 알맞은 것은?

- 금속관을 구부릴 때 금속관의 단면이 심하게 변형되지 아니하도록 구부려야 하며, 그 안측의 반지름은 관 안지름의 (㈎)배 이상이 되어야 한다.
- 아웃렛 박스 사이 또는 전선 인입구를 가지는 기구 내의 금속관에는 (㈏)개소가 초과하는 직각 또는 직각에 가까운 굴곡개소를 만들어서는 아니된다.
- 관과 박스, 기타 이와 유사한 것과를 접속하는 경우로서 틀에 끼우는 방법에 의하지 아니할 때는 (㈐) (㈑)개를 사용하여 박스 또는 캐비닛 접속부분의 양측을 죌 것
- 관과 관의 연결은 (㈒)를 사용하고, 관의 끝부분은 (㈓)를 사용하여 모난 부분을 매끄럽게 다듬는다.

【풀이】 ㈎ 6 ㈏ 3 ㈐ 로크너트 ㈑ 2 ㈒ 커플링 ㈓ 리이머

(7) 버스덕트공사

버스덕트(bus duct)는 도체와 덕트 부분의 재료에 따라 여러 종류가 있으며 그 중 알루미늄 도체 강덕트(Al-Fe) 버스덕트가 주로 사용되고 있다. 이는 알루미늄 도체가 가볍고 접속기술 발달로 알루미늄과 동과의 접속이 용이하기 때문이다.

버스덕트는 대용량의 간선에 적합하며 용량은 200[A]～5000[A] 등이 있다. 버스덕트 종류에는 피더 버스덕트 · 플러그인 버스덕트 · 트롤리 버스덕트의 3종류가 있다.

케이블 트레이(cable tray)은 금속제로 된 사다리식 전로로 이것은 천장 · 벽면 등에 앵카볼트를 사용하여 고정시킨다. 케이블 트레이는 케이블만 부설할 수 있으며 금속덕트와는 달리 외부에 노출되어 외력에 대한 보호는 불가능한 반면 케이블 증설 · 보수 작업이 용이한 장점이 있다.

(8) 풀박스

전선관 · 금속덕트 등에 간선시공시 전선의 접속장소, 직각으로 구부러지는 부분, 또는 직선길이가 30[m]를 초과하는 장소에는 강판제 풀박스(pull box)를 사용한다.

풀박스의 크기는 사용전선의 굵기, 전선관의 굵기에 따라 그 크기가 달라진다.

〈표 14-13〉은 시설장소에 따른 공사종류를 나타낸다.

〈표 14-13〉 시설장소에 따른 공사종류

시설장소의 구분 \ 사용전압의 구분		400[V] 미만인 것	400[V] 이상인 것
전개된 장소	건조한 장소	애자사용공사 · 합성수지몰드공사 · 금속몰드공사 · 금속덕트공사 · 버스덕트공사 또는 라이팅덕트공사	애자사용공사 · 금속덕트공사 또는 버스덕트공사
	기타의 장소	애자사용공사 버스덕트공사	애자사용공사
점검할 수 있는 은폐된 장소	건조한 장소	애자사용공사 · 합성수지몰드공사 · 금속몰드공사 · 금속덕트공사 · 버스덕트공사 · 셀룰라덕트공사 · 평형보호층공사 또는 라이팅덕트공사	애자사용공사 · 금속덕트공사 또는 버스덕트공사
	기타의 장소	애자사용공사	애자사용공사
점검할 수 없는 은폐된 장소	건조한 장소	플로어덕트공사 또는 셀룰라덕트공사	

건물의 종류 · 용도 · 외관미 · 내구성 · 증설 예상 등을 검토하고 공사비 · 유지비 등 경제적 사항을 고려하여 공사방법을 결정한다.

3. 소방전원 분기

(1) 전용회로 분기

소방시설에 공급되는 전원은 화재 등의 사고로 일반배선의 전원이 차단되더라고 소방시설에 공급되는 전원에는 영향을 주지 않도록 분기되어 비상시에도 소방시설은 정상적으로 작동할 수 있도록 하여야 한다. [그림 14-6]과 같이 공급된 경우 지상 1층에 화재가 발생하게 되어 전선에 과전류 혹은 단락이 되면 분기 과전류 개폐기는 동작되고 전원은 차단된다. 그러므로 지상 2층 소방시설에는 전원이 공급되지 않는다.

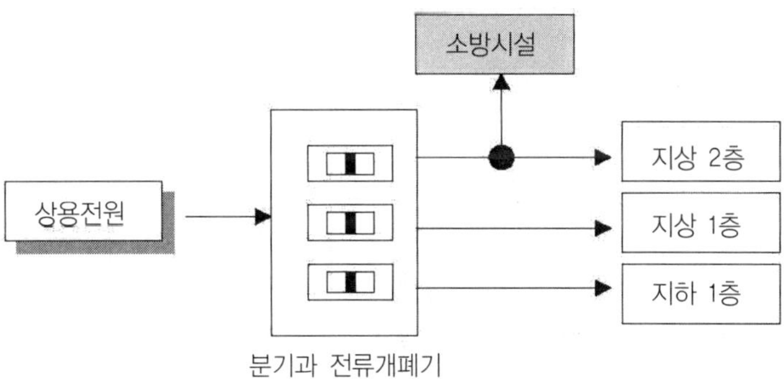

[그림 14-6] 소방전원 일반공급

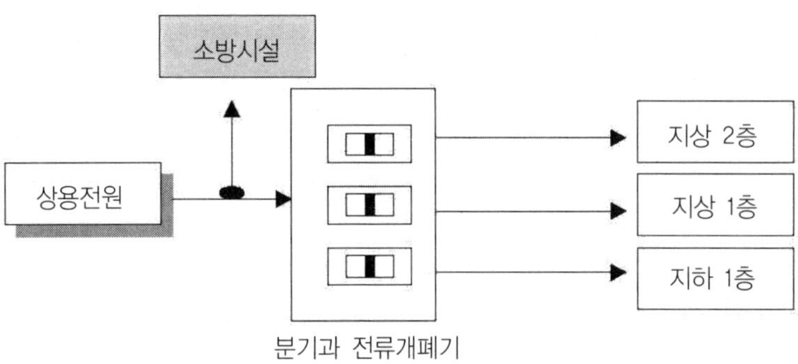

[그림 14-7] 소방시설 전용공급

그러므로 소방시설의 전원은 [그림 14-7]과 같이 전원측에서 분기되면 화재 등의 사고 시 분기과전류 개폐기가 차단되어도 소방시설에는 전원이 정상적으로 공급된다.

(2) 자동화재탐지설비 전원공급

자동화재 탐지설비의 상용전원에 대한 공급규정은 다음과 같다.

① 전원은 전기가 정상적으로 공급되는 축전지 또는 교류전압의 옥내간선으로 하고 전원까지의 배선은 전용으로 하여야 한다.

② 개폐기에는 '자동화재탐지설비용'이라고 표시한 표지를 하여야 한다.

자동화재탐지설비에 전원을 공급하는 경우에는 옥내간선으로 하도록 하고 있는데 옥내간선이란 '인입구에서 분기과전류 개폐기에 이르는 배선'으로서 분기회로의 분기점에서 전원측까지의 부분으로 정의되므로 [그림 14-8]과 같이 분기회로의 분기점 이전에서 분기해야 한다.

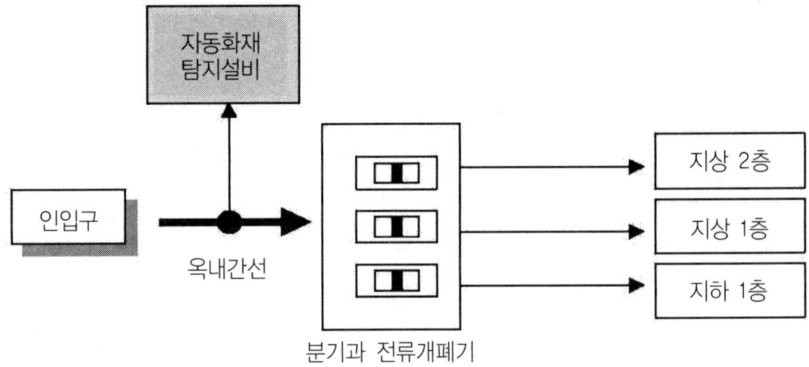

[그림 14-8] 자동화재탐지설비 상용전원의 분기

(3) 소화전, 스프링클러

옥내소화전 설비에는 전압종류에 따라 다음 기준에 의한 상용전원 회로의 배선을 설치하여야 한다.

① 저압수전인 경우에는 인입개폐기의 직후에서 분기하여 전용배선으로 하여야 하며 전용의 전선관에 보호되도록 해야한다.

② 특별고압수전 또는 고압수전인 경우에는 전력용 변압기 2차측의 주차단기 1차측

에서 분기하여 전용배선으로 하되 상용전원 회로의 배선기능에 지장이 없을 경우에는 주차단기 2차측에서 분기하여 전용배선으로 할 수 있다. 다만, 가압송수장치의 정격 입력전압이 수전전압과 같은 경우에는 제①호의 기준에 의한다.

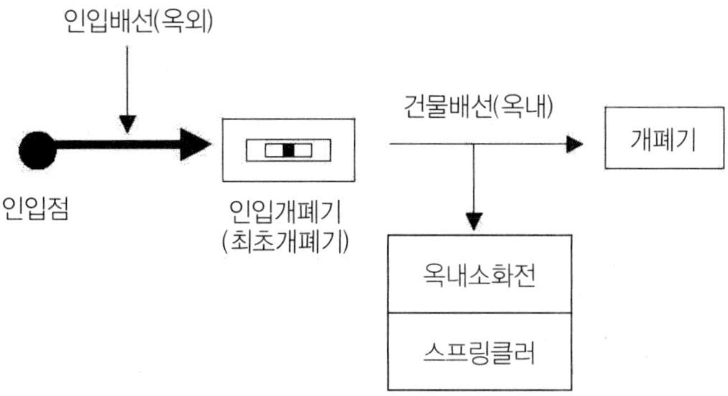

[그림 14-9] 저압수전

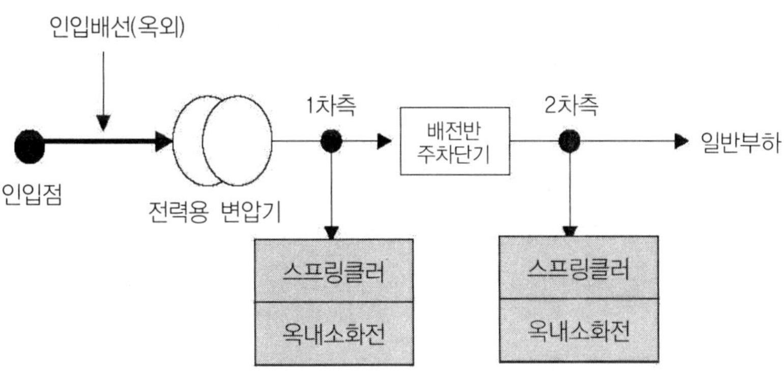

[그림 14-10] 특고압수전

4. 방재배선공사

전선의 온도상승은 전류 흐름에 의한 줄열과 전선 주변 온도상승에 의해 발생된다. 전선의 온도상승은 절연물을 열화하여 전선의 수명을 짧게하고 허용전류를 감소시킨다. 모든 전선은 고유의 허용전류가 정해져 있으나 고온에 장기간 노출된 장소에서는 전선의 허용전류가 감소된다. 그러므로 방화시설에 필요한 전선은 단시간 발열에도 변형되지 않는 내열성과 불에 강한 내화성이 확보된 방재배선을 채용하여야 한다.

소방용 전선에서 요구되는 특성은 난연성 · 저연성 · 무독성 · 내화성 · 내열성 · 내부식성 등이며, 화재발생시 소화활동이 완료될 때까지 그 역할을 다할 수 있어야 한다. 비상전원에서 소방설비까지의 주전원회로는 내화배선을 사용하고 60[V] 이하인 소방설비의 조작회로 · 경보회로 · 표시회로는 내열전선을 사용한다.

[그림 14-11]은 내화전선과 내열전선의 구조를 나타낸다. 내화전선은 0.4[mm] 이상의 내화보강층 위에 난연성 시스를 처리한 것으로 단심케이블 · 평형케이블 · 환형케이블 등이 있다. 내열전선은 도체 위에 특수절연물을 씌우고 내열보강층으로 보강시킨 다음 그 위에 난연성 시스를 처리한 전선이다.

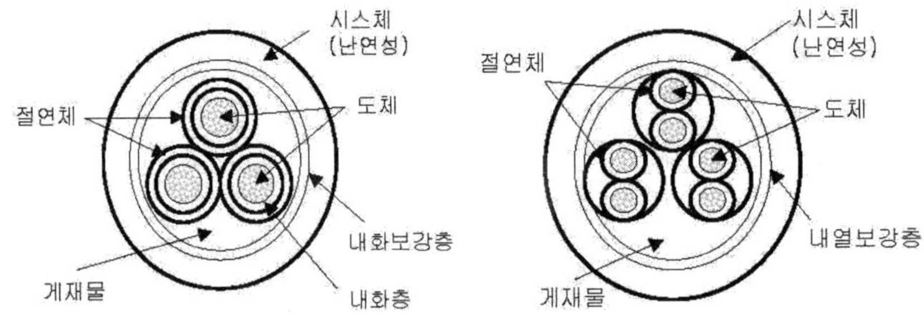

(a) 내화전선 구조 (b) 내열전선 구조

[그림 14-12] 소방용 전선 구조

[그림 14-12]에서 800[℃] 이상의 온도에서는 도체저항이 상온의 4배 이상 되기 때문에 일반적으로 전압강하가 크게 발생된다.

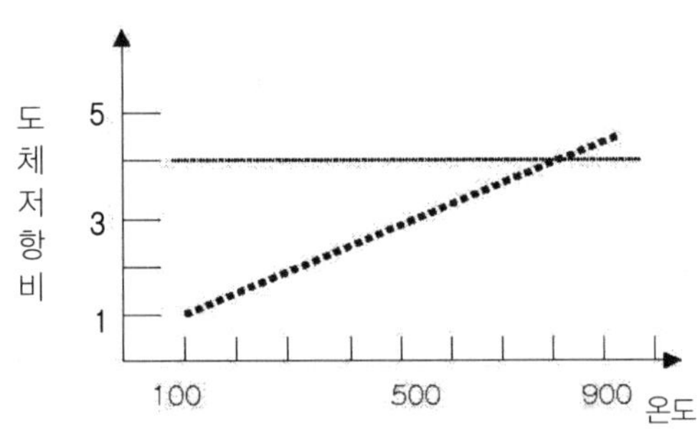

[그림 14-13] 온도-도체 저항비 특성

상온에서 도체에 흐르는 전류는 다음과 같이 구할 수 있다.

$$I = \frac{E}{K_1 K_2 L}$$

E : 허용전압강하

K_1 : 상온(20℃)에서 도체저항[Ω/km]

K_2 : 결선방식에 의한 정수(단상2선 $K=2$, 3상3선 $K=\sqrt{2}$, 3상4선 $K=1$)

L : 케이블의 길이[km]

소방용 배선의 인입은 다음과 같이 설치해야 한다.

① 전원공급 인입선은 특정소방대상물에 화재가 발생할 경우에도 화재로 인한 손상을 받지 않도록 설치하여야 한다.

② 인입구배선은 옥내소화전설비의 화재안전기준(KFSC 102) 별표 1의 규정에 따른 내화배선으로 하여야 한다.

소방시설에 공급되는 전원의 배선은 화재로부터 보호될 수 있도록 전선의 종류와 그에 따른 공사방법을 별도로 규정되어 있다.

(1) 내화배선공사

① 내화전선 등을 사용하는 경우 : 내화전선과 MI 케이블을 사용하는 경우에는 케이블 공사방법에 의한다.

② 450/750[V] HFIX 전선 등을 사용하는 경우 다음과 같이 내화배선공사를 시행한다.

㉮ 매설하는 방법

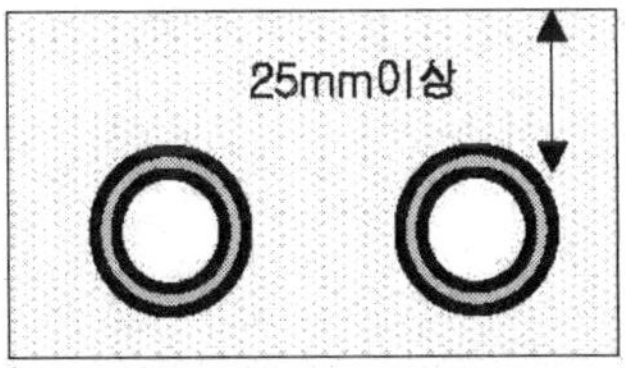

㉯ 배선전용실에 전용으로 설치하는 경우

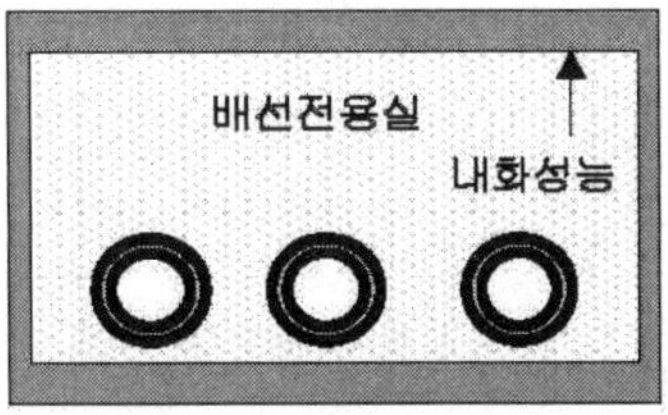

㉰ 다른 설비의 배선과 배선전용실 등을 공동으로 사용할 때

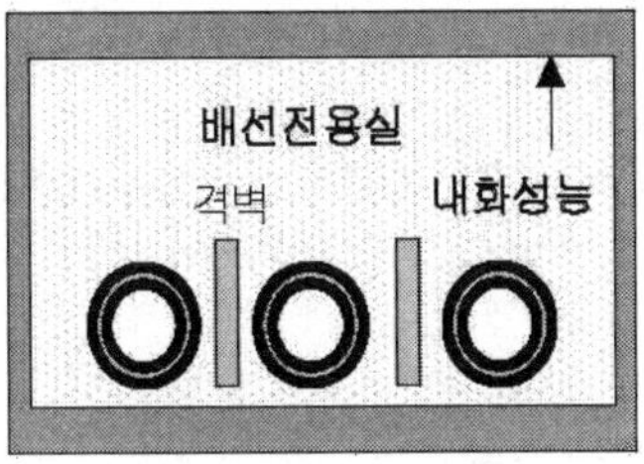

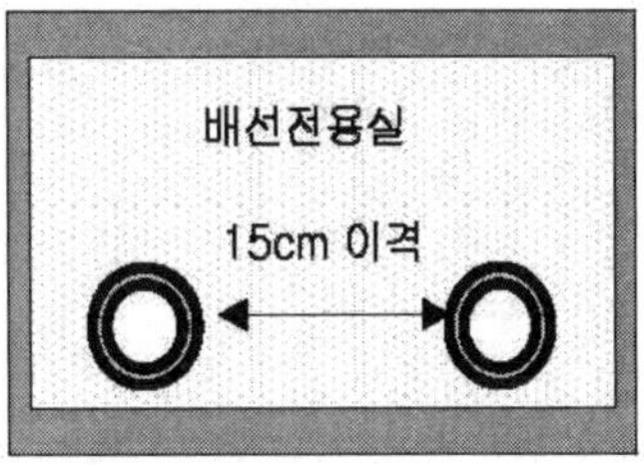

〈표 14-14〉 내화배선

전선의 종류	공 사 방 법
① 내화전선(FR-8) ② 엠아이케이블(MI cable)	케이블공사의 방법에 의하여 설치하여야 한다.
① 450/750[V] 저독성 난연 가교 폴리올레핀 절연전선 ② 가교 폴리에틸렌 절연비닐 외장케이블 ③ 클로로프렌 외장케이블 ④ 강대외장케이블 ⑤ 버스덕트 ⑥ 알루미늄 피복케이블 ⑦ 하이파론 절연전선 ⑧ CD케이블(Combined Duct cable) ⑨ 4불화에틸렌 절연전선 ⑩ 실리콘 절연전선 ⑪ 연피케이블 ⑫ 기타 내화성능이 있다고 주무장관이 인정하는 것	금속관・2종 금속제가요전선관 또는 합성수지관에 수납하여 내화구조로 된 벽 또는 바닥 등에 벽 또는 바닥으로 부터 25[mm] 이상의 깊이로 매설하여야 한다. 다만 각 목의 기준에 적합하게 설치하는 경우에는 그러하지 아니한다. 가. 내화성능을 갖는 배선전용실 또는 배선을 배선용 샤프트・피트・덕트 등에 설치하여야 한다. 나. 배선전용실 또는 배선용 샤프트・피트・덕트 등에 다른 설비의 배선이 있는 경우에는 이로부터 15[cm] 이상 떨어지게 하거나 배선지름(배선의 지름이 다른 경우에는 가장 큰 것을 기준한다)의 1.5배 이상의 높이의 불연성 격벽을 설치하는 경우

※ 비고 : ① 내화전선의 내화성능은 버너의 노즐에서 75[mm]의 거리에서 온도가 섭씨 750±5[℃]인 불꽃으로 3시간 동안 가열한 다음 12시간 경과 후 전선간에 허용 전류용량 3[A]의 퓨즈를 연결하여 내화시험 전압을 가한 경우 퓨즈가 단선되지 아니하는 것, 또는 소방청장이 고시한 내화전선의 성능시험기준에 적합한 것
② 소방청장이 정하여 고시하는 전선이란 알루미늄 피복케이블, CV케이블(가교 폴리에틸렌 비닐케이블), CD케이블, 연피케이블, 4불화에틸렌 절연전선, 주무부장관이 인정하는 것

(2) 내열배선공사

〈표 14-15〉 내열배선

전선의 종류	공사방법
① 내화전선(FR-8) ② 내열전선(FR-3) ③ 엠아이케이블(MI cable)	케이블공사의 방법에 의하여 설치하여야 한다.
① 450/750[V] 저독성 난연 가교 폴리올레핀 절연전선 ② 가교 폴리에틸렌 절연비닐 외장케이블 ③ 클로로프렌 외장케이블 ④ 강대외장케이블 ⑤ 버스덕트 ⑥ 알루미늄 피복케이블 ⑦ 하이파론 절연전선 ⑧ CD케이블(Combined Duct cable) ⑨ 4불화에틸렌 절연전선 ⑩ 실리콘 절연전선 ⑪ 연피케이블 ⑫ 기타 내화성능이 있다고 주무장관이 인정하는 것	금속관, 금속제가요전선관, 금속덕트 또는 케이블(불연성 덕트에 설치하는 경우에 한한다) 공사방법에 의하여야 한다. 다만 각 목의 기준에 적합하게 설치하는 경우에는 그러하지 아니한다. ① 배선을 내화성능을 갖는 배선전용실 또는 배선용 샤프트・피트・덕트 등에 설치하여야 한다. ② 배선전용실 또는 배선용 샤프트・피트・덕트 등에 다른 설비의 배선이 있는 경우에는 이로부터 15cm 이상 떨어지게 하거나 배선지름(배선의 지름이 다른 경우에는 가장 큰 것을 기준으로 한다)의 1.5배 이상의 높이의 불연성 격벽을 설치하는 경우

※ 비고 : ① 내열전선의 내열성능은 온도가 섭씨 816±10[℃]인 불꽃을 20분간 가한 후 불꽃을 제거하였을 때 10초 이내에 자연소화가 되고, 전선의 연소된 길이가 180[mm] 이하이거나 가열온도의 값을 한국산업규격(KSF 2257)에서 정한 건축구조부분의 내화시험 방법으로 15분 동안 섭씨 380[℃]까지 가열한 후 전선의 연소된 길이가 가열로의 벽으로부터 150[mm] 이하일 것, 또는 소방청장이 정하여 고시한 내열전선의 성능시험기준에 적합한 것

② 소방청장이 정하여 고시하는 전선은 알루미늄 피복케이블, CV케이블(가교 폴리에틸렌 비닐케이블), CD케이블, 연피케이블, 4불화에틸렌 절연전선, 주무부장관이 인정하는 것을 말함

(3) 내화배선과 내열배선의 차이

내열배선의 공사방법이 내화배선과 다른 점은 내열배선의 경우에는 매설공사를 하지 않고 금속관·금속제 가요전선관·금속덕트 등의 공사를 할 수 있다는 것이다.

〈표 14-16〉 내화·내열배선

공사구분	내화배선	내열배선
규정	금속관, 2종 금속제 가요전선관 또는 합성수지관에 수납하여 내화구조로 된 벽 또는 바닥 등에 벽 또는 바닥으로부터 25[mm] 이상의 깊이로 매설하여야 한다.	금속관, 금속제 가요전선관, 금속덕트 또는 케이블(불연성 덕트에 설치하는 경우에 한한다)공사방법에 의한다.
차이	매설해야 한다.	매설하지 않아도 된다.

5. 배전전압 구성

배전전압의 종류는 〈표 14-17〉과 같이 저압, 고압 및 특별고압으로 구분한다.

〈표 14-17〉 전압의 종류

종 류	직 류	교 류
저압	750[V] 이하	600[V] 이하
고압	750[V] 초과 7,000[V] 이하	600[V] 초과 7,000[V] 이하
특별고압	7,000[V] 초과	

(1) 설비 불평형률

설비 불평형률이라 함은 중성선과 각 전압측 전선간에 접속되어 있는 부하설비 용량의 차와 총부하설비 용량의 평균값의 비이며, 다음 식으로 구할 수 있다.

$$설비\ 불평형률 = \frac{각\ 전선간\ 부하설비\ 용량차}{총부하설비\ 용량 \times \frac{1}{2}} \times 100[\%]$$

단상 3선식에서 중성선과 각 전압측 전선간의 부하는 평형이 되게 하는 것이 원칙이지만 부득이한 경우 설비 불평형률을 40[%]까지 허용할 수 있다.

3상3선식, 3상4선식에서 불평형 부하는 단상 접속부하로 계산하여 설비 불평형률을 30[%] 이하로 하는 것을 원칙으로 한다.

설비 불평형률은 각 선간에 접속되는 단상부하 총설비용량의 최대값과 최소값 차이를 총부하설비 용량의 평균값의 비를 뜻하며 다음 식으로 구할 수 있다.

$$설비\ 불평형률 = \frac{각\ 전선간\ 최대와\ 최소의\ 차}{총부하설비\ 용량 \times \frac{1}{3}} \times 100[\%]$$

(2) 전압강하

전선에 전류가 흐르면 전선의 임피던스에 의하여 전압강하가 발생하여 전원전압보다 부하측 전압이 낮아지기 때문에 수전단에는 저전압이 발생하게 되어 부하기기는 효율이 나빠지게 된다. 따라서 수전단에 허용전압 강하 이내로 공급될 수 있도록 선로가 구성되어야 한다.

전압강하는 송전단 전압과 수전단 전압간의 차이이며 아래 식으로 구할 수 있다.

$$\Delta V = V_s - V_r$$

V_s : 송전단 전압　　V_r : 수전단 전압

전선 1가닥에서 발생하는 전압강하는 다음 식으로 구할 수 있다.

$$\Delta V = KZIL[\mathrm{V}]$$
$$= K(R\cos\theta + jX\sin\theta)IL \ [\mathrm{V}]$$

K : 상수($1\phi 2\mathrm{w}$: 2, $3\phi 3\mathrm{w}$: $\sqrt{3}$, $3\phi 4\mathrm{w}$: 1)

Z : 임피던스[Ω]

R : 전선저항[Ω/km]

X : 전선 리액턴스[Ω/km]

$\cos\theta$: 역률($\sin\theta = \sqrt{1-\cos^2\theta}$)

I : 선전류[A]

L : 선로길이[km]

역률이 1인 선로저항만을 고려한 경우 공급방식별 전압강하는 다음과 같이 구할 수 있다.

1) 단상2선식

$$\Delta V = V_s - V_r = 2(R\times I) = 2\left(\rho\frac{L}{A}\right)I = 2\left(\frac{1}{58}\times\frac{100}{97}\times\frac{L}{A}\right)I$$

$$\cong \frac{35.6LI}{1000A}$$

A : 도체 단면적[mm²]

L : 선로의 길이[m]

여기서 표준연동의 고유저항은 $\frac{1}{58}$[Ω · m]이고 표준연동 도전율 100[%]에 대한 비교백분율 C 값은 동은 97[%], 알루미늄은 67[%]로 한다 $\left(\rho = \frac{1}{58}\cdot\frac{100}{C}\right)$

예제 1

제어반으로부터 전선관 거리가 100[m] 떨어진 위치에 포소화설비의 일제 개방변이 있고, 바로 옆에 기동용 솔레노이드 밸브가 있다. 제어반 출력단자에서의 전압강하는 없다고 가정했을 때 이 솔레노이드가 기동할 때의 솔레노이드 단자전압은 얼마가 되겠는가? 단, 제어회로 전압은 24[V]이며, 솔레노이드의 정격전류는 2.0[A]이고, 배선의 [km]당 전기저항의 값은 상온에서 8.8[Ω]이라고도 한다.

【풀이】 배선의 [km]당 전기저항의 값이 8.8[Ω]이므로 100[m]일 때 0.88[Ω]이 된다.

선로의 전압강하 $e = 2IR = 2\times2\times0.88 = 3.52$[V]

∴ 솔레노이드 단자전압 $V_r = V_s - e = 24 - 3.52 = 20.48$[V]

2) 3상3선식

$$\Delta V = V_s - V_r = \sqrt{3}(R\times I) = \sqrt{3}\left(\rho\frac{L}{A}\right)I = \sqrt{3}\left(\frac{1}{58}\times\frac{100}{97}\times\frac{L}{A}\right)I$$

$$\cong \frac{30.8LI}{1000A}[\mathrm{V}]$$

3) 단상3선식, 3상4선식

이 방식에서는 부하가 평형되어 중성선에는 전류가 흐르지 않는다고 가정한다.

$$\Delta V = V_s - V_r = R \times I = \left(\rho \frac{L}{A}\right) I = \left(\frac{1}{58} \times \frac{100}{97} \times \frac{L}{A}\right) I$$

$$= \frac{17.8LI}{1000A}$$

〈표 14-18〉 전압강하 및 전선 단면적

회로의 전기방식	전압강하	전선의 단면적
직류2선식 및 단상2선식	$e = \frac{35.6 \times L \times I}{1000 \times A}$	$A = \frac{35.6 \times L \times I}{1000 \times e}$
3상3선식	$e = \frac{30.8 \times L \times I}{1000 \times A}$	$A = \frac{30.8 \times L \times I}{1000 \times e}$
직류3선식, 단상3선식 3상4선식	$e = \frac{17.8 \times L \times I}{1000 \times A}$	$A = \frac{17.8 \times L \times I}{1000 \times e}$

예제 2

수신기와 경종과의 거리가 200[m]인 공장건물에서 화재가 발생하여 지구경종 4개를 동시에 동작시켰을 때 선로 전압강하는 얼마인가? 단, 경종 1개의 전류용량은 60[mA]이며, 선로전선의 굵기는 지름 1.6[mm]이다.

【풀이】 지구경종 4개가 동시에 동작하는 경우 흐르는 전류는 0.24[A]이므로 전압강하는 다음과 같이 구할 수 있다.

$$e = \frac{35.6 \times L \times I}{1000 \times A} = \frac{35.6 \times 200 \times 0.24}{1000 \times 3.14 \times 0.8^2} = 0.85[V]$$

예제 3

분전반에서 30[m] 거리에 20[w],100[V] 인 유도등 20개를 설치하려고 한다. 전압강하를 2[V] 이하로 하기 위해서는 몇 [mm^2] 이상의 전선의 단면적이어야 하는가?

【풀이】 20[w],100[V] 인 유도등 20개를 설치하는 경우 흐르는 전류는 4[A]이므로 전선의 단면적은 다음과 같이 구할 수 있다.

$$A=\frac{35.6\times L\times I}{1000\times e}=\frac{35.6\times 30\times 4}{1000\times 2}=2.136[mm^2]$$

(3) 전압강하율

송전단전압과 전압강하의 비를 백분율로 표시하는 것을 전압강하율이라고 부르며 다음식으로 표시한다.

$$\text{전압강하율}=\frac{V_s-V_r}{V_s}\times 100[\%]$$

V_s : 송전단 전압 V_r : 수전단 전압

6. 전기절연

전기배선이 대지로부터 충분히 절연되지 않으면 누설전류로 인하여 화재사고・감전사고 등이 일어날 위험이 있을 뿐 아니라 전력손실이 증가한다. 따라서 전기를 안전하게 사용하고 누설전류를 억제하기 위해서는 대지로부터 충분히 절연시켜야 한다.

전기설비의 절연에 대한 신뢰성 판정에는 절연저항 시험과 절연내력 시험이 있다.

(1) 절연저항

저압 전선로의 전선 상호간, 전선로와 대지간의 유지해야 하는 절연저항은 〈표 14-19〉 이상 값을 유지하여야 한다.

〈표 14-19〉 사용전압별 절연저항값

전선로의 사용전압 구분		절연저항값
400[V] 이하	대지전압 150[V] 이하	0.1[MΩ]
	150～300[V]	0.2[MΩ]
	300～400[V]	0.3[MΩ]
400[V] 이상		0.4[MΩ]

〈표 14-19〉에서 규정된 절연저항값은 최소값을 규정한 것이며 신설공사 초기시 절연저항은 1[MΩ] 이상을 유지해야 한다. 소방기기의 절연저항 시험은 전원부와 외함 등의 절연이 얼마나 잘되어 있는가를 확인하는 시험이다.

예제 4

직류 2선식 배전선의 절연저항을 측정하였더니 각 선의 대지 절연저항이 각각 0.35[MΩ], 0.45[MΩ]이었다. 이 경우 배전선의 합성 절연저항은 몇 [MΩ]인가?

【풀이】 합성저항은 R_0라고 하면 병렬접속이므로

$$R_0 = \frac{0.35 \times 0.45}{0.35 + 0.45} = 0.196[\mathrm{M}\Omega]$$

〈표 14-20〉 소방기기 절연저항

<table>
<tr><th>절연저항계(메가)</th><th>절연저항</th><th>대 상</th></tr>
<tr><td>직류 250V</td><td>0.1MΩ 이상</td><td>1경계구역 절연저항(감지기 선로 절연저항)</td></tr>
<tr><td rowspan="4">직류 500V</td><td>5MΩ 이상</td><td>수신기 · 자동화재속보설비 · 비상경보설비
유도등 · 비상조명등(교류 입력측과 외함간 포함)
누전경보기 · 가스누설경보기</td></tr>
<tr><td>20MΩ 이상</td><td>경종 · 발신기 · 중계기 · 비상콘센트
기기의 절연된 선로간, 기기의 충전부와 비충전부간
기기의 교류 입력측과 외함간(유도등,비상조명등 제외)</td></tr>
<tr><td>50MΩ 이상</td><td>수신기(10회로 이상)
감지기(정온식 감지선형 감지기 제외)</td></tr>
<tr><td>1000MΩ 이상</td><td>정온식 감지선형 감지기</td></tr>
</table>

(2) 절연내력

사용전압이 높아짐에 따라 절연저항이 낮아지고 그 효력이 충분히 발휘하지 못하므로 절연내력 시험을 통하여 절연의 신뢰도를 규정하고 있다. 절연내력은 전선로와 대지간에 계속해서 1분간 인가했을 때 견딜 수 있어야 하며 평상시보다 높은 전압을 인가하여 절연이 파괴되는지를 확인하는 시험이다.

절연내력 시험은 정격전압이 150[V] 이하인 경우 1,000[V]의 실효전압을 가하여 1분 이상 견디고, 정격전압이 150[V] 이상인 경우에는 정격전압에 2배를 곱하여 1,000을 더한 실효전압을 가하여 1분 이상 견디는 구조이여야 한다.

7,000[V] 이하 고전압으로 절연내력시험은 1.5배의 전압(최저 500[V])을 연속해서 10분간 인가하여 이상이 없어야 한다.

7. 간선구성

(1) 간선의 개요

건축물 내에서 사용하고 있는 전력은 전력회사의 송·배전 선로를 통하여 수전하는 전력, 자가용 발전기에 의한 전력, 축전지에서의 직류전력 등이 있으나 전력회사로부터 수전하는 전력이 대부분이다. 이러한 전력은 변압기·배전반 등을 경유하여 건물 내의 각 수용장소에 설치된 분전반·동력제어반 등으로 배전되고 그곳에서 조명기구·콘센트·전동기 등의 부하로 공급된다.

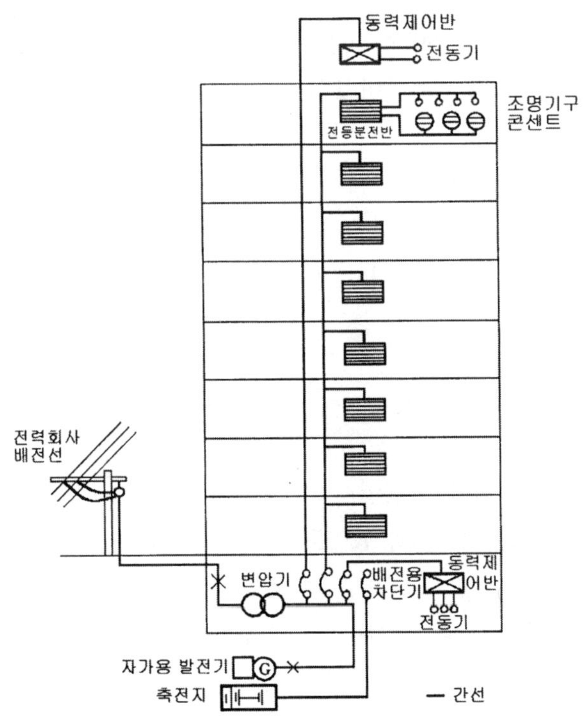

[그림 14-13] 간선 결선도

이와 같이 전등·콘센트·전동기 설비에 공급시 일정 구역마다 큰 용량의 전선으로 배선하고 이것을 다시 분배하여 각각의 부하설비에 배전하는데 큰 용량을 가진 배선을 간선이라 한다.

[그림 14-13]에서 1개의 간선에는 많은 분기회로가 포함되어 있으므로 간선의 허용전류가 분기선의 허용전류보다 훨씬 크다. 따라서 간선에서의 고장은 분기회로의 고장보다 그 피해는 상당히 넓은 범위로 파급된다. 그러므로 간선설계는 높은 공급신뢰도를 갖도록 유의하여야 한다. 다음은 간선 설계시 유의사항이다.

① 전선의 허용전류
② 전선의 허용전압강하
③ 전선의 기계적강도

(2) 간선의 종류

간선을 분류하는 방법은 사용목적·배전방식·사용전압에 따라 구분하여 사용할 수 있다.

1) 사용목적에 따른 분류

① 동력간선
  ㉮ 일반 부하동력 : 급·배수펌프, 공조설비, 급·배기팬, 열원기기
  ㉯ 비상 부하동력 : 소화전 펌프, 비상용 엘리베이터
② 전등간선
  ㉮ 일반 전등부하 : 전등, 콘센트, 사무용 기기
  ㉯ 비상 전등부하 : 비상용전등, 유도등
③ 특수용간선 : 전산기기용, 의료기기, 기타 특수기기용 간선

2) 배전방식에 따른 분류

① 고압·특별고압 간선 : 버스덕트
② 저압간선
  ㉮ 케이블(금속덕트, 케이블 트레이)
  ㉯ 비닐전선(합성수지관, 금속관, 금속덕트)
  ㉰ 버스덕트
  ㉱ 나도체(동관, 알루미늄 관, 동대)

3) 사용전압에 따른 분류

부하설비의 사용전압에 따라 $1\phi 3w$은 기존의 110[V] 배전방식을 승압하여 110[V]와

220[V]급을 같이 사용하도록 한 것이다. $3\phi 4w$은 전등·동력 공용의 간선으로 사용되는 것이며 직류 100[V]는 비상조명등용 간선으로 사용된다.

고압간선은 주변전실을 접속하는 1차측 간선이나 대용량의 고압기기에 전력을 공급하는 간선이다. 특별고압 간선은 초고층 빌딩 등의 대규모 건물에서 하나의 구내에 2이상의 특별고압 변전실을 설치하는 경우에 그 변전실간을 접속하는 간선이다.

① 저압간선
   ㉮ 단상2선식 : 110[V], 220[V]
   ㉯ 단상3선식 : 110/220[V]
   ㉰ 3상3선식 : 200[V]
   ㉱ 3상4선식 : 120/208[V], 220/380[V], 254/400[V]
   ㉲ 직류 : 100[V]
② 고압간선 : 3상4선식 : 3.3[kV], 6.6[kV]
③ 특별 고압간신 : 3상4선식 : 22.9[kV] 나중 접시방식

(3) 간선의 용량

간선의 용량 결정은 간선을 통해 공급되는 전력부하의 합계용량을 기준으로 한다. 그러나 일반적으로 모든 전력을 동시에 사용하는 경우는 거의 없기 때문에 총설비용량을 간선용량으로 고려하면 너무 과다하게 되어 비경제적으로 운용될 수 있다. 그러므로 총설비용량에 대한 최대 사용하는 전력의 비를 수용률(demand factor)이라 하며 다음과 같이 구할 수 있다.

$$\text{수용률} = \frac{\text{최대수용전력}}{\text{설비용량}}$$

수용률은 사용부하·건물규모·용도 등에 따라 다르며 〈표 14-21〉의 같은 값을 참고하여 계산할 수 있다.

〈표 14-21〉 간선의 수용률

건축물의 종류	수용률[%]
주택·여관·호텔·병원	50
학교·사무실·은행	70

(4) 간선의 배선방식

분전반이 2개소 이상 있는 곳에서는 배선방식에 따라 간선을 분류하면 [그림 14-14]에서와 같이 (a), (b) 나뭇가지형, (c), (d) 나뭇가지형과 평행형 병용, (e) 평행형으로 된다.

평행식은 용량이 큰 부하나 분산되어 있는 부하에 대하여 단독회선으로 배선하는 것이다. 배전반으로부터 각 분전반마다 단독으로 배선되므로 전압강하가 평균화되고 사고의 경우 파급되는 범위가 좁아지지만 배선의 혼잡과 설비비가 많아진다. 그러므로 대규모 건물에 적당하다.

나뭇가지형은 1개의 간선이 각각의 분전반을 거치며 부하가 감소됨에 따라 간선의 굵기도 감소되므로 굵기가 변경되는 접속점에는 보안장치가 필요하다. 이 방식은 소규모 건물에 적당하다. 평행형과 나뭇가지형 병용식에는 집중되어 있는 부하의 중심부근에 분전반을 설치하고 분전반에서 각 부하에 배선하는 것이다. 일반적으로 병용형이 많이 사용된다.

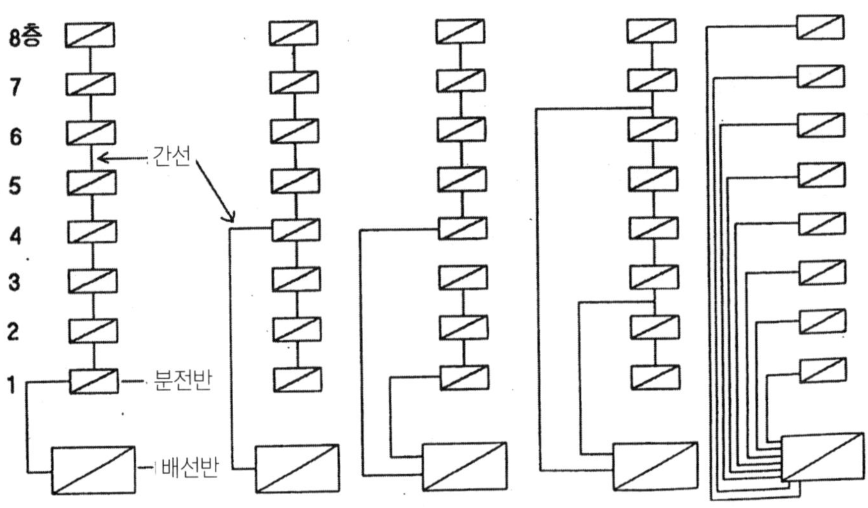

(a) 나뭇가지형 (b) 나뭇가지형 (c) 나뭇가지평행형 (d) 나뭇가지평행형 (e) 평행형

[그림 14-14] 간선의 배선방식

8. 방재배선

소방설비의 전원회로의 배선은 내화배선으로 그밖의 배선 또는 내열배선으로 하여야 하며, 배선 종류별로 구분하면 〈표 14-22〉와 같다.

화재안전기준에서 일반배선이란 실드선, 광케이블, 내화배선 또는 내열배선 모두를 포함한다.

〈표 14-22〉 자동화재탐지설비 배선종류

자동화재탐지설비 배선		배선종류	비 고
1. 전원회로 배선		내화배선	-
2. 감지기회로 배선 (감지기 상호간 또는 감지기로부터 수신기에 이르는 감지기회로 배선	· 아날로그식 감지기 · 다신호식 감지기 · R형 수신기용	전자파 방해를 받지 않는 실드선(차폐선)	광케이블 가능 (전자파 방해를 받지 않고 내열성이 있을 것)
	· 감지기 상호간	일반배선 (내화배선 · 내열배선)	-
3. 그 밖의 회로배선		내화배선 · 내열배선	-

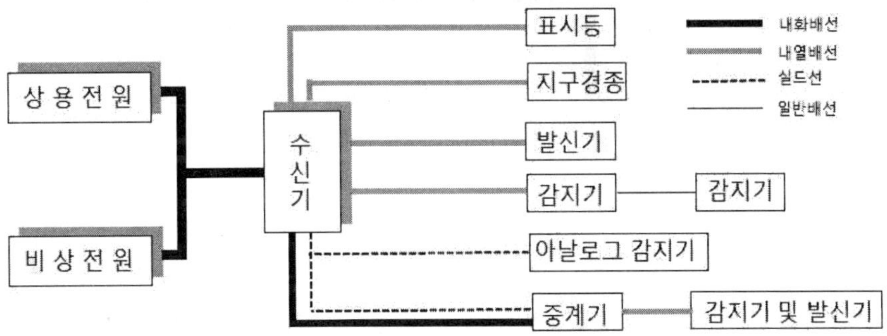

[그림 14-15] 자동화재탐지설비

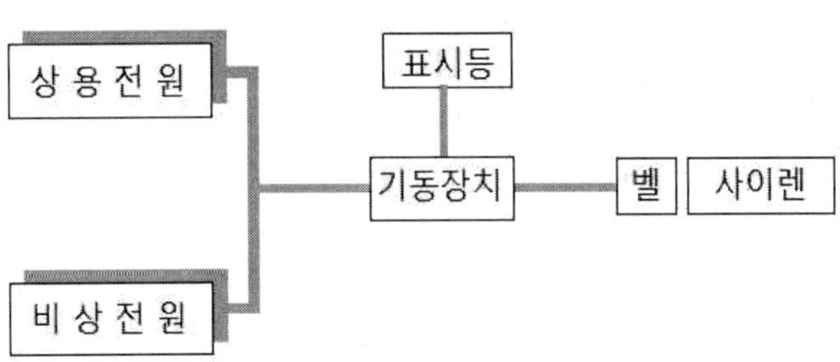

[그림 14-16] 비상벨, 자동식사이렌

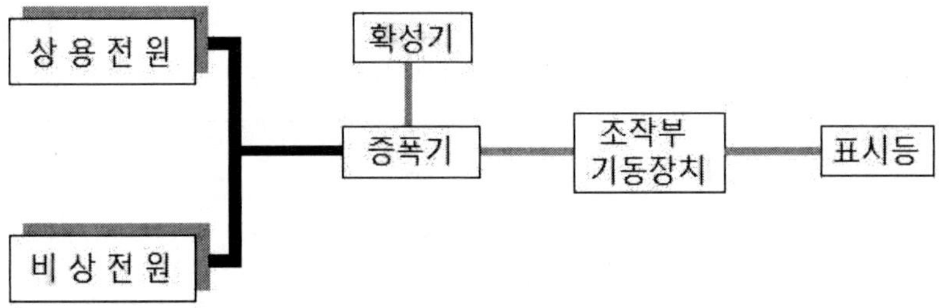

[그림 14-17] 방송설비

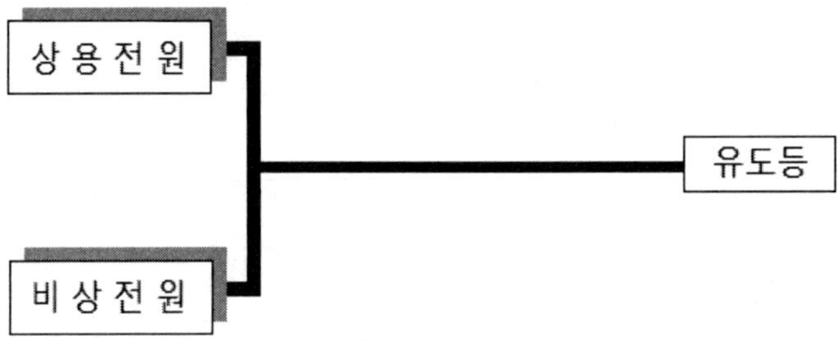

[그림 14-18] 유도등설비

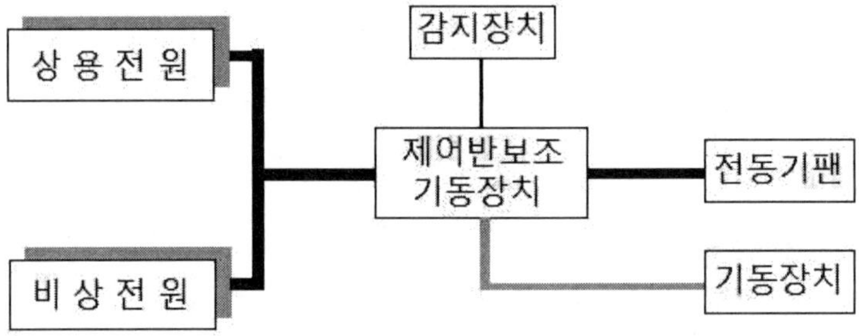

[그림 14-19] 제연설비

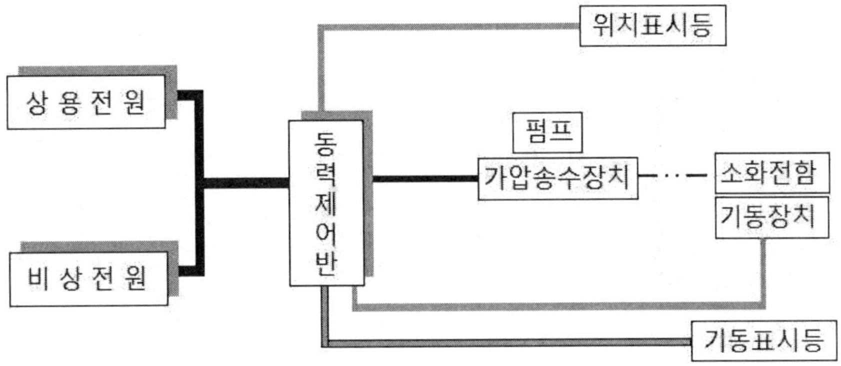

[그림 14-20] 옥내소화전설비

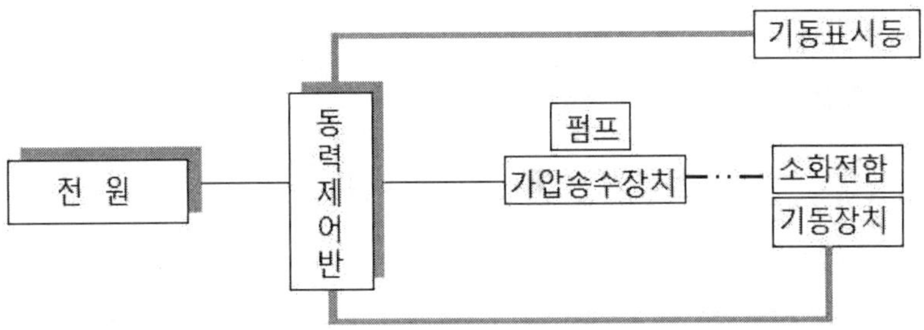

[그림 14-21] 옥외소화전설비

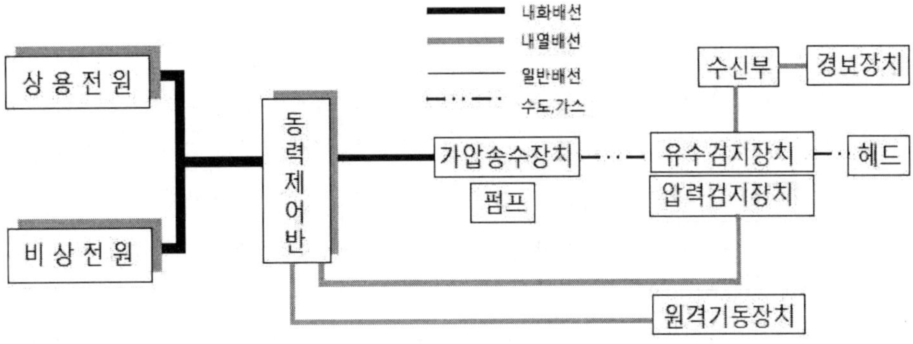

[그림 14-22] 스프링클러, 물분무, 포소화전설비

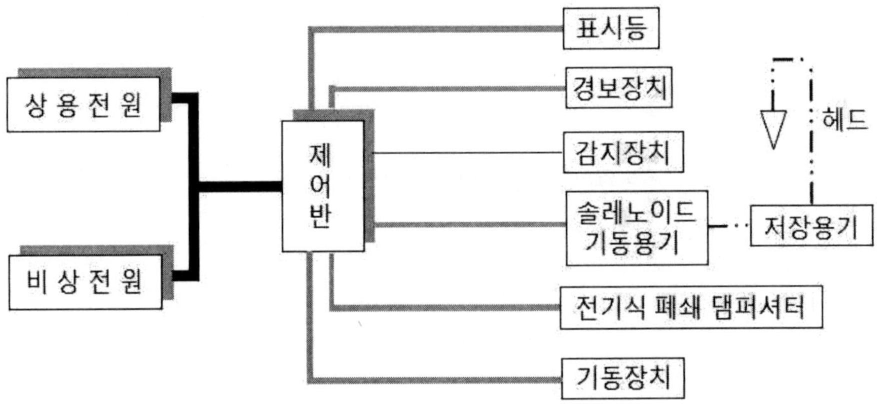

[그림 14-23] 이산화탄소, 하론, 분말소화설비

9. 용어의 정의

① '전기사업자'라 함은 전기사업법 제2조제2호의 규정에 따른 자를 말한다.

② '인입선'이라 함은 전기설비기술기준 제2조제8호의 규정에 따른 것을 말한다.

③ '인입구배선'이라 함은 인입선 연결점으로부터 특정소방대상물 내에 시설하는 인입개폐기에 이르는 배선을 말한다.

④ '인입개폐기'라 함은 전기설비기술기준 제190조의 규정에 따른 것을 말한다.

⑤ '과전류 차단기'라 함은 전기설비기술기준 제43조 및 제95조 제4호의 규정에 따른 것을 말한다.

⑥ '소방회로'라 함은 소방부하에 전원을 공급하는 전기회로를 말한다.

⑦ '일반회로'라 함은 소방회로 이외의 전기회로를 말한다.

⑧ '수전설비'라 함은 전력수급용 계기용 변성기, 주차단장치 및 그 부속기기를 말한다.

⑨ '변전설비'라 함은 전력용 변압기 및 그 부속장치를 말한다.

⑩ '전용 큐비클식'이라 함은 소방회로용의 것으로 수전설비 · 변전설비, 그밖의 기기 및 배선을 금속제 외함에 수납한 것을 말한다.

⑪ '공용 큐비클식'이라 함은 소방회로 및 일반회로 겸용의 것으로서 수전설비 · 변전설비, 그밖의 기기 및 배선을 금속제 외함에 수납한 것을 말한다.

⑫ '전용 배전반'이라 함은 소방회로 전용의 것으로서 개폐기, 과전류 차단기, 계기, 그밖의 배선용기기 및 배손을 금속제 외함에 수납한 것을 말한다.

⑬ '공용배전반'이라 함은 소방회로 및 일반회로 겸용의 것으로서 개폐기, 과전류 차단기, 계기, 그밖의 배선용기기 및 배선을 금속제 외함에 수납한 것을 말한다.

⑭ '전용 분전반'이라 함은 소방회로 전용의 것으로서 분기 개폐기, 분기 과전류 차단기, 그밖의 배선용기기 및 배선을 금속제 외함에 수납한 것을 말한다.

⑮ '공용 분전반'이라 함은 소방회로 및 일반회로 겸용의 것으로서 분기 개폐기, 분기 과전류 차단기, 그밖의 배선용 기기 및 배선을 금속제 외함에 수납한 것을 말한다.

부 록

1. 소방시설의 종류(제3조 관련)

2. 설치장소별 감지기 적응성

3. 임시소방시설의 종류와 설치기준 등

4. 특정소방대상물의 소방시설 설치의 면제기준

5. 특정소방대상물의 소방시설 종류

6. 소방전기시설의 구조 및 원리 국가기술자격시험 기출문제풀이

부록 1 : 소방시설의 종류(제3조 관련)

1. **소화설비** : 물 또는 그 밖의 소화약제를 사용하여 소화하는 기계 · 기구 또는 설비로서 다음 각 목의 것
   가. 소화기구
      ① 소화기
      ② 간이소화용구 : 에어로졸식 소화용구, 투척용 소화용구, 소공간용 소화용구 및 소화약제 외의 것을 이용한 간이소화용구
      ③ 자동확산소화기
   나. 자동소화장치
      ① 주거용 주방자동소화장치
      ② 상업용 주방자동소화장치
      ③ 캐비닛형 자동소화장치
      ④ 가스자동소화장치
      ⑤ 분말자동소화장치
      ⑥ 고체에어로졸자동소화장치
   다. 옥내소화전설비[호스릴(Hose Reel) 옥내소화전설비를 포함한다]
   라. 스프링클러설비등
      ① 스프링클러설비
      ② 간이스프링클러설비(캐비닛형 간이스프링클러설비를 포함한다)
      ③ 화재조기진압용 스프링클러설비
   마. 물분무등소화설비
      ① 물분무소화설비
      ② 미분무소화설비
      ③ 포소화설비
      ④ 이산화탄소소화설비
      ⑤ 할론소화설비
      ⑥ 할로겐화합물 및 불활성기체(다른 원소와 화학반응을 일으키기 어려운 기체를 말한다)
      ⑦ 분말소화설비
      ⑧ 강화액소화설비
      ⑨ 고체에어로졸소화설비
   바. 옥외소화전설비
2. **경보설비** : 화재발생 사실을 통보하는 기계 · 기구 또는 설비로서 다음 각 목의 것
   가. 단독경보형 감지기
   나. 비상경보설비
      ① 비상벨설비
      ② 자동식사이렌설비

다. 자동화재탐지설비
라. 시각경보기
마. 화재알림설비
바. 비상방송설비
사. 자동화재속보설비
아. 통합감시시설
자. 누전경보기
차. 가스누설경보기

3. **피난구조설비** : 화재가 발생할 경우 피난하기 위하여 사용하는 기구 또는 설비로서 다음 각 목의 것
   가. 피난기구
      ① 피난사다리
      ② 구조대
      ③ 완강기
      ④ 간이완강기
      ⑤ 그 밖에 화재안전기준으로 정하는 것
   나. 인명구조기구
      ① 방열복, 방화복(안전모, 보호장갑 및 안전화를 포함한다)
      ② 공기호흡기
      ③ 인공소생기
   다. 유도등
      ① 피난유도선
      ② 피난구유도등
      ③ 통로유도등
      ④ 객석유도등
      ⑤ 유도표지
   라. 비상조명등 및 휴대용비상조명등
4. **소화용수설비** : 화재를 진압하는 데 필요한 물을 공급하거나 저장하는 설비로서 다음 각 목의 것
   가. 상수도소화용수설비
   나. 소화수조 · 저수조, 그 밖의 소화용수설비
5. **소화활동설비** : 화재를 진압하거나 인명구조활동을 위하여 사용하는 설비로서 다음 각 목의 것
   가. 제연설비
   나. 연결송수관설비
   다. 연결살수설비
   라. 비상콘센트설비
   마. 무선통신보조설비
   바. 연소방지설비

부록 2 : 설치장소별 감지기 적응성

[별표 1]

설치장소별 감지기 적응성(연기감지기를 설치할 수 없는 경우 적용)

(제7조제7항 관련)

설치장소 환경상태	설치장소 적응장소	적응 열감지기 차동식스포트형 1종	차동식스포트형 2종	차동식분포형 1종	차동식분포형 2종	보상식스포트형 1종	보상식스포트형 2종	정온식 특종	정온식 1종	열아날로그식	불꽃감지기	비고
먼지 또는 미분 등이 다량으로 체류하는 장소	쓰레기장, 하역장, 도장실, 섬유·목재·석재 등 가공 공장	○	○	○	○	○	○	○	○	○	○	1. 불꽃감지기에 따라 감시가 곤란한 장소는 적응성이 있는 열감지기를 설치할 것. 2. 차동식분포형감지기를 설치하는 경우에는 검출부에 먼지, 미분 등이 침입하지 않도록 조치할 것. 3. 차동식스포트형감지기 또는 보상식스포트형감지기를 설치하는 경우에는 검출부에 먼지, 미분 등이 침입하지 않도록 조치할 것. 4. 정온식감지기를 설치하는 경우에는 특종으로 설치할 것. 5. 섬유, 목재가공 공장 등 화재확대가 급속하게 진행될 우려가 있는 장소에 설치하는 경우 정온식감지기는 특종으로 설치할 것. 공칭작동 온도75℃이하, 열아날로그식스포트형 감지기는 화재표시 설정은 80℃이하가 되도록 할 것.
수증기가 다량으로 머무는 장소	증기세정실, 탕비실, 소독실 등	×	×	×	○	×	○	○	○	○	○	1. 차동식분포형감지기 또는 보상식스포트형감지기는 급격한 온도변화가 없는 장소에 한하여 사용할 것. 2. 차동식분포형감지기를 설치하는 경우에는 검출부에 수증기가 침입하지 않도록 조치할 것. 3. 보상식스포트형감지기, 정온식감지기 또는 열아날로그식감지기를 설치하는 경우에는 방수형으로 설치할 것. 4. 불꽃감지기를 설치할 경우 방수형으로 할 것
부식성가스가 발생할 우려가 있는 장소	도금공장, 축전지실, 오수처리장 등	×	×	○	○	○	○	○	○	○	○	1. 차동식분포형감지기를 설치하는 경우에는 감지부가 피복되어 있고 검출부가 부식성가스에 영향을 받지 않는것 또는 검출부에 부식성가스가 침입하지 않도록 조치할 것. 2. 보상식스포트형감지기, 정온식감지기 또는 열아날로그식스포드형김지기를 설치하는 경우에는 부식성가스의 성싱에 반응하지 않는 내산형 또는 내알칼리형으로 설치할 것 3. 정온식감지기를 설치하는 경우에는 특종으로 설치할 것

설치장소		적응 열감지기									불꽃감지기	비 고
환경상태	적응장소	차동식스포트형 1종	차동식스포트형 2종	차동식분포형 1종	차동식분포형 2종	보상식스포트형 1종	보상식스포트형 2종	정온식 특종	정온식 1종	열아날로그식		
주방, 기타 평상시에 연기가 체류하는 장소	주방, 조리실, 용접작업장 등	×	×	×	×	×	×	○	○	○	○	1. 주방, 조리실 등 습도가 많은 장소에는 방수형 감지기를 설치할 것. 2. 불꽃감지기는 UV/IR형을 설치할 것
현저하게 고온으로 되는 장소	건조실, 살균실, 보일러실, 주조실, 영사실, 스튜디오	×	×	×	×	×	×	○	○	○	×	
배기가스가 다량으로 체류하는 장소	주차장, 차고, 화물취급소 차로, 자가발전실, 트럭터미널, 엔진시험실	○	○	○	○	○	○	×	×	○	○	1. 불꽃감지기에 따라 감시가 곤란한 장소는 적응성이 있는 열감지기를 설치할 것. 2. 열아날로그식스포트형감지기는 화재표시 설정이 60℃ 이하가 바람직하다.
연기가 다량으로 유입할 우려가 있는 장소	음식물배급실, 주방전실,주방내 식품저장실, 음식물운반용엘리베이터,주방주변의 복도 및 통로, 식당 등	○	○	○	○	○	○	○	○	○	×	1. 고체연료 등 가연물이 수납되어 있는 음식물배급실, 주방전실에 설치하는 정온식감지기는 특종으로 설치할 것 2. 주방주변의 복도 및 통로, 식당 등에는 정온식감지기를 설치하지 말 것 3. 제1호 및 제2호의 장소에 열아날로그식스포트형감지기를 설치하는 경우에는 화재표시 설정을 60℃ 이하로 할 것.
물방울이 발생하는 장소	스레트 또는 철판으로 설치한 지붕 창고·공장, 패키지형냉각기전용 수납실, 밀폐된 지하창고, 냉동실 주변 등	×	×	○	○	○	○	○	○	○	○	1. 보상식스포트형감지기, 정온식감지기 또는 열아날로그식 스포트형감지기를 설치하는 경우에는 방수형으로 설치할 것. 2. 보상식스포트형감지기는 급격한 온도변화가 없는 장소에 한하여 설치할 것. 3. 불꽃감지기를 설치하는 경우에는 방수형으로 설치할 것
불을 사용하는 설비로서 불꽃이 노출되는 장소	유리공장, 용선로가 있는장소, 용접실, 주방, 작업장, 주방, 주조실 등	×	×	×	×	×	×	○	○	○	×	

주) 1. "○"는 당해 설치장소에 적응하는 것을 표시, "×"는 당해 설치장소에 적응하지 않는 것을 표시

2. 차동식스포트형, 차동식분포형 및 보상식스포트형 1종은 감도가 예민하기 때문에 비화재보 발생은 2종에 비해 불리한 조건이라는 것을 유의할 것

3. 차동식분포형 3종 및 정온식 2종은 소화설비와 연동하는 경우에 한해서 사용 할 것.

4. 다신호식감지기는 그 감지기가 가지고 있는 종별, 공칭작동온도별로 따르지 말고 상기 표에 따른 적응성이 있는 감지기로 할 것

[별표 2]

설치장소별 감지기 적응성

(제7조제7항 관련)

설치장소		적응열감지기					적응연기감지기						불꽃감지기	비 고
환경상태	적응장소	차동식스포트형	차동식분포형	보상식스포트형	정온식	열아날로그식	이온화식스포트형	광전식스포트형	이온아날로그식스포트형	광전아날로그식스포트형	광전식분리형	광전아날로그식분리형		
1. 흡연에 의해 연기가 체류하며 환기가 되지 않는 장소	회의실, 응접실, 휴게실, 노래연습실, 오락실, 다방, 음식점, 대합실, 카바레 등의 객실, 집회장, 연회장 등	○	○	○				◎		◎	○	○		
2. 취침시설로 사용하는 장소	호텔 객실, 여관, 수면실 등						◎	◎	◎	◎	○	○		
3. 연기이외의 미분이 떠다니는 장소	복도, 통로 등						◎	◎	◎	◎	○	○	○	
4. 바람에 영향을 받기쉬운장소	로비, 교회, 관람장, 옥탑에 있는 기계실		○					◎		◎	○	○	○	
5. 연기가 멀리 이동해서 감지기에 도달하는 장소	계단, 경사로							○		○	○	○		광전식스포트형감지기 또는 광전아날로그식스포트형감지기를 설치하는 경우에는 당해 감지기회로에 축적기능을 갖지않는 것으로 할 것.
6. 훈소화재의 우려가 있는 장소	전화기기실, 통신기기실, 전산실, 기계제어실							○		○	○	○		
7. 넓은 공간으로 천장이 높아 열 및 연기가 확산하는 장소	체육관, 항공기 격 납고, 높은 천장의 창고·공장, 관람석 상부 등 감지기 부착 높이가 8m 이상의 장소		○								○	○	○	

주) 1. "○"는 당해 설치장소에 적응하는 것을 표시

2. "◎" 당해 설치장소에 연감지기를 설치하는 경우에는 당해 감지회로에 축적기능을 갖는 것을 표시

3. 차동식스포트형, 차동식분포형, 보상식스포트형 및 연기식(당해 감지기회로에 축적 기능을 갖지않는 것)1종은 감도가 예민하기 때문에 비화재보 발생은 2종에 비해 불리한 조건이라는 것을 유의하여 따를 것
4. 차동식분포형 3종 및 정온식 2종은 소화설비와 연동하는 경우에 한해서 사용 할 것
5. 광전식분리형감지기는 평상시 연기가 발생하는 장소 또는 공간이 협소한 경우에는 적응성이 없음
6. 넓은 공간으로 천장이 높아 열 및 연기가 확산하는 장소로서 차동식분포형 또는 광전식분리형 2종을 설치하는 경우에는 제조사의 사양에 따를 것
7. 다신호식감지기는 그 감지기가 가지고 있는 종별, 공칭작동온도별로 따르고 표에 따른 적응성이 있는 감지기로 할 것
8. 축적형감지기 또는 축적형중계기 혹은 축적형수신기를 설치하는 경우에는 제7조에 따를 것

부록 3 : 임시소방시설의 종류와 설치기준 등

1. 임시소방시설의 종류

가. 소화기

나. 간이소화장치 : 물을 방사하여 화재를 진화할 수 있는 장치로서 소방청장이 정하는 성능을 갖추고 있을 것

다. 비상경보장치 : 화재가 발생한 경우 주변에 있는 작업자에게 화재사실을 알릴 수 있는 장치로서 소방청장이 정하는 성능을 갖추고 있을 것

라. 간이피난유도선 : 화재가 발생한 경우 피난구 방향을 안내할 수 있는 장치로서 소방청장이 정하는 성능을 갖추고 있을 것

2. 임시소방시설을 설치하여야 하는 공사의 종류와 규모

가. 소화기 : 건축허가 등을 할 때 소방본부장 또는 소방서장의 동의를 받아야 하는 특정소방대상물의 건축 · 대수선 · 용도변경 또는 설치 등을 위한 공사 중 작업을 하는 현장에 설치한다.

나. 간이소화장치 : 다음의 어느하나에 해당하는 공사의 작업현장에 설치한다.

- 연면적 3천㎡ 이상
- 지하층, 무창층 또는 4층 이상의 층. 이 경우 해당 층의 바닥면적이 600㎡ 이상인 경우만 해당한다.

다. 비상경보장치 : 다음의 어느하나에 해당하는 공사의 작업현장에 설치한다.

- 연면적 400㎡ 이상
- 지하층 또는 무창층. 이 경우 해당 층의 바닥면적이 150㎡ 이상인 경우만 해당한다.

라. 간이피난유도선 : 바닥면적이 150㎡ 이상인 지하층 또는 무창층의 작업현장에 설치한다.

3. 임시소방시설과 기능 및 성능이 유사한 소방시설로서 임시소방시설을 설치한 것으로 보는 소방시설

가. 간이소화장치를 설치한 것으로 보는 소방시설 : 옥내소화전 또는 소방청장이 정하여 고시하는 기준에 맞는 소화기

나. 비상경보장치를 설치한 것으로 보는 소방시설 : 비상방송설비 또는 자동화재탐지설비

다. 간이피난유도선을 설치한 것으로 보는 소방시설 : 피난유도선, 피난구유도등, 통로유도등 또는 비상조명등

▌부록 4 : 특정소방대상물의 소방시설 설치의 면제기준

설치가 면제되는 소방시설	설치면제 기준
1. 비상경보설비 또는 단독경보형 감지기	자동화재탐지설비를 화재안전기준에 적합하게 설치한 경우
2. 비상경보설비	단독경보형 감지기를 2개 이상의 단독경보형 감지기와 연동하여 설치하는 경우
3. 비상방송설비	자동화재탐지설비 또는 비상경보설비와 같은 수준 이상의 음향을 발하는 장치를 부설한 경우
4. 비상조명등	피난구유도등 또는 통로유도등을 적합하게 설치한 경우
5. 누전경보기	아크경보기 또는 지락차단장치를 설치한 경우
6. 무선통신보조설비	이동통신 구내 중계기 선로설비 또는 무선이동중계기 등을 적합하게 설치한 경우
7. 자동화재탐지설비	자동화재탐지설비의 기능(감지 · 수신 · 경보기능을 말한다)과 성능을 가진 스프링클러설비 또는 물분무등소화설비를 적합하게 설치한 경우

부록 5 : 특정소방대상물의 소방시설 종류

특정소방대상물의 관계인이 특정소방대상물의
규모 · 용도 및 수용인원 등을 고려하여 갖추어야 하는 소방시설의 종류

(제15조 관련)

1. 경보설비

가. 비상경보설비를 설치하여야 할 특정소방대상물

① 연면적 400㎡ 이상이거나 지하층 또는 무창층의 바닥면적이 150㎡(공연장의 경우 100㎡) 이상인 것

② 지하가 중 터널로서 길이가 500m 이상인 것

③ 50명 이상의 근로자가 작업하는 옥내 작업장

나. 비상방송설비를 설치하여야 하는 특정소방대상물

① 연면적 3천5백㎡ 이상인 것

② 지하층을 제외한 층수가 11층 이상인 것

③ 지하층의 층수가 3층 이상인 것

다. 누전경보기는 계약전류용량이 100A를 초과하는 특정소방대상물

라. 자동화재탐지설비를 설치하여야 하는 특정소방대상물

① 근린생활시설(목욕장은 제외한다), 의료시설(정신의료기관 또는 요양병원은 제외한다), 숙박시설, 위락시설, 장례시설 및 복합건축물로서 연면적 600㎡ 이상인 것

② 공동주택, 근린생활시설 중 목욕장, 문화 및 집회시설, 종교시설, 판매시설, 운수시설, 운동시설, 업무시설, 공장, 창고시설, 위험물 저장 및 처리 시설, 항공기 및 자동차 관련 시설, 교정 및 군사시설 중 국방 · 군사시설, 방송통신시설, 발전시설, 관광 휴게시설, 지하가(터널은 제외한다)로서 연면적 1천㎡ 이상인 것

③ 교육연구시설(교육시설 내에 있는 기숙사 및 합숙소를 포함한다), 수련시설(수련시설 내에 있는 기숙사 및 합숙소를 포함하며, 숙박시설이 있는 수련시설은 제외한다), 동물 및 식물 관련 시설(기둥과 지붕만으로 구성되어 외부와 기류가 통하는 장소는 제외한다), 분뇨 및 쓰레기 처리시설, 교정 및 군사시설(국방 · 군사시설은 제외한다) 또는 묘지 관련 시설로서 연면적 2천㎡ 이상인 것

④ 지하구

⑤ 지하가 중 터널로서 길이가 1천m 이상인 것

⑥ 노유자 생활시설

⑦ ⑥에 해당하지 않는 노유자시설로서 연면적 400㎡ 이상인 노유자시설 및 숙박시설이

있는 수련시설로서 수용인원 100명 이상인 것

⑧ ②에 해당하지 않는 공장 및 창고시설로서 「소방기본법 시행령」 별표 2에서 정하는 수량의 500배 이상의 특수가연물을 저장·취급하는 것

⑨ 의료시설 중 정신의료기관 또는 요양병원으로서 다음의 어느 하나에 해당하는 시설

- 요양병원(정신병원과 의료재활시설은 제외한다)
- 정신의료기관 또는 의료재활시설로 사용되는 바닥면적의 합계가 300㎡ 이상인 시설 다) 정신의료기관 또는 의료재활시설로 사용되는 바닥면적의 합계가 300㎡ 미만이고, 창살(철재·플라스틱 또는 목재 등으로 사람의 탈출 등을 막기 위하여 설치한 것을 말하며, 화재 시 자동으로 열리는 구조로 되어 있는 창살은 제외한다)이 설치된 시설

⑩ 판매시설 중 전통시장

마. 자동화재속보설비

① 업무시설, 공장, 창고시설, 교정 및 군사시설 중 국방·군사시설, 발전시설(사람이 근무하지 않는 시간에는 무인경비시스템으로 관리하는 시설만 해당한다)로서 바닥면적이 1천5백㎡ 이상인 층이 있는 것. 다만, 사람이 24시간 상시 근무하고 있는 경우에는 자동화재속보설비를 설치하지 않을 수 있다.

② 노유자 생활시설

③ ②에 해당하지 않는 노유자시설로서 바닥면적이 500㎡ 이상인 층이 있는 것. 다만, 사람이 24시간 상시 근무하고 있는 경우에는 자동화재속보설비를 설치하지 않을 수 있다.

④ 수련시설(숙박시설이 있는 건축물만 해당한다)로서 바닥면적이 500㎡ 이상인 층이 있는 것. 다만, 사람이 24시간 상시 근무하고 있는 경우에는 자동화재속보설비를 설치하지 않을 수 있다.

⑤ 「문화재보호법」 제23조에 따라 보물 또는 국보로 지정된 목조건축물. 다만, 사람이 24시간 상시 근무하고 있는 경우에는 자동화재속보설비를 설치하지 않을 수 있다.

⑥ 근린생활시설 중 의원, 치과의원 및 한의원으로서 입원실이 있는 시설

⑦ 의료시설 중 다음의 어느 하나에 해당하는 것

- 종합병원, 병원, 치과병원, 한방병원 및 요양병원(정신병원과 의료재활시설은 제외한다)
- 정신병원 및 의료재활시설로 사용되는 바닥면적의 합계가 500㎡ 이상인 층이 있는 것

⑧ 판매시설 중 전통시장

⑨ ①부터 ⑧까지에 해당하지 않는 특정소방대상물 중 층수가 30층 이상인 것

바. 단독경보형 감지기

① 연면적 1천㎡ 미만의 아파트 등

② 연면적 1천㎡ 미만의 기숙사

③ 교육연구시설 또는 수련시설 내에 있는 합숙소 또는 기숙사로서 연면적 2천㎡ 미만인 것

④ 연면적 600㎡ 미만의 숙박시설

⑤ 라목⑦에 해당하지 않는 수련시설(숙박시설이 있는 것만 해당한다)

⑥ 연면적 400㎡ 미만의 유치원

사. 시각경보기를 설치하여야 하는 특정소방대상물은 라목에 따라 자동화재탐지설비를 설치하여야 하는 특정소방대상물 중 다음의 어느 하나에 해당하는 것과 같다.

① 근린생활시설, 문화 및 집회시설, 종교시설, 판매시설, 운수시설, 운동시설, 위락시설, 창고시설 중 물류터미널

② 의료시설, 노유자시설, 업무시설, 숙박시설, 발전시설 및 장례시설

③ 교육연구시설 중 도서관, 방송통신시설 중 방송국

④ 지하가 중 지하상가

아. 가스누설경보기

① 판매시설, 운수시설, 노유자시설, 숙박시설, 창고시설 중 물류터미널

② 문화 및 집회시설, 종교시설, 의료시설, 수련시설, 운동시설, 장례시설

자. 통합감시시설을 설치하여야 하는 특정소방대상물은 지하구로 한다.

2. 피난구조설비

가. 피난기구는 특정소방대상물의 모든 층에 화재안전기준에 적합한 것으로 설치하여야 한다. 다만, 피난층, 지상 1층, 지상 2층(별표 2 제9호에 따른 노유자시설 중 피난층이 아닌 지상 1층과 피난층이 아닌 지상 2층은 제외한다) 및 층수가 11층 이상인 층과 위험물 저장 및 처리시설 중 가스시설, 지하가 중 터널 또는 지하구의 경우에는 그러하지 아니하다.

나. 인명구조기구를 설치하여야 하는 특정소방대상물

① 방열복 또는 방화복(안전헬멧, 보호장갑 및 안전화를 포함한다), 인공소생기 및 공기호흡기를 설치하여야 하는 특정소방대상물: 지하층을 포함하는 층수가 7층 이상인 관광호텔

② 방열복 또는 방화복(안전헬멧, 보호장갑 및 안전화를 포함한다) 및 공기호흡기를 설치하여야 하는 특정소방대상물: 지하층을 포함하는 층수가 5층 이상인 병원

③ 공기호흡기를 설치하여야 하는 특정소방대상물

- 수용인원 100명 이상인 문화 및 집회시설 중 영화상영관
- 판매시설 중 대규모점포
- 운수시설 중 지하역사
- 지하가 중 지하상가
- 이산화탄소소화설비(호스릴이산화탄소소화설비는 제외한다)를 설치하는 특정소방대상물

다. 유도등

① 피난구유도등, 통로유도등 및 유도표지는 시행령 [별표 2]의 특정소방대상물에 설치한다. 다만, 다음의 어느 하나에 해당하는 경우는 제외한다.

- 지하가 중 터널 및 지하구
- 별표 2 제19호에 따른 동물 및 식물 관련 시설 중 축사로서 가축을 직접 가두어 사육하는 부분

② 객석유도등 설치

- 유흥주점영업시설
- 문화 및 집회시설
- 종교시설
- 운동시설

라. 비상조명등

① 지하층을 포함하는 층수가 5층 이상인 건축물로서 연면적 3천㎡ 이상인 것

② ①에 해당하지 않는 특정소방대상물로서 그 지하층 또는 무창층의 바닥면적이 450㎡ 이상인 경우에는 그 지하층 또는 무창층

③ 지하가 중 터널로서 그 길이가 500m 이상인 것

마. 휴대용 비상조명등

① 숙박시설

② 수용인원 100명 이상의 영화상영관, 판매시설 중 대규모점포, 철도 및 도시철도 시설 중 지하역사, 지하가 중 지하상가

3. 소화활동설비

가. 비상콘센트설비

① 층수가 11층 이상인 특정소방대상물의 경우에는 11층 이상의 층

② 지하층의 층수가 3층 이상이고 지하층의 바닥면적의 합계가 1천㎡ 이상인 것은 지하층의 모든 층

③ 지하가 중 터널로서 길이가 500m 이상인 것

나. 무선통신보조설비

① 지하가(터널은 제외한다)로서 연면적 1천㎡ 이상인 것

② 지하층의 바닥면적의 합계가 3천㎡ 이상인 것 또는 지하층의 층수가 3층 이상이고 지하층의 바닥면적의 합계가 1천㎡ 이상인 것은 지하층의 모든 층

③ 지하가 중 터널로서 길이가 500m 이상인 것

④ 공동구

⑤ 층수가 30층 이상인 것으로서 16층 이상 부분의 모든 층

다. 연소방지설비는 지하구(전력 또는 통신사업용인 것만 해당한다)에 설치하여야 한다.

▌부록 6 : 소방전기시설의 구조 및 원리 국가기술자격시험 기출문제풀이

■ 연습문제 1회

1. 무선통신보조설비에서 두 개 이상의 입력신호를 원하는 비율로 조합한 출력이 발생하도록 하는 장치는?

가. 분배기　　나. 분파기　　다. 혼합기　　라. 증폭기

2. 비상방송설비 음향장치의 설치기준으로 틀린 것은?

가. 실내에 설치하는 확성기의 음성입력은 1W 이상일 것
나. 확성기는 각 층마다 설치하되 그 층의 각 부분으로부터 하나의 확성기까지의 수평거리가 15m 이하가 되도록 할 것
다. 음량조정기를 설치하는 경우 음량조정기의 배선은 3선식으로 할 것
라. 화재발생 상황 및 피난에 유효한 방송이 자동으로 개시될 때까지의 소요시간은 10초 이하로 할 것

3. 자동화재탐지설비 음향장치는 정격전압의 몇 %에서 음향을 발할 수 있어야 하는가?

가. 50　　나. 60　　다. 70　　라. 80

4. 청각장애인용 시각경보장치의 설치기준으로 틀린 것은?

가. 복도 · 통로 · 청각장애인용 객실 및 공용으로 사용하는 거실에 설치하며, 각 부분으로부터 유효하게 경보를 발할 수 있는 위치에 설치하여야 한다.
나. 공연장 · 집회장 · 관람장 또는 이와 유사한 장소에 설치하는 경우에는 시선이 집중되는 무대부 부분 등에 설치하여야 한다.
다. 설치높이는 바닥으로부터 1m 이상 1.5m 이하의 장소에 설치하여야 한다.
라. 천장의 높이가 2m 이하인 경우에는 천장으로부터 0.15m 이내의 장소에 설치하여야 한다.

5. 누전경보기 수신부의 기능검사 항목이 아닌 것은?

가. 방폭시험 나. 방수시험 다. 충격시험 라. 절연내력시험

6. 지하층으로서 지표면으로부터 깊이가 몇 m 이하인 경우 해당층에 한하여 무선통신보조설비를 설치하지 않아도 되는가?

가. 1 나. 2 다. 3 라. 4

7. 축광방식 피난유도선의 설치기준으로 틀린 것은?

가. 부착대에 의하여 견고하게 설치할 것
나. 구획된 각 실로부터 주출입구 또는 비상구까지 설치할 것
다. 피난유도 표시부는 50cm 이내의 간격으로 연속되도록 설치할 것
라. 바닥으로부터 높이 70cm 이하의 위치 또는 바닥면에 설치할 것

8. 광전식분리형 감지기의 설치기준 중 광축의 높이는 천장 등 높이의 몇 % 이상이어야 하는가?(단, 천장 등이란 천장의 실내에 면한 부분 또는 상층의 바닥하부면을 말한다.)

가. 60 나. 80 다. 120 라. 140

9. 누전경보기의 전원은 분전반으로부터 전용회로로 하고, 각 극에 개폐기와 몇 A 이하의 과전류차단기를 설치해야 하는가?

가. 10 나. 15 다. 20 라. 30

10. 비상콘센트설비의 비상전원 중 자가발전설비는 비상콘센트를설비를 몇 분 이상 유효하게 작동시킬수 있는 용량으로 설치해야 하는가?

가. 10 나. 20 다. 30 라. 60

11. 누전경보기용 변압기의 정격1차 전압은 몇 V 이하로 해야 하는가?

가. 50 나. 100 다. 200 라. 300

12. 객석의 통로 직설부분 길이가 32m인 경우 객석유도등은 최소 몇 개 이상 설치해야 하는가?

가. 5　　나. 6　　다. 7　　라. 8

13. 무선통신보조설비에서 신호의 전송로가 분기되는 장소에 설치하는 것으로 임피던스 매칭과 신호균등분배를 위해 사용하는 장치는?

가. 분파기　　나. 혼합기　　다. 증폭기　　라. 분배기

14. 비상콘센트설비 비상전원의 설치기준 중 다음 (　　)안에 알맞은 것은?

> 지하층을 제외한 층수가 7층 이상으로서 연면적이(㉠)㎡ 이상이거나 지하층의 바닥면적의 합계가 (㉡)㎡ 이상인 특정소방대상물의 비상콘센트설비에는 자가발전설비, 비상전원수전설비 또는 전기저장장치를 비상전원으로 설치할 것

가. ㉠ 2000, ㉡ 3000　　나. ㉠ 3000, ㉡ 2000
다. ㉠ 4000, ㉡ 3000　　라. ㉠ 3000, ㉡ 4000

15. 무선통신보조설비에 사용되는 증폭기의 비상전원 용량은 무선통신보조설비를 유효하게 몇 분 이상 작동시킬수 있는 것이어야 하는가?

가. 10　　나. 20　　다. 30　　라. 60

16. 이산화탄소 소화설비의 수동식 기동장치 조작부의 설치높이 기준으로 옳은 것은?

가. 바닥으로부터 0.8m 이상 1.5m 이하
나. 바닥으로부터 1.5m 이하
다. 바닥으로부터 1.0m 이상 1.5m 이하
라. 바닥으로부터 1.0m 이하

17. 누전경보기 전압 지시전기계기의 최대눈금의 범위로 옳은 것은?

가. 사용하는 회로의 전격전압의 75%이상 ~ 100% 이하
나. 사용하는 회로의 전격전압의 80%이상 ~ 120% 이하

다. 사용하는 회로의 전격전압의 90%이상 ~ 110% 이하
라. 사용하는 회로의 전격전압의 140%이상 ~ 200% 이하

18. 예비전원을 내장하지 않는 비상조명등의 비상전원 설치기준으로 옳은 것은?

가. 비상전원은 실내에 설치하지 않을 것
나. 비상전원은 자가발전설비 또는 축전지설비를 설치할 것
다. 평상시 점등여부를 확인할 수 있는 점검스위치를 설치할 것
라. 상용전원으로 전력공급이 중단된 때에는 수동으로 비상전원으로부터 전력을 공급받을 수 있도록 할 것

19. 지하철역사에 설치해야 할 피난구유도등의 종류는?(단, 소방서장의 특정소방대상물의 위치 · 구조 및 설비의 상황을 판단한 견해는 배제한다.)

가. 소형　나. 중형　다. 대형　라. 특형

20. 정온식 감지선형 감지기의 설치기준으로 틀린 것은?

가. 감지선형 감지기의 굴곡반경은 5cm 이상으로 할 것
나. 보조선이나 고정금구를 사용하여 감지선이 늘어지지 않도록 설치할 것
다. 단자부와 마감 고정금구와의 설치간격은 15cm 이내로 설치할 것
라. 감지기와 감지구역의 각 부분과의 수평거리가 내화구조의 경우 1종 4.5m 이하, 2종 3m 이하로 할 것

정답

1.**다** 2.**나** 3.**라** 4.**다** 5.**가** 6.**가** 7.**라** 8.**나** 9.**나** 10.**나**
11.**라** 12.**다** 13.**라** 14.**가** 15.**다** 16.**가** 17.**라** 18.**나** 19.**다** 20.**다**

■ 연습문제 2회

1. 다음 중 자동화재탐지설비와 연동으로 작동하여 자동적으로 화재발생 상황을 소방관서에 전달하는 것은?

가. 비상경보설비　　나. 자동화재속보설비
다. 비상방송설비　　라. 무선통신보조설비

2. 지하층으로서 소방대상물의 바닥부분 2면 이상의 지표면과 동일하거나 지표면으로부터 깊이가 몇 [m]이하인 경우에는 해당 층에 한하여 무선통신보조설비를 설치하지 않을수 있는가?

가. 0.5[m]　　나. 1.0[m]　　다. 1.5[m]　　라. 2.0[m]

3. 다음 중 정온식 감지선형 감지기의 설치 기준으로 옳지 않은 것은?

가. 감지선이 늘어지지 않도록 설치 할 것
나. 감지기의 굴곡반경은 5[mm]이상으로 할 것
다. 지하구나 창고의 천장 등에 지지물이 적당하지 않는 장소에서는 보조선을 설치하고 그 보조선에 설치할 것
라. 케이블 트레이에 감지기를 설치하는 경우 케이블트레이 받침대에 마감금구를 사용하여 설치할 것

4. 다음 중 비상방송설비의 음향장치 설치기준으로 옳지 않은 것은?

가. 음량조정기를 설치하는 경우 음량조정기의 배선은 3선식으로 할 것
나. 다른 방송설비와 공용하는 것에 있어서는 화재시 비상경보외의 방송을 차단할 수 있는 구조로 할 것
다. 기동장치에 따른 화재신고를 수신한 경우에는 20초이내에 자동으로 필요한 음량으로 화재발생 상황 및 피난에 유효한 방송을 개시할 것
라. 조작부는 기동장치의 작동과 연동하여 당해 기동장치가 작동한 층 또는 구역을 표시할 수 있는 것으로 할 것

5. 다음 중 무선통신보조설비의 화재안전기준에서 사용하는 용어의 정의로 올바른 것은?

가. "분파기"는 신호의 전송로가 분기되는 장소에 설치하는 장치를 말한다.

나. “분배기”는 서로 다른 주파수의 합성된 신호를 분리하기 위해서 사용하는 장치를 말한다.
다. “누설동축케이블”은 동축케이블 외부도체에 가느다란 홈을 만들어서 전파가 외부로 새어나갈 수 있도록 한 케이블을 말한다.
라. “증폭기”는 두 개 이상의 입력 신호를 원하는 비율로 조합한 출력이 발생되도록 하는 장치를 말한다.

6. 다음 중 자동화재탐지설비의 발신기 스위치의 설치 위치로 알맞은 것은?

가. 바닥으로부터 30[㎝] 높이의 위치
나. 바닥으로부터 75[㎝] 높이의 위치
다. 바닥으로부터 120[㎝] 높이의 위치
라. 바닥으로부터 160[㎝] 높이의 위치

7. 3선식 배선에 따라 상시 충전되는 유도등의 전기회로에 점멸기를 설치하여 소등상태를 유지하는 경우 다음 중 자동적으로 점등되어야 하는 조건에 속하지 않는 것은?

가. 자동화재탐지설비의 발신기 작동되는 때
나. 비상방송설비의 발신기 작동되는 때
다. 자동소화설비가 작동되는 때
라. 비상경보설비의 발신기 작동되는 때

8. 다음 중 비상콘센트의 설치 기준으로 옳지 않은 것은?

가. 개폐기에는 “비상콘센트”라고 표시한 표지를 할 것
나. 비상전원은 비상콘센트설비를 유효하게 10분이상 작동시킬 수 있는 용량으로 할 것
다. 하나의 전용회로에 설치하는 비상콘센트는 10개 이하로 할 것
라. 비상전원을 실내에 설치하는 때에는 그 실내에 비상조명등을 설치 할 것

9. 공기관식 차동식 분포형감지기의 설치기준으로 옳지 않은 것은?

가. 공기관의 노출부분은 감지구역마다 20[m]이상이 되도록 할 것
나. 공기관과 감지구역의 각변과의 수평거리는 1.5[m]이하가 되도록 할 것
다. 하나의 검출부에 접속하는 공기관의 길이는 100[m]이하로 할 것
라. 검출부는 45[°]이상 경사지지 않도록 부착할 것

10. 다음( )에 알맞은 것은?

비상방송설비에 사용되는 확성기는 각층마다 설치하되, 그 층의 각 부분으로부터 하나의 확성기까지의 (　　　)가 25[m]이하가 되도록 하여야 하고, 당해층의 각 부분에 유효하게 경보를 발할 수 있도록 설치할 것

가. 수평거리　　나. 수직거리　　다. 직통거리　　라. 보행거리

11. 휴대용 비상조명등 설치기준으로 옳지 않은 것은?

가. 숙박시설 또는 다중이용업소에는 객실 또는 영업장안의 구획된 실마다 잘보이는 곳에 1개 이상 설치
나. 백화점 · 대형점 · 쇼핑센타 및 영화상영관에는 보행거리 25[m]이내마다 3개 이상 설치
다. 설치높이는 바닥으로 0.8[m]이상 1.5[m]이하의 높이에 설치
라. 건전지를 사용하는 경우에는 방전방지조치를 하여야 하고, 충전식 밧데리의 경우에는 상시 충전되도록 할 것

12. 소방시설용 비상전원수전설비에서 소방회로 및 일반회로 겸용의 것으로서 분기개폐기, 분기과전류차단기 그 밖의 배선용기기 및 배선을 금속제 외함에 수납한 것으로 정의 되는 것은?

가. 전용배전반　　나. 공용배전반　　다. 전용분전반　　라. 공용분전반

13. 누전경보기의 전원은 분전반으로부터 전용회로로 하고 각극에 개폐기와 몇 [A] 이하의 과전류 차단기를 설치하여야 하는가?

가. 15[A]　　나. 20[A]　　다. 25[A]　　라. 30[A]

14. 바닥면적 450[㎡]일 경우 단독경보형 감지기의 최소 설치 개수는?

가. 1개　　나. 2개　　다. 3개　　라. 4개

15. 부착높이 20[m]이상에 설치되는 광전식 중 아날로그방식의 감지기는 공칭작동농도 하한 값이 감광율 몇 [%/m]미만인 것으로 하여야 하는가?

가. 1[%/m]　　나. 3[%/m]　　다. 5[%/m]　　라. 7[%/m]

16. 다음 중 감지기의 설치 기준에 맞지 않는 것은?

가. 감지기는 천장 또는 반자의 옥내에 면하는 부분에 설치 할 것
나. 차동식분포형의 것을 제외하고 감지기는 실내로의 공기유입구로부터 1.5[m]이상 떨어진 위치에 설치할 것
다. 정온식감지기는 주방 · 보일러실등으로서 다량의 화기를 취급하는 장소에 공칭작동 온도가 주위온도보다 20[℃]이상 높은 것으로 설치할 것
라. 스포트형감지기는 45[°]이상 경사되지 아니하도록 부착 할 것

17. 무창층의 도매시장에 설치하는 비상조명등용 비상전원은 당해 비상조명등을 몇 분 이상 유효하게 작동시킬 수 있는 용량으로 하여야 하는가?

가. 10분 이상 나. 20분 이상 다. 40분 이상 라. 60분 이상

18. 비상콘센트설비의 전원회가 단상교류 220[V]일 경우 공급용량은 몇 [KVA] 이상 이어야 하는가?

가. 0.5[KVA]이상 나. 1.0[KVA]이상
다. 1.5[KVA]이상 라. 3.0[KVA]이상

19. 피난구 또는 피난경로로 사용되는 출입구를 표시하여 피난을 유도하는 표지는?

가. 피난구유도등 나. 통로유도등
다. 피난구유도표지 라. 통로유도표지

20. 거실의 각 부분으로부터 하나의 출입구에 이르는 보행거리가 몇 [m]이내인 부분에는 비상조명등을 설치하지 않을 수 있는가?

가. 15[m] 나. 20[m] 다. 30[m] 라. 40[m]

정답

1.**나** 2.**나** 3.**나** 4.**다** 5.**다** 6.**다** 7.**나** 8.**나** 9.**라** 10.**가**
11.**나** 12.**라** 13.**가** 14.**다** 15.**다** 16.**다** 17.**라** 18.**다** 19.**다** 20.**가**

▪ 연습문제 3회

1. 피난기구의 위치를 표시하는 축광식표지에서 위치표시의 표지면의 휘도는 주위 조도 0[lx]에서 20분간 발광 후 몇 [칸델라/m^2]이어야 하는가?

가. 10[칸델라/m^2]　　나. 12[칸델라/m^2]
다. 20[칸델라/m^2]　　라. 24[칸델라/m^2]

2. 지하층을 제외한 층수가 층 이상의 11 층에 설치하는 비상조명등의 비상전원은 몇 분이 상 유효하게 작동시킬 수 있는 용량으로 하여야 하는가?

가. 20분　　나. 40분　　다. 60분　　라. 120분

3. 유도등의 전원 및 배선 기준 중 옳지 않은 것은?

가. 비상전원은 축전지로 할 것
나. 유도등의 전원은 축전지 또는 교류전압의 옥내간선으로 하고, 전원까지의 배선은 전용으로 할 것
다. 유도등의 인입선과 옥내배선은 직접 연결할 것
라. 유도등의 전기회로에는 점멸기를 설치하고 항상 점등상태를 유지할 것

4. 청각장애인용 시각경보장치는 천장의 높이가 2m 이하인 경우에는 천장으로부터 몇 [m] 이내의 장소에 설치하여야 하는가?
가. 0.15m 이내　　나. 0.2m 이내　　다. 0.25m 이내　　라. 0.3m 이내

5. 자동화재탐지설비의 수신기 설치기준에 관한 사항이다. 몇 층 이상의 소방대상물에는 발신기와 전화통화가 가능한 수신기를 설치하여야 하는가?

가. 3층　　나. 4층　　다. 5층　　라. 7층

6. 누전경보기의 구성요소 중 경계전로의 누설전류를 자동적으로 검출하여 이를 누전경보기의 수신부로 송신하는 기기를 무엇이라 하는가?

가. 발신기　　나. 변성기　　다. 중계기　　라. 변류기

7. 무선통신보조설비에서 지상에 설치하는 무선기기 접속단자는 보행거리 몇[m] 이내마다 설치하여야 하는가?

가. 200m　　나. 300m　　다. 400m　　라. 600m

8. 자동화재탐지설비의 감지기는 부착높이에 따라 설치할 수 있는 감지기의 종류를 정하고 있다. 다음 중 일반적으로 부착높이가 15m 이상 20m 미만일 경우에 설치할 수 있는 감지기로 서 알맞은 것은?

가. 차동식분포형　　나. 열연기복합형
다. 연기복합형　　라. 보상식스포트형

9. 비상방송설비는 기동장치에 의한 화재신고를 수신한 후 필요한 음량으로 화재발생상황 및 피난에 유효한 방송이 자동으로 개시될 때까지 소요시간은 몇 초 이하가 되도록 하여야 하는가?

가. 5초 이하　　나. 10초 이하　　다. 20초 이하　　라. 30초 이하

10. 자동화재탐지설비의 수신기의 설치기준으로 다음 중 옳지 않은 것은?

가. 수위실 등 상시 사람이 근무하는 장소에 설치할 것
나. 수신기는 감지기.중계기 또는 발신기가 작동하는 경계구역을 표시할 수 있는 것으로 할 것
다. 하나의 경계구역은 2개의 표시등 또는 2개의 문자로 표시되도록 할 것
라. 하나의 소방대상물에 2 이상의 수신기를 설치하는 경우에는 수신기를 상호간 연동하여 화재발생 상황을 각 수신기마다 확인할 수 있도록 할 것

11. 다음 (㉠),(㉡)안에 알맞은 것은?

“통로 유도등은 (㉠)바탕에 (㉡)으로 피난방향을 표시한 등으로 하여야 한다.”

가. ㉠ 녹색 ㉡ 백색　　나. ㉠ 적색 ㉡ 백색
다. ㉠ 백색 ㉡ 흑색　　라. ㉠ 백색 ㉡ 녹색

12. 지하구의 길이가 1500m인 곳에 자동화재탐지설비를 설치하고자 한다.최소 경계구역은 몇 개로 할 수 있는가?

가. 6개　　나. 4개　　다. 3개　　라. 1개

13. 계단통로유도등은 각층의 경사로참 또는 계단참마다 설치하도록 하고 있는데 1개층에 경사로참 또는 계단참이 2 이상 있는 경우에는 몇 개의 계단참마다 계단통로유도등을 설치하여야 하는가?

가. 2개　　나. 3개　　다. 4개　　라. 5개

14. 자동화재속보설비의 속보기는 자동화재탐지설비로부터 작동신호를 수신하여 몇 초 이내에 소방관서에 자동적으로 신호를 발하여 통보하여야 하는가?

가. 10초　　나. 20초　　다. 30초　　라. 60초

15. 다음 중 자동화재탐지설비의 경계구역을 설정할 때 별도의 경계구역으로 설정하는 대상에 속하지 않는 것은?

가. 엘리베이터 권상기실　　나. 복도　　다. 경사로　　라. 파이프덕트

16. 다음 (㉠),(㉡)에 알맞은 것은?

“비상벨설비 또는 자동식사이렌설비에는 그 설비에 대한 감시상태를 (㉠)간 지속한 후 유효하게 (㉡)이상 경보할 수 있는 축전지설비를 설치하여야 한다.”

가. ㉠ 10분 ㉡ 30분　　나. ㉠ 10분 ㉡ 60분
다. ㉠ 60분 ㉡ 10분　　라. ㉠ 120분 ㉡ 20분

17. 환경상태가 현저하게 고온으로 되어 연기감지기를 설치할 수 없는 건조실 또는 살균실등에 적응성 있는 열감지기로 알맞은 것은?

가. 차동식스포트형 1종　　나. 차동식분포형 1종
다. 정온식 1종　　라. 보상식스포트형 1종

18. 자동화재탐지설비의 감지기의 구조 및 기능에 관한 사항으로 다음 중 올바른 것은?

가. 광전식스포트형은 주위의 공기가 일정한 농도의 연기를 포함하게 되는 경우 작동하는 것으로 일국소의 연기에 의하여 이온전류가 변화하여 작동하는 것을 말한다.
나. 차동식스포트형은 주위온도가 일정 상승률 이상이 되는 경우에 작동하는 것으로 넓은 범위에서의 열효과의 누적에 의하여 작동하는 것을 말한다.
다. 정온식스포트형은 일국소의 주위온도가 일정한 온도 이상이 되는 경우에 작동하며 외관이 전선으로 되어 있는 것을 말한다.
라. 단독경보형은 감지기에 음향장치가 내장되어 일체로 되어 있는 것을 말한다.

19. 다음 중 휴대용 비상조명등의 설치기준에 알맞은 것은?

가. 영화상영관에는 보행거리 50m 이내 마다 3개 이상 설치
나. 쇼핑센타에는 수평거리 50m 이내 마다 2개 이상 설치
다. 백화점에는 수평거리 50m 이내 마다 1개 이상 설치
라. 지하상가에는 보행거리 50m 이내 마다 3개 이상 설치

20. 자동화재탐지설비의 감지기는 부착높이에 따라 그 종류가 구분되어 있다. 다음 중 일반적으로 부착높이 15[m]이상 20[m]미만에 설치하는 감지기로 적합하지 않는 것은?

가. 차동식분포형감지기
나. 광전식스포트형 1종 감지기
다. 이온화식 1종 감지기
라. 불꽃감지기

정답

1.**라** 2.**다** 3.**라** 4.**가** 5.**나** 6.**라** 7.**나** 8.**다** 9.**나** 10.**다**
11.**라** 12.**다** 13.**가** 14.**나** 15.**나** 16.**다** 17.**다** 18.**라** 19.**가** 20.**가**

참고문헌

중앙소방학교 교육교재 예방실무1, 중앙소방학교(2020.12.)

소방시설의 설계 및 시공, 남상욱, 성안당(2022.4.)

건축소방의 이해, 안성호, 대영출판(2022.1.)

화재안전기준(2022.1.)

소방전기 설비 및 설계, 송영주, 동화기술(2015.9.)

소방전기시설의 구조 및 원리

2023년 3월 10일 1판 1쇄 발행

저 자 윤 석 호
발행인 남 승 우

발행처 도서출판 상尙 학學 당堂

서울특별시 동작구 사당로9가길 6
TEL : 02) 595-1692～4
FAX : 02) 595-1394
E-mail : shdbooks@naver.com
신고 : 2-155호 (1968. 11. 29)

정가 29,000원

ISBN 978-89-6587-234-4 93560